21世纪高等学校计算机
基础实用系列教材

C语言程序设计教程

（第3版）

◎ 李含光 郑关胜 潘锦基 编著

清华大学出版社

北京

内 容 简 介

C语言是国内外广泛使用的计算机编程语言,是高等学校理工科专业学生必须掌握的一门计算机程序设计语言。本书是一本集知识性和实用性的C语言程序设计教材,全书由9章组成,讲述了C语言程序的基本结构、运算符与表达式、常见基本算法、流程控制语句、函数、数组、指针、预编译命令、结构体与共用体、文件的基本操作等,同时还讲述了程序设计的基本思想和规范,并在附录中提供了上机实验内容。

本书大部分章节都是从实际问题导引,在分析问题的过程中逐步引出知识点,形成较为清晰的思路和知识主线,每章的案例内容与实践紧密结合,力争达到举一反三和融会贯通,主要章节提供了综合应用案例分析,可以使读者加深对C语言程序设计知识的理解。本书配有相应的学习指导书、多媒体课件、习题代码、习题解答以及工程认证的教学大纲,既可作为计算机专业和其他理工科专业C语言程序设计课程的教材,也可作为计算机等级考试和自学人员的参考书。

图书在版编目(CIP)数据

C语言程序设计教程/李含光,郑关胜,潘锦基编著.—3版.—北京:清华大学出版社,2022.4(2024.1重印)
21世纪高等学校计算机基础实用系列教材
ISBN 978-7-302-60128-9

Ⅰ.①C… Ⅱ.①李… ②郑… ③潘… Ⅲ.①C语言-程序设计-高等学校-教材 Ⅳ.①TP312.8

中国版本图书馆 CIP 数据核字(2022)第 021049 号

责任编辑:闫红梅
封面设计:刘   键
责任校对:胡伟民
责任印制:沈   露

出版发行:清华大学出版社
　　　　网　　　址:https://www.tup.com.cn,https://www.wqxuetang.com
　　　　地　　　址:北京清华大学学研大厦 A 座　　　邮　　　编:100084
　　　　社 总 机:010-83470000　　　邮　　　购:010-62786544
　　　　投稿与读者服务:010-62776969,c-service@tup.tsinghua.edu.cn
　　　　质量反馈:010-62772015,zhiliang@tup.tsinghua.edu.cn
　　　　课件下载:https://www.tup.com.cn,010-83470236
印 装 者:河北鹏润印刷有限公司
经　　销:全国新华书店
开　　本:185mm×260mm　　印　张:22　　　　字　　数:550 千字
版　　次:2011 年 1 月第 1 版　2022 年 4 月第 3 版　　印　　次:2024 年 1 月第 6 次印刷
印　　数:10501～12500
定　　价:59.00 元

产品编号:094810-01

前　言

随着计算机技术的飞速发展,计算机对社会的进步产生了巨大的影响。计算机教育已经是大学教育的重要组成部分,程序设计语言即为打开计算机世界大门的钥匙。为此,众多高校都将C语言程序设计作为本科生的基础课程。C语言程序设计方法既是要求学生必须掌握的基础方法,也是进行计算思维方法的训练、问题的抽象表示和解决的重要工具。在C语言程序设计的教学过程中,教师通常根据语言的语法体系展开教学活动,以语法、程序结构等作为教学的重点。在C语言的学习过程中,学习者虽然对C语言的各种语法结构和程序基本结构都能基本掌握,但对于如何从问题出发,进行抽象分析、设计求解方法等方面涉及不足,从而在实际应用中解决问题时,还是感觉无从下手,力不从心。这就要求程序设计语言的教学工作重点不仅要求学生掌握语言的语法结构和程序结构,还需要提高学生的语言应用能力,提高对问题的抽象分析能力和语言的表达能力。对于程序设计语言的学习,不仅仅需要了解语言的语法细节,还需要不断深入地学习和理解基本的算法和计算形式,利用基本的算法解决一些身边的实际问题,从而提高语言的应用能力。在多年的教学实践中,我们对学生进一步学习的愿望有较为深刻的理解。为了更加有效地开展C语言程序设计的教学工作,不断提高学生对程序设计认识、实践与应用的能力,作者在长期的C语言课程教学过程中,努力探索、大胆实践,在注重理论知识教学的同时,不断强化实验教学环节,形成了一整套行之有效的教学方法,并确立了具有自身特色的教学思想。

作为长期教学与实践经验的总结,笔者于2011年编写并出版了《C语言程序设计教程》。从第1版至今,已经走过11个年头,《C语言程序设计教程》也从第1版改版到现在的第3版,在改版的过程中得到了众多师生的支持和厚爱,并提出了很多宝贵的建议和意见,我们在第2版的基础上,根据使用教材的教师反馈意见和学生进一步学习和实践的需求,重新改写部分章节,调整了部分例题和习题,形成了第3版。

第3版不仅介绍了C语言的基本语法和程序结构,对C语言中容易混淆和不易理解的知识点进行深入分析解释,同时介绍了程序设计的基本方法,总结了程序设计中的常用方法,在重要章节设计了问题引入与分析环节,引导学习者带着问题学习C语言的知识点,进而编写出求解问题的完整程序,突出以问题为中心的讲授方式,并以案例驱动的方式,使学生带着问题去学习。另外,第3版还讲述了Visual Studio 2019 C++、CodeBlocks、Dev-C++环境下编辑调试C语言程序的方法。在本版中进一步将算法与数据结构紧密联系在一起,突出程序设计的基本方法。在例题的讲解中,突出了问题的难易层次,引导学习者遵循着分析问题—设计算法—编写代码的步骤,学习程序设计的方法和技巧,突出实践编程能力。在练习题的设计上,不仅满足全国计算机等级考试的需求,而且强化实践动手的能力。

本书系统、全面地介绍了C语言程序设计的方法。共分9章。第1章主要介绍C语言的发展历史和基本程序结构;第 2 章主要讲述数据类型、运算符和表达式;第 3 章在介绍常用的基本算法的基础上,重点讨论程序的控制流程和程序的基本结构;第 4 章讨论函数;第 5 章介绍数组;第 6 章重点说明指针及指针数据的使用方法;第 7 章讲述预处编译命令;第 8 章引入结构体与共用体;第 9 章重点介绍文件及其操作等内容。本书内容全面,结构合理,通过实例对 C 语言的语法要点进行了详尽的阐述。

本书既可供 C 语言初学者学习使用,也可供具有一定经验的软件开发人员学习参考。

感谢南京信息工程大学 C 语言课程组的老师,为本书的改版提出了具有指导意义的帮助和许多富有建设性的意见与建议,并在书稿校对等过程中做了大量工作。为此,我们深表谢意。

另外,本书的出版不仅得到南京信息工程大学教务处教材基金的大力支持,而且得到清华大学出版社的支持与帮助,在此一并表示感谢!

对于本书的编写,我们深感责任重大。尽管希望尽已所能,但因水平所限,书中难免有不足之处,恳请广大同行和读者批评指正。

编　者

2021 年 8 月

目　录

第1章 概　　述

教学目标

（1）了解 C 语言的发展历史和标准。

（2）掌握 C 语言程序的结构。

（3）了解 C 语言的特点。

（4）初步认识程序设计方法和程序设计一般步骤。

（5）掌握 C 语言程序编译、连接和运行过程。

1.1　C 语言的发展历史

1.1.1　C 语言的发展

C 语言是使用非常广泛的一种计算机编程语言，是公认的重要的编程语言之一，它既可以用来编写系统软件，也可以用来编写应用软件，被称作"低级语言中的高级语言，高级语言中的低级语言"。

C 语言的起源可以追溯到 ALGOL 60。ALGOL 60 结构严谨，注重语法和程序结构，但与计算机硬件相距甚远，不适合编写系统软件。1963 年，英国剑桥大学在 ALGOL 60 的基础上推出了更接近计算机硬件的 CPL 语言。由于 CPL 语言太复杂，不容易实现，1967 年剑桥大学的 Matin Rinchards 对 CPL 语言进行简化，推出了 BCPL 语言。1970 年，Bell 实验室的 Ken Thompson 以 BCPL 语言为基础，设计了更简单、更接近硬件的 B 语言。由于 B 语言是一种解释性语言，功能结构不够强，为了更好地适应系统软件的设计要求，1972 年 Bell 实验室的 Dennis. M. Ritchie 设计了 C 语言，它既保持了 BCPL 语言和 B 语言的优点，又克服了其过于简单、没有数据类型等缺点。1973 年，Ken Thompson 和 Dennis. M. Ritchie 用 C 语言改写了 UNIX 代码，并在 PDP-Ⅱ 计算机上实现，奠定了 UNIX 系统的基础。1978 年，Brian Kernighan 和 Dennis. M. Ritchie 合著的 *The C Programming Language* 出版，该书对 C 语言进行了描述，并不断改进和完善。20 世纪 80 年代以后，随着个人计算机的普及，C 语言已经成为程序员最喜爱的编程语言之一，它被用来编写操作系统、编译程序、数据库管理系统，以及 CAD、过程控制和图形图像处理等程序，在嵌入式软件的开发中是其他语言无法比拟的。

1.1.2　C 语言的主要标准

C 语言的灵活性、丰富性、可移植性很快得到了广泛的认可，于是适合于不同操作系统和不同机种的 C 语言编译系统相继出现。

1. C89 标准(1989)

1982 年,美国国家标准局(ANSI)语言标准化委员会开始进行 C 语言的标准化工作,它制定了一个标准并在 1989 年被正式采用,即美国国家标准 X3.159—1989,也被称作 ANSI C。1990 年,国际标准化组织 ISO/JEC JTC1/SC22/WG14 采纳了 C89,对其进行少量编辑性修改后,以国际标准 ISO/IEC 9899:1990 发布,通常称其为 C90,它同 C89 基本相同。

2. C95 标准(1995)

WG14 对 C89 进行了两处技术修订(缺陷修订)和一个扩充。通过增加新的库函数(iso646.h、wctype.h、wchar.h),改变了 printf()/scanf()函数的一些新格式代码,上述修改得到的结果,被人们称为"C89 增补 1"或"C95"。

3. C99 标准(1999)

1995 年开始,WG14 着手对 C 标准进行全面修订,于 1999 年完成并获得通过,形成了正式的 C 语言标准,命名为 ISO/IEC 9899:1999,简称 C99。C99 标准中增加了复数运算,扩展了整数的类型、变长数组、布尔类型,对浮点类型有更好的支持,增加了 C++ 风格的注释。

1.2　C 语言程序的结构

C 语言是一门程序设计语言,要学好 C 语言,就必须用它来编写程序。掌握 C 语言程序的结构,是学习 C 语言的关键,下面以一个简单的例子说明 C 语言程序的结构。

例 1.1　在计算机屏幕上输出"Hello,World!"。

```
/* This is first C program */
# include < stdio.h>
int main()
{
    printf("Hello,World!");        /*输出一串字符*/
    return 0;                      /*向操作系统返回一个值 0*/
}
```

经过编译连接后,生成可执行的机器代码,运行结果为:

```
Hello,World!
```

从上述程序可以看出,C 语言程序由以下部分组成。

(1) /* This is first C program */ :C 语言规定,由/*…*/组成的是注释,它可以单独占一行,也可以放在 C 语言语句的后面,只是对程序进行必要的说明,并不产生可执行代码,也不检查其中字符的拼写错误。

(2) # include < stdio.h > :预处理命令(文件包含)。在 C 语言中,以 # 开始的语句称作预处理语句,其目的是把文件 stdio.h 的内容嵌入语句位置处。

(3) int main():main()是函数,括号里可以包含参数,如果没有参数可以不写或用 void 表示。int 是 main()的返回值类型。在 C 语言中规定,任何 C 语言程序必须包含一个 main()函数,而且只能有一个 main()函数。

（4）

```
{
    ...
}
```

表示函数的开始和结束,在C语言中花括号{ }必须成对出现,且匹配。

（5）printf("Hello,World!");:在计算机屏幕上输出"Hello,World!",分号;是语句结束标志。在C语言中,每个语句结束都要在语句末尾加上分号;。另外,由于C语言中没有输入输出语句,其输入输出都是用函数来完成的。

（6）return 0:是函数main()的返回值,返回0,表示main()正常结束。

例1.2 输入两个整数,求它们的乘积。

```
/ * 求两个整数的乘积 * /
# include < stdio.h >
# include < stdlib.h >
int product(int,int );              / * 声明后面将要使用函数product() * /
int main (void)
{
    int x,y,s;                      / * 声明后面使用的变量x,y,s是整型的 * /
    scanf(" % d  % d",&x,&y);       / * 从键盘上输入两个整数x,y * /
    s = product(x,y);              / * 调用product()进行计算,并赋给变量s * /
    printf("The mul is: % d",s);    / * 输出s的值 * /
    system("pause");               / * 暂停 * /
    return 0;
}
int product(int a,int b)            / * 函数product()的定义 * /
{
    int mul;                       / * 定义一个整型变量mul,用于存放积 * /
    mul = a * b;                   / * 将a和b求乘积,并把结果赋给mul * /
    return mul;                    / * 返回mul的值到调用者 * /
}
```

程序运行结果:

```
输入4□5回车(□表示空格):
The mul is: 20
```

从上面的程序可以看出,C语言的程序结构如下。

（1）必要的注释语句,可以使程序阅读更清楚,它既可以单独占一行,也可以在一行的后面。

注意:C语言的注释不能嵌套,即/ * / * 这是程序说明 * / * /是错误的。

（2）C语言是由函数组成的,可以由一个或多个函数组成,它是组成C语言的基本单位,所以把C语言称作函数语言。

（3）每个C语言程序有且只有一个main()函数,它的位置可以任意,但C语言语句的执行总是从main()函数开始,到main()函数结束。

（4）预处理语句不是C语言的语句,它后面不能加分号;表示结束。

（5）C语言没有专门的输入输出语句,是用函数来实现的,如例1.2中,scanf()和printf()

就是标准格式化输入输出函数。

1.3 C 语言程序的特点

C 语言能够生存和发展,并具有较强的生命力,主要是 C 语言具有以下特点。

(1) C 语言是比较"低级"的语言:C 语言允许直接访问物理内存,能够进行位(bit)操作,这使得程序员使用 C 语言编写系统程序非常有效。而原来通常用汇编语言来编写程序,现在用 C 语言代替汇编语言,使程序员可以减轻负担、提高效率,且程序具有更好的可移植性。

(2) 语言简洁、紧凑、灵活:C 语言共有 32 个关键字、9 种控制语句,程序书写自由,主要用小写字母来表示,压缩了许多不必要的成分。

(3) 运算符丰富:C 语言有 34 种运算符,并把括号、赋值、强制类型转换都作为运算符来处理,从而使 C 语言的运算符非常丰富,表达式类型多样化。

(4) 语法限制不太严格,程序自由度大:对数组越界不做检查,由编写者保证程序的正确。对变量的使用比较灵活,程序员应该仔细检查编写的程序,不要过分依赖 C 语言编译程序去检查错误。

(5) C 语言是结构化设计语言:C 语言在结构上类似于 ALGOL 60、Pascal 等结构化语言。C 语言的主要成分是函数,可以对一个程序中的各任务分别定义和编码,使程序模块化,而在函数的外部只需要了解函数的功能,而将实现的细节隐藏,对于设计得好的函数能够正确地工作而对程序的其他部分不产生副作用。另外,C 语言还提供了多种结构化的控制语句,如循环 for、do…while、while 语句,用于分支控制的 if、if…else、switch 语句等,可以满足结构化程序设计的要求。

(6) C 语言是程序员的语言:很多程序语言是专为某一领域设计的,如 FORTRAN 是为工程师设计的,COBOL 是为商业人员设计的,Pascal 是为教学设计的,BASIC 是为非程序员设计的。C 语言是为专业程序员设计的,最初是为编写 UNIX 操作系统而设计的,这是因为 C 语言不仅限制较少、要求低、程序设计自由度大,还具有方便的控制结构,独立的函数,紧凑关键字集合和较高的程序执行效率,而且用 C 语言编写的程序可以获得高效的机器代码,只比汇编语言编写的程序效率低 10%~20%,但其结构又具有 Pascal 的特点。

C 语言能得到广泛的使用主要是因为程序员喜欢它,但现在它不再是程序员的"专利"了,非专业人员经过学习和实践也能熟练掌握,很多不同专业的非计算机专业人员都在使用 C 语言,同时 C 语言是学习其他语言(如 C++、Java 和 Python)的基础。

1.4 C 语言程序的开发方法

1.4.1 程序

所谓程序,就是一系列遵循一定规则组织起来完成指定任务的代码或指令序列。一般计算机的程序主要描述两个部分:其一是描述问题所涉及的每个对象及它们之间的关系;其二是描述处理这些对象的规则。

1.4.2 程序设计和程序设计语言

程序设计就是根据所要完成的任务,设计解决问题的步骤和数据对象之间的关系,然后编写相应的程序代码,并测试该代码的正确性,直到能够得到正确的运行结果为止。通常程序设计应遵循一定的方法和原则,而不是随意编写。良好的程序设计风格是程序具备可靠性、可读性、可维护性的保证。在编写程序代码时,程序员必须按照一定的规范描述问题的解决方案和步骤,这种规范就是程序设计语言。计算机程序设计语言具有一定的基本规则,具有固定的语法格式、特定的语义和使用环境,并且比通常的语言要求更严格,不能出现二义性。

1.4.3 程序开发方法

用计算机语言解决问题,首先要掌握一定的程序开发方法和步骤,一般程序开发方法如下。

(1) 明确问题的需求:把问题陈述清楚,明白解决问题需要什么,消除不重要的方面,集中解决根本问题。

(2) 分析问题:明确问题要处理的数据(输入)和希望得到的结果(输出),明确解决方案的约束条件和附加需求。例如,给定一个学生的高等数学、英语、计算机3门课程的成绩,求平均成绩。

要处理的数据(输入):3门课程的成绩。

希望得到的结果(输出):平均成绩。

根据问题的需求,可用公式计算:平均成绩=(高等数学+英语+计算机)÷3。

(3) 设计:设计出一套解决问题的方法和步骤(算法),并验证该方法和步骤可以按预期解决问题,这一步往往是解决问题中最困难的一部分(本书第3章讲述一些常见的算法)。一般来说,不要一开始就解决每一个细小的问题,而应使用自顶向下的设计方法。即先列出需要解决的主要步骤或子问题,再通过解决每个子问题来解决原始问题。用计算机来解决问题,一般至少包含获取数据、执行计算和输出结果3个子问题。

(4) 实现:将算法写成程序,每一个算法步骤转化为编程语言的一条或多条语句。

(5) 测试:测试整个程序来验证它是否按预期工作,但是不能只依赖于一次测试的情况,要利用不同数据运行程序若干次来确定程序在每一种情况均能正确工作。

(6) 维护:通过修改程序来改正以前未检测到的错误。

1.5 Visual Studio 2019 环境下 C 语言程序上机调试

C语言虽然是一种容易被人们理解的程序设计语言,但它不能直接被计算机执行,必须先把C语言的源程序翻译成机器语言才能被直接执行。因此,用C语言编写程序,必须经过一定的步骤才能完成。下面以 Microsoft Visual Studio 2019 中的 C/C++为环境,说明 C 语言的运行过程。

1.5.1 编写源程序

一个 C 语言源程序是以文件为单位进行编译(Microsoft Visual Studio 2019 中作为项目的源程序文件),并且以文本格式存储在计算机的文件系统中的,C 语言的源文件名可以自己定义,文件扩展名(后缀名)为.C。下面利用 Microsoft Visual Studio 2019 中提供的 C/C++编辑程序,说明将编写好的 C 语言程序在计算机上运行的步骤。

第 1 步:启动 Microsoft Visual Studio 2019

在 Windows 的"开始"菜单中选择"程序"选项,再选择 Microsoft Visual Studio 2019,启动 Visual Studio 2019;也可以在 Windows 桌面上双击 Microsoft Visual Studio 2019 的图标来启动 Visual Studio 2019,其主界面如图 1-1 所示。

图 1-1　Visual Studio 2019 主界面

第 2 步:创建新项目

单击图 1-1 所示界面右侧的"创建新项目"命令,在打开的"创建新项目"面板中选择"空项目"项,如图 1-2 所示。

图 1-2　创建新的空项目

第 3 步：配置新项目和创建项目

在打开的"配置新项目"面板中输入项目名称(例如"教材 1")，指定位置(存储在哪个文件夹下)，如图 1-3 所示。单击"创建"按钮，得到如图 1-4 所示的界面。

图 1-3　配置新项目

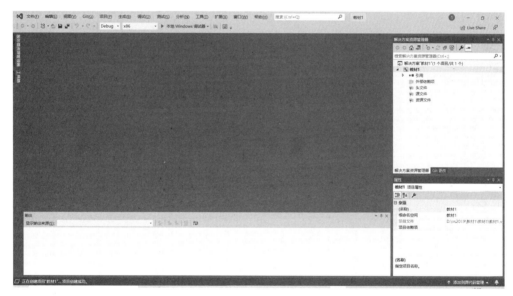

图 1-4　项目界面

第 4 步：添加源程序

在项目界面右边的"解决方案资源管理器"窗口的"源文件"项上右击，在弹出的快捷菜单中选择"添加"项，得到如图 1-5 所示的界面；再选择"新建项"项，得到如图 1-6 所示的界面。

第 5 步：编辑或编写源程序

在图 1-6 所示的界面上单击"添加"按钮，进入如图 1-7 所示的源程序编辑界面，就可以输入或编辑程序了。

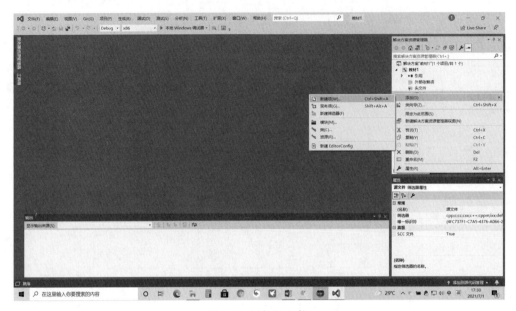

图 1-5 添加源文件

图 1-6 添加源程序

图 1-7　源程序编辑界面

1.5.2　源程序文件编译和运行

建立并输入源程序之后就可以用 Visual Studio 2019(简称为 VS 2019)提供的编译程序(编译器)对其进行编译,编译程序对源程序的语法和程序逻辑结构进行检查。发现错误时,编译器会提示错误的位置和类型;出现编译错误时,编译过程不能正常完成,用户依据编译错误提示信息用编辑程序修改源程序并排除错误(称为调试)。有时错误不一定能一次排除,用户可能需要反复调用编辑程序和编译程序,直到没有错误为止。在 VS 2019 环境下单击工具按钮 ▶ 本地 Windows 调试器 ▾ (或按 F5 键、Ctrl＋F5 组合键)开始编译执行,当在"输出"框中没有显示错误信息时,就得到如图 1-8 所示的运行结果界面。

图 1-8　程序运行结果界面

1.6 Dev-C++环境下C语言程序上机调试

Dev-C++是一款集成了C和C++程序的开发工具,具有很好的开放性和兼容性,可以在Windows操作系统的各版本下运行。它集合了GCC、MinGW32等众多自由软件,提供一种全开放、全免费的解决方案。它使用MingW32/GCC编译器,遵循C/C++标准。开发环境包括多页面窗口、工程编辑器以及调试器等,在工程编辑器中集合了编辑器、编译器、连接程序和执行程序,提供高亮度语法显示的,以减少编辑错误,具有完善的调试功能,既适合初学者又适合编程高手的需求。

1.6.1 Dev-C++编辑C语言源程序

在Dev-C++环境下编辑C语言源程序的步骤如下。

第1步:启动Dev-C++软件:双击桌面上的Dev-C++快捷图标 ,启动软件,进入如图1-9所示的操作界面。

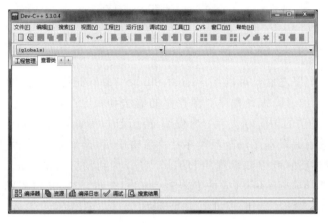

图1-9 Dev-C++操作界面

第2步:编写C语言源程序:在"文件"菜单的"新建"命令中选择"源代码"项,即可进入Dev-C++的编辑环境,如图1-10和图1-11所示。

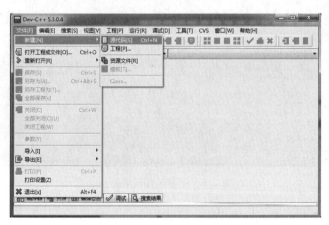

图1-10 Dev-C++操作界面

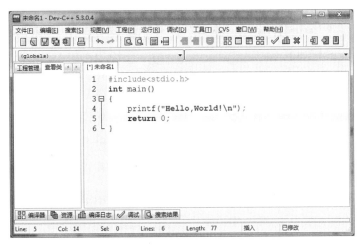

图 1-11 Dev-C++源程序编辑界面

1.6.2 编译和运行 C 程序

1. 编译 C 程序

在 Dev-C++的"运行"菜单中选择"编译"项或直接按快捷键 F9 进行编译；也可以单击工具栏上的 ⊞ 图标进行编译，如图 1-12 所示。

图 1-12 Dev-C++编译过程

2. 运行程序

编译正确后，在"运行"菜单中选择"运行"命令或直接按功能键 F10 进行程序的运行；也可以单击工具栏上的 ▢ 图标进行运行，运行结果界面如图 1-13 所示；还可以单击工具栏上的 ⊞ 图标进行编译和运行。

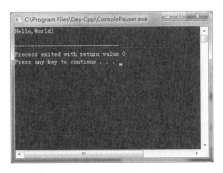

图 1-13 Dev-C++运行结果界面

1.7　CodeBlocks 环境下 C 语言程序上机调试

CodeBlocks 是一个开放源码的全功能的跨平台 C/C++集成开发环境。CodeBlocks 是开放源码软件。它由纯粹的 C++语言开发完成，对于追求完美的 C/C++程序员来说，可以低成本、高效快速地开发应用程序。

1.7.1　CodeBlocks 编辑 C 语言源程序

在 CodeBlocks 环境下编辑 C 语言源程序的步骤如下。

第 1 步：启动 CodeBlocks 软件：双击桌面上的 CodeBlocks 软件图标，进入如图 1-14 所示的界面。

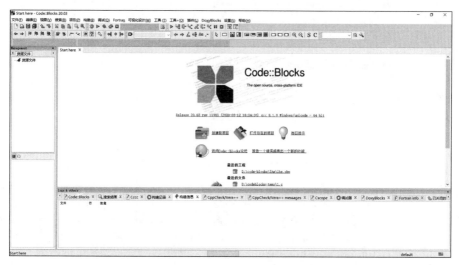

图 1-14　CodeBlocks 操作界面

第 2 步：在"文件"菜单下选择"新建"→"文件"命令，进入如图 1-15 所示的界面。

图 1-15　CodeBlocks 文件选择

第 3 步：选择 C/C++source 项目，单击"下一步"按钮，进入如图 1-16 所示的界面。

第 4 步：打开 C/C++source 窗口进行语言选择，选 C，单击"下一步"按钮，进入如图 1-17 所示的源程序文件存储的文件夹和文件名。

图 1-16　CodeBlocks 语言选择

图 1-17　CodeBlocks 源程序存储位置选择

第 5 步：单击"完成"按钮，进入源程序编辑界面，如图 1-18 所示。

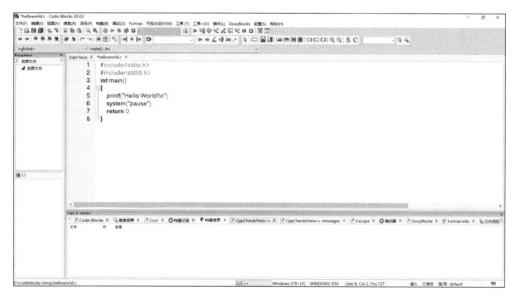
图 1-18　CodeBlocks 源程序编辑

1.7.2　C 程序的编译和运行

在"构建"菜单中选择"构建"命令或"编译当前文件"命令，完成对源程序的编译，若没有错误，就可在"构建"菜单中选择"运行"命令，得到如图 1-19 所示的运行效果。

在 Mac OS 系统（苹果电脑操作系统）下运行 C 语言程序，可以使用 Visual Studio Code for MacOS（在学习指导书上有详细的步骤），也可以下载 AhaCppInstall.pkg 直接安装使用。

第 1 章

概　述

图 1-19　CodeBlocks 中 C 语言的运行结果

本 章 小 结

本章简要介绍了以下内容。

(1) C 语言的发展历史和 C 语言的标准。

(2) 通过两个实例说明了 C 语言程序的基本结构和特点。

(3) 讲述了程序开发的一般方法。

(4) 以 Microsoft Visual Studio 2019、Dev-C++和 CodeBlocks 为开发环境,讲述了 C 语言程序编写的一般流程和上机调试程序的过程。

习　题　1

1. 单项选择题

(1) 一个 C 程序的执行是从(　　)。

　　A. 本程序的 main()函数开始,到 main()函数结束

　　B. 本程序文件的第一个函数开始,到本程序文件的最后一个函数结束

　　C. 本程序的 main()函数开始,到本程序文件的最后一个函数结束

　　D. 本程序文件的第一个函数开始,到本程序 main()函数结束

(2) 以下叙述正确的是(　　)。

　　A. 在 C 程序中,main()函数必须位于程序的最前面

　　B. 程序的每行中只能写一条语句

　　C. C 语言本身没有输入输出语句

　　D. 在对一个 C 程序进行编译的过程中,可发现注释中的拼写错误

(3) 以下叙述不正确的是(　　)。

　　A. 一个 C 源程序可由一个或多个函数组成

　　B. 一个 C 源程序必须包含一个 main()函数

C. C 程序的基本组成单位是函数

D. 在 C 程序中,注释说明只能位于一条语句的后面

（4）C 语言规定：在一个源程序中,main() 的位置（　　　）。

A. 必须在最开始   B. 必须在系统调用的库函数后面

C. 可以任意   D. 必须在最后

（5）一个 C 语言程序由（　　　）。

A. 一个主程序和若干子程序组成   B. 函数组成

C. 若干过程组成   D. 若干子程序组成

2. 填空题

（1）C 源程序的基本单位是_____。

（2）一个 C 源程序中至少包括一个_____。

（3）在 C 语言中,格式化输入操作是由库函数_____完成的,格式化输出操作是由库函数_____完成的。

第2章 数据类型、运算符和表达式

教学目标

(1) 掌握 C 语言标识符的组成。

(2) 理解 C 语言的基本数据类型(占用内存、数据范围)。

(3) 掌握变量定义的方法。

(4) 掌握常用的运算符的使用(功能、运算对象数目、优先级和结合性)。

(5) 掌握混合运算的数据转换方法。

2.1 问题引导

在第 1 章的例 1.2 中,计算了两个整数的乘积,得到的积也是整数。下面用 C 语言编写计算两个整数相除的程序,看运行得到的是什么样的结果。

例 2.1 计算两个整数相除的商。

```
/ * 求两个整数相除的商 * /
# include < stdio. h >
# include < stdlib. h >
int main( )
{
    int x,y,s;                      / * 声明后面使用的变量 x,y,s 是整型的 * /
    scanf("% d % d",&x,&y);          / * 从键盘上输入两个整数 x,y * /
    s = x/y;                        / * 计算 x 和 y 相除的商,并用 s 接收 * /
    printf("商是: % d",s);          / * 输出商 s 的值 * /
    system("pause");                / * 暂停 * /
    return 0;
}
```

运行结果:

输入 4　5回车
商是: 0

如果将程序中变量的数据类型改为浮点型,则程序如下。

```
/ * 求两个小数相除的商 * /
# include < stdio. h >
# include < stdlib. h >
int main( )
```

```
{
    float x,y,s;                    /* 声明后面使用的变量 x,y,s 是浮点型的 */
    scanf("%f %f",&x,&y);           /* 从键盘上输入两个小数 x,y */
    s = x/y;                        /* 计算 x 和 y 相除的商,并用 s 接收 */
    printf("商是: %f",s);           /* 输出商 s 的值 */
    system("pause");
    return 0;
}
```

运行结果:

```
输入 4  5回车
商是: 0.800000
```

因此,变量 x,y,s 的数据类型不同,得到的商的结果也不同,这是因为它们在计算机内部的表示不一样,在程序设计中特别要注意。再看下面求 n! 的程序:

```
/* 求正整数 n 的阶乘 */
#include<stdio.h>
#include<stdlib.h>
int main()
{
    int i,n,p = 1;
    scanf("%d",&n);
    for(i = 1; i<=n; i++)
        p = p * i;
    printf("阶乘 = %d\n",p);
    system("pause");
    return 0;
}
```

运行结果:

```
输入:12
输出:阶乘 = 479001600
输入:13
输出:阶乘 = 1932053504(显然不正确)
```

从上面的实例中可以看出,数据类型对程序结果有直接或间接影响。在 C 语言中,数据类型是一组值及在这组值上的一组操作,C 语言的基本数据类型是预先定义的,有了数据类型,就知道其值的取值范围和能施加的运算。在 C 语言中,能处理的数据类型如图 2-1 所示。

本章主要讲述基本数据类型,其他数据类型将在后面的章节中讲述。

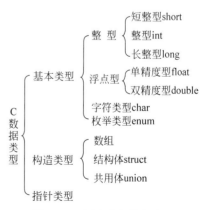

图 2-1 C 语言中的数据类型

数据类型、运算符和表达式

2.2 常量与变量

2.2.1 标识符命名

标识符是字符序列的总称。在 C 语言中,用标识符来表示常量、变量、函数和数据类型的名字。C 语言规定:标识符只能由数字、字母、下画线(_)组成,而且数字不能作为标识符的第一个字符。C 语言的标识符可分为用户自定义标识符和标准标识符(关键字)。标准标识符拥有特殊的含义,是系统专用的。用户自定义标识符是由编程人员定义的且不同于标准标识符。用户自定义标识符须符合以下规范:

(1) 由字母、数字和下画线组成。

(2) 第一个字符不能是数字字符。

(3) 不能是标准字符(关键字)。

说明:在 C 语言中,大写和小写字符表示不同的标识符。例如,abc 和 Abc 是不同的标识符。

例 2.2 判断下列标识符是否为合法的用户自定义标识符。

sum	合法
Sum	合法
M.D.John	不合法(不能用.字符)
da	合法
date	合法
3days	不合法(数字字符不能为第一个字符)
student_name	合法
#33	不合法(不能用#字符)
lotus_1_2_3	合法
char	不合法(char 是关键字)
a>b	不合法(不能用>字符)
_above	合法
$123	不合法(不能用$字符)

2.2.2 常量

常量就是在程序运行过程中其值不发生改变的量。C 语言中常量分为直接常量和符号常量,如 15、−3、'a'、'x'等都是直接常量;而用一个标识符来表示常量,称为符号常量。在编程时使用符号常量更加直观明确,方便维护。在 C 语言中,一般用宏定义来定义符号常量,其定义形式为:

#define 符号常量 常量值

例 2.3 符号常量的使用。

```
#define PRICE 30          /*定义符号常量 PRICE 值为 30*/
#include<stdio.h>
#include<stdlib.h>
int main()
{
```

```
    int num,total;
    num = 10;
    total = num * PRICE;
    printf("total = % d\n",total);
    system("pause");
    return 0;
}
```

运行结果是：

total = 300

例 2.3 中的 PRICE 是符号常量，在程序中只能引用而不能改变。编译时，符号常量 PRICE 被 30 替代，当程序中要用到这样的多个替换时，使用符号常量会非常方便。

注：在 C99 标准中使用 const 来定义符号常量，例如：

```
const int z = 0;
const double pi = 3.141592653589793;
```

使用符号常量的优点如下。

（1）使用符号常量可以使程序更清晰易读。例如，定义一个表示圆周率的常量 PI：

```
♯define PI 3.1415926
```

如果不用符号常量，而用一个直接常量（常数），并且在程序中多处出现 3.1415926，程序员就很难区分它们是圆周率还是表示其他含义，从而很难做出正确的判断，如果用符号常量则能一目了然。

（2）使用符号常量程序修改更加容易。当要把圆周率修改为 3.14 时，只需改写成

```
♯define PI 3.14
```

程序的其他部分不用改变。

通常用大写字母表示符号常量，小写字母表示变量，以便区别。

2.2.3　变量

变量就是在程序运行过程中其值可以发生改变的量。变量必须拥有一个名字，称为变量名，用合法的 C 语言标识符表示。在 C 语言中每个变量都与一个数据类型相联系，类型决定了变量的取值范围和它可以参与的运算，因此在 C 语言中变量必须先定义后使用。变量的定义形式为：

类型名 变量名 1,变量名 2,…,变量名 n;

2.3　整　型　数　据

2.3.1　整型常量

整型常量就是整数，分为十进制整型常量、八进制整型常量和十六进制整型常量 3 种形式，如表 2-1 所示。

表 2-1 整型常量的表示方法

类　型	组　成	组成规则	举　例
十进制	数字 0~9	非 0 数字开头	12,−1234,+10
八进制	数字 0~7	0 数字开头	012
十六进制	数字 0~9 字母 a~f(或 A~F)	0x 或 0X 开头	0x10,0x12f

说明：

(1) 常量前面的＋和−表示数的正、负。

(2) 常量也有类型,整型常量默认是 int 型(即有符号整数),在数的后面加上字母 u 或 U 表示无符号整数,加上字母 l 或 L 表示长整型数。

例 2.4　整型常量举例。

＋123	int 型十进制整型常量
−0123	int 型八进制整型常量
123456U	无符号十进制整型常量
123L	十进制长整型常量
123456LU	十进制无符号长整型常量

2.3.2　整型变量

1. 整型数据在内存中的存储形式

整型数据在内存中是以二进制补码的形式存放的。例如,十进制数−12 在内存中存储为：

11111111111111111111111111110100

2. 整型变量的分类

整型变量根据取值范围不同可分为短整型(short int)、整型(int)和长整型(long int),每种类型又可以分为有符号(signed)和无符号(unsigned)。它们的表示方法、占用内存字节数、取值范围如表 2-2 所示。

表 2-2 整型变量分类

分　类	有无符号	位　数	取值范围
短整型 short	unsigned(无)	16	0~65 535
	signed(有)	16	−32 768~32 767
整型 int	unsigned(无)	16 或 32	0~65 535 0~4 294 967 295
	signed(有)	16 或 32	−32 768~32 767 −2 147 483 648~2 147 483 647
长整型 long	unsigned(无)	32	0~4 294 967 295
	signed(有)	32	−2 147 483 648~2 147 483 647

3. 整型变量的定义方法

(1) 无符号短整型变量。

unsigned short 变量名表

如:unsigned short a,b;　　　　　　　/*定义了a,b两个无符号短整型变量*/

（2）有符号短整型变量。

[signed] short 变量名表
如:signed short a,b;　　　　　　　/*定义了a,b两个有符号短整型变量*/

（3）无符号整型变量。

unsigned int 变量名表
如:unsigned int a,b;　　　　　　　/*定义了a,b两个无符号整型变量*/

（4）有符号整型变量。

[signed] int 变量名表
如:signed int a,b;　　　　　　　　/*定义了a,b两个有符号整型变量*/

（5）无符号长整型变量。

unsigned long 变量名表
如:unsigned long a,b;　　　　　　/*定义了a,b两个无符号长整型变量*/

（6）有符号长整型变量。

[signed] long 变量名表
如:signed long a,b;　　　　　　　/*定义了a,b两个有符号长整型变量*/

说明: 当定义有符号整型变量时,signed 可以省略。

2.4　浮点型数据

2.4.1　浮点常量

　　浮点常量又称为实型常量或实数,它只有十进制形式,全部都是有符号数,其数据有小数和指数两种表示形式。它们的表示方法、占用内存字节数、取值范围、精度如表 2-3 所示。

表 2-3　浮点常量的表示方法

类　　别	组　　成	举　　例
小数形式	数字 0～9 和小数点	0.15,123.45
指数形式	数字 0～9、小数点、＋ －号和字母 e/E	3.14e＋002,5.0e－002

　　说明: 浮点常量的默认类型是 double,也可以在常量后面加 f 或 F 指定为 float 型。指数符号 e 或 E 的前面必须有数字,指数必须为整数。

　　例 2.5　浮点常量表示方法。

123.456　　　　　　　　　　　/*表示 double 型常量 123.456*/
0.123456e＋003　　　　　　　　/*用指数形式表示的 double 型常量*/
123.456f　　　　　　　　　　　/*表示 float 型的常量 123.456*/

2.4.2　浮点变量

1. 浮点型数据在内存中的存储形式

浮点型数据在内存中是按指数形式存储的,把一个浮点型数据分成小数和指数两部分,如图 2-2 所示。

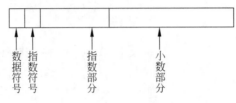

图 2-2　浮点型数据存储

2. 浮点变量的分类

浮点变量可分为单精度(float)、双精度(double)和长双精度(long double),如表 2-4 所示。

表 2-4　浮点型数据分类

分　　类	位　　数	有效数字位	取值范围
单精度(float)	32	6~7	$|1.17e-38|\sim|3.4e+38|$
双精度(double)	64	15~16	$|2.2e-308|\sim|1.7e+308|$
长双精度(long double)	128	18~19	$|3.3e-4932|\sim|1.1e+4932|$

3. 浮点变量定义方法

float 变量名表;

double 变量名表;

long double 变量名表;

例 2.6　浮点变量定义方法。

```
float a,b,c;             /* 定义 3 个单精度浮点变量 */
double a,b,c;            /* 定义 3 个双精度浮点变量 */
long double a,b,c;       /* 定义 3 个长双精度浮点变量 */
```

说明：由于浮点型数据的有效数字位有限制,有效位以外的数字将被舍去。例如,
$(1.0/3)*3$ 的结果并不等于 1。

2.5　字符型数据

2.5.1　字符常量

C 语言中的字符常量是用单引号(' ')括起来的一个字符,如'1'、'a'、'A'、'?'。

注意：字符常量中的单引号只起定界作用并不表示字符本身。单引号中的字符不能是
单引号(')和反斜杠(\),它们是特有的表示法。在 C 语言中,字符是按其所对应的 ASCII
码来存储的,一个字符占一字节(即 8 位,最高位为 0)。例如:

字符	ASCII 码(十进制)
!	33
0	48
1	49
9	57

A	65
B	66
a	97
b	98

说明：由于 C 语言中字符常量是按 ASCII 码存储的，所以字符常量可以像整数一样在程序中参与相关的运算。例如：

'a' − 32	/∗ 执行结果 97 − 32 = 65 ∗/
'A' + 32	/∗ 执行结果 65 + 32 = 97 ∗/
'9' − 9	/∗ 执行结果 57 − 9 = 48 ∗/

2.5.2 字符串常量

字符串常量是指用一对双引号(" ")括起来的一串字符。双引号只起定界作用，双引号括起的字符串中不能是双引号(" ")和反斜杠(\)，如"China"、"C Program"、"12345"。

C 语言中，字符串常量在内存中存储时，系统自动在字符串的末尾加一个串结束标志，即 ASCII 码为 0 的空字符，常用\0 表示。因此，程序中长度为 n 个字符的字符串常量，在内存中占有 $n+1$ 字节的存储空间。例如：

"China"是 5 个字符，却占 6 字节的存储空间：

C	h	i	n	a	\0

思考：'a'和"a"有什么区别？

2.5.3 转义字符

转义字符是 C 语言中表示的一种特殊字符。通常使用转义字符表示 ASCII 码字符集中不可打印的控制字符和特定功能的字符，如用于表示字符常量的单引号(')，用于表示字符串常量的双引号(")和反斜杠(\)等。转义字符用反斜杠\后面跟一个字符或一个八进制或十六进制数表示。C 语言中常用的转义字符如表 2-5 所示。

表 2-5　C 语言中常用的转义字符

转义字符	功能与意义	ASCII 码
\a	响铃	7
\b	退格	8
\f	换页	12
\n	换行	10
\r	回车(返回到当前行首)	13
\t	水平制表	9
\v	垂直制表	11
\0	ASCII 码为 0 的字符	0
\\	字符\	92
\'	字符'	39
\"	字符"	34
\ddd	八进制表示的 ASCII 码的字符	三位八进制(每位数字<8)
\xhh	十六进制表示的 ASCII 码的字符	两位十六进制

说明：

(1) 转义字符中只能使用小写字母,每个转义字符只能看作一个字符。

(2) 转义字符\v(垂直制表)和\f(换页)对屏幕显示没有任何影响,只会影响打印机执行相应操作。

(3) 使用不可打印字符时,通常用转义字符表示。

2.5.4 字符变量

字符变量用来存放字符,它只能存放一个字符,不能存放字符串。字符变量的定义形式如下：

```
char 变量名表;
char c1,c2;                    /* 定义两个字符变量 c1,c2 */
```

例 2.7 字符变量的用法。

```c
# include < stdio.h >
int main()
{
    char c1 = 'a',c2 = 'b';
    c1 = c1 - ('a' - 'A');
    c2 = c2 - ('a' - 'A');
    printf(" % c % c\n",c1,c2);
    return 0;
}
```

程序运行结果：

A B

思考：大小写字母之间有什么关系?

2.6 运算符和表达式

运算符是告诉编译程序执行特定操作的符号。C语言具有丰富的运算符,如算术、关系与逻辑、位操作。另外,C语言还有一些特殊的运算符,用于完成一些特殊的任务。

2.6.1 算术运算符

C语言的算术运算符如表 2-6 所示。

表 2-6　C语言算术运算符

运算符	作　　用	举　　例	优先级	结合性
＋	加法运算符,实现两个对象相加	5＋3,a＋b	4	从左向右
－	减法运算符,实现两个对象相减	9－2,x－y	4	从左向右
＊	乘法运算符,实现两个对象相乘	5＊4,a＊b	3	从左向右
/	除法运算符,实现两个对象相除	3/4,x/y	3	从左向右
％	取余数运算符,求两个对象相除所得的余数	4％3,a％b	3	从左向右

说明：

(1) 两个整数相除，所得商仍然为整数，舍去小数部分。例如，3/2结果是1，而不是1.5。

(2) 取余运算要求运算符两端都必须为整型数据，浮点数据不能进行取余运算。

(3) 如果除数或被除数中有一个是负数，取余运算的结果可根据公式 $m=pq+r$（其中，m 为被除数；q 为除数；p 为商；r 为余数）得到余数 r。例如，$-5\%3$ 的结果为 -2；$5\%-3$ 的结果为 2。

(4) ＊、/、％的优先级高于＋和－。

2.6.2　自增和自减运算符

C语言中有两个特殊的运算符，即自增和自减运算符（＋＋和－－），运算符＋＋使变量自加1，而－－使变量自减1。

(1) 前置运算：＋＋、－－在变量的前面，则变量先进行加1和减1运算，然后再参与其他运算。例如：

```
int x = 5,y = 6;
++x                        /* ++x 的值是 6,x 的值是 6 */
--y                        /* --y 的值是 5,y 的值是 5 */
```

(2) 后置运算：＋＋、－－在变量的后面，则先参与其他运算，然后变量再进行加1和减1运算。例如：

```
int x = 5,y = 6;
x++                        /* x++ 的值是 5,x 的值是 6 */
y--                        /* y-- 的值是 6,y 的值是 5 */
```

说明：

① 前置和后置运算只能用于变量，不能用于常量和表达式，如＋＋5和＋＋(a＋b)。

② 前置和后置运算的优先级为2级，高于＊、/、％运算。

③ 前置和后置运算的结合性是从右向左。

(3) 前置运算和后置运算可能带来的副作用：

① 对于x＋＋＋y的问题，到底是x＋(＋＋y)还是(x＋＋)＋y，在C语言环境下默认为(x＋＋)＋y，因为＋＋的优先级高于＋运算。但从程序阅读性来讲容易产生二义性，必须明确指出，即加括号区别开来，否则会出现理解上的错误。因此，在程序开发过程中尽量避免使用此类带有歧义的式子，一般先进行如下处理：

```
z = x++;
z + y;
```

这样无论如何都不会出错。

② 在函数中引用：

```
i = 3;
printf("%d,%d\n",i,i++);
```

从左到右和从右到左引用的结果是不一样的，要根据具体的编译器而定，在大多数编译器中是按从右到左引用的。

③ 若 i=5,计算(++i)+(++i)+(++i)的值。在 VC++ 6.0 上其结果是 22,在 Dev-C++ 上运行是 21,在 VS 2019 C++ 上运行是 24,在 CodeBlocks 上运行是 22。在 CodeBlocks 和 VC++ 6.0 上是这样解释的:根据加法运算,必须先从左到右计算两个运算对象,即前面两个++i,计算的结果是 7+7=14,再计算最后一个(++i)的值为 8,计算结果是 14+8=22,i 的值为 8。在 Dev-C++ 上是 6+7+8=21。在 VS 2019 C++ 上是 8+8+8=24。因此,在编写程序时应避免在表达式中的运算对象直接使用带副作用的运算符(如++、——)参与运算,可采用一个变量来代替,如令 k=++i,然后再 k+k+k,这样就可以避免二义性。

例 2.8 前置和后置运算。

```c
#include<stdio.h>
int main()
{
    int i,j,m,n;
    i = 8;
    j = 10;
    m = ++i;
    n = j++;
    printf("%d,%d,%d,%d\n",i,j,m,n);
    return 0;
}
```

程序运行结果:

9,11,9,10

2.6.3 关系运算符和逻辑运算符

关系运算是指运算对象之间的关系,逻辑运算是指运算对象之间的连接关系。

关系运算和逻辑运算概念中的关键是 True(真)和 False(假)。C 语言中,非 0 为真,0 为假。使用关系运算符或逻辑运算符的表达式对 False 和 True 分别返回值 0 或 1。表 2-7 为关系运算符和逻辑运算符的简单说明。

表 2-7　关系运算符和逻辑运算符

运算符	符　号	含　义	举　例	优先级	结合性
关系运算符	>	大于	$5>4,x>y$	6	从左向右
	<	小于	$4<5,x<y$	6	从左向右
	>=	大于等于	$5>=4,x>=y$	6	从左向右
	<=	小于等于	$5<=4,x<=y$	6	从左向右
	==	等于	$4==4,x==y$	7	从左向右
	!=	不等于	$5!=4,x!=y$	7	从左向右
逻辑运算符	&&	与	$x>3\&\&x<=8$	11	从左向右
	||	或	$x<-2\|\|x>5$	12	从左向右
	!	非	$!(x>5)$	2	从右向左

表 2-8 为逻辑运算的"真值表",它表示两个运算对象的值在不同组合时,各种运算所得

到的值。

表 2-8　逻辑运算的真值表

p	q	！p	！q	p&&q	p‖q
1	1	0	0	1	1
1	0	0	1	0	1
0	1	1	0	0	1
0	0	1	1	0	0

2.6.4　位操作符

与其他语言不同,C 语言支持全部的位操作符,因为 C 语言的设计目的是取代汇编语言,所以它必须支持汇编语言所具有的运算能力。位操作是对字节或字中的位(bit)进行测试、置位或移位处理,这里字节或字是针对 C 标准中的 char 和 int 数据类型而言的。位操作不能用于 float、double、long double 或其他复杂类型。表 2-9 为位操作符的简单说明。

表 2-9　位操作符

符　　号	含　　义	举　　例	优先级	结合性
&	按位与	5&4	8	从左向右
‖	按位或	5‖4	10	从左向右
^	按位异或	5^4	9	从左向右
～	按位反	～5	2	从右向左
>>	按位右移	10 >> 2	5	从左向右
<<	按位左移	10 << 2	5	从左向右

1. 按位与(&)

在进行按位与操作时,必须将运算对象转化为二进制,且对应位都是 1 时结果才能为 1,否则为 0。例如:

```
5&4 相当于
    00000101
  & 00000100
  ──────────
    00000100
```

2. 按位或(‖)

在进行按位或操作时,必须将运算对象转化为二进制,且对应位只要有一个为 1 时结果为 1,两个都为 0 时才为 0。例如:

```
5‖4 相当于
    00000101
  ‖ 00000100
  ──────────
    00000101
```

3. 按位异或(^)

在进行按位异或操作时,必须将运算对象转化为二进制,且对应位不相同时结果为 1,相同时才为 0。例如:

$$
\begin{array}{r}
00000101 \\
\verb|^|00000100 \\
\hline
00000001
\end{array}
$$

4. 按位取反(~)

在进行按位取反操作时,必须将运算对象转化为二进制,且对应位取反(即 1 变 0,0 变 1)。例如:

$$
\begin{array}{r}
\sim\,00000100 \\
\hline
11111011
\end{array}
$$

5. 按位右移(>>)

格式:

整型数据>>右移位数

说明:对于"无符号"整型数据,右移一位相当于除以 2,当右移后左边空出的位,用最高位的值来补全。

例如:$5 \gg 2, -5 \gg 2$

即:00000101 $\gg$ 2,得 00000001 相当于十进制的 1(即 5/4 得 1);

11111011 $\gg$ 2,得 11111110 相当于十进制的 -2(而 $-5/4$ 得 -1),因此对于负数右移的结果不能按"右移一位相当于除以 2"来计算。

6. 按位左移(<<)

格式:

整型数据<<左移位数

说明:对于整型数据,左移一位相当于乘以 2,当左移后右边空出的位,用 0 来补全。

例如:$5 \ll 2, -5 \ll 2$

即:00000101 $\ll$ 2,得 00010100 相当于十进制的 20(即 5 * 4 得 20);

11111011 $\ll$ 2,得 11101100 相当于十进制的 -20(即 $-5 * 4$ 得 -20)。

2.6.5 条件运算符

C语言提供了一个具有 3 个运算对象的运算符,它在一定条件下能替代条件语句,称为条件运算符。

格式:

运算对象 1?运算对象 2:运算对象 3

功能:

先判断运算对象 1 的值是否为非 0,如果是非 0,其值为运算对象 2 的值,否则为运算对象 3 的值。例如:

a>b?a:b   /* a>b 成立,则取 a 的值,否则取 b 的值 */

例 2.9 用条件运算符写出 $y = \begin{cases} 1 & (x<0) \\ 0 & (x=0) \\ -1 & (x>0) \end{cases}$ 的 C 语言表达式。

y = x < 0?1 : x > 0? - 1 : 0

说明：

（1）运算对象 1、运算对象 2、运算对象 3 可以是任意类型。一般运算对象 1 为关系或逻辑运算对象的式子。其类型可以相同，也可以不相同。

（2）条件运算符的优先级为 13 级。

（3）条件运算符的结合性是从右向左结合的，即：若有 a>b? a：c>d? c：d，相当于 a>b? a：（c>d? c：d）。

2.6.6　逗号操作符

用逗号把运算对象连接起来。

格式：

运算对象 1,运算对象 2,……,运算对象 n

功能：

先计算运算对象 1 的值,再计算运算对象 2 的值,直到最后计算运算对象 n 的值,那么整个运算的结果就是运算对象 n 的值。

例如：x＝5 * 6,x＋10

先计算 5 * 6 得 30 给 x,再计算 30+10 等于 40,则整个式子的值为 40。

说明：

（1）逗号运算符的优先级是 15。

（2）逗号运算符的结合性是从左向右。

2.6.7　赋值运算符

C 语言中的赋值运算符是＝,其功能是把右边运算对象的值赋给左边变量,其一般格式为：

变量 = 运算对象

例如：x＝5

表示把数值 5 赋给变量 x,即使变量 x 的值为 5。

说明：

（1）赋值运算符＝和判断相等＝＝的区别：＝＝是判断两端运算对象的值是否相等,而赋值运算符则是把值送到变量所代表的存储单元去,因而赋值号的左边只能是变量。例如：

2 = a
x + y = 5

都是不合法的赋值。

（2）赋值运算符的优先级为 14 级。

（3）赋值运算符的结合性是从右向左,即把右边运算对象的值求出来,给左边的变量。

注意：赋值中的类型转换,当赋值运算符两端运算对象的类型不同时,以左边变量的类型为主,即把赋值运算符右边运算对象的类型转换为左边变量的类型。例如：

```
int x;
x = 5.4;
```

这时 x 的值是 5,而不是 5.4。
又如:

```
double y;
y = 50;
```

这时 y 的值并不是整数 50,而是存储的小数。

2.6.8 复合赋值运算符

复合赋值运算符是在赋值的同时,进行了运算。其一般形式为:

变量 OP = 运算对象

其中,OP 为 ＋、一、＊、/、％、<<、>>、&、^、| 这几种运算符,相当于:

变量 = 变量 OP 运算对象

表 2-10 给出了复合赋值运算符的说明。

表 2-10　复合赋值运算符

运算符	含　义	举　例	优先级	结合性
+=	加赋值	x+=5 相当于 x=x+5	14	从右向左
-=	减赋值	x-=5 相当于 x=x-5	14	从右向左
*=	乘赋值	x*=5 相当于 x=x*5	14	从右向左
/=	除赋值	x/=5 相当于 x=x/5	14	从右向左
%=	取余赋值	x%=5 相当于 x=x%5	14	从右向左
&=	按位与赋值	x&=5 相当于 x=x&5	14	从右向左
^=	按位异或赋值	x^=5 相当于 x=x^5	14	从右向左
|=	按位或赋值	x|=5 相当于 x=x|5	14	从右向左
>>=	按位右移赋值	x>>=5 相当于 x=x>>5	14	从右向左
<<=	按位左移赋值	x<<=5 相当于 x=x<<5	14	从右向左

2.6.9 运算符优先级的小结

表 2-11 中总结了 C 语言各运算符的优先级、使用形式及结合方向。

表 2-11　C 语言运算符总表

优先级	运算符	名称或含义	使用形式	结合方向	说　明
1	[]	数组下标	数组名[常量表达式]	从左到右	
	()	圆括号	(表达式)/函数名(形参表)		
	.	成员选择(对象)	对象.成员名		
	->	成员选择(指针)	对象指针->成员名		
2	-	负号运算符	-表达式	从右到左	单目运算符
	(类型)	强制类型转换	(数据类型)表达式		
	++	自增运算符	++变量名/变量名++	从右到左	单目运算符

优先级	运算符	名称或含义	使用形式	结合方向	说明
2	−−	自减运算符	−−变量名/变量名−−	从右到左	单目运算符
	*	取值运算符	*指针变量		单目运算符
	&	取地址运算符	& 变量名		单目运算符
	!	逻辑非运算符	! 表达式		单目运算符
	~	按位取反运算符	~表达式		单目运算符
	sizeof	长度运算符	sizeof(表达式)		单目运算符
3	/	除	表达式/表达式	从左到右	双目运算符
	*	乘	表达式 * 表达式		双目运算符
	%	余数(取模)	整型表达式/整型表达式		双目运算符
4	+	加	表达式+表达式	从左到右	双目运算符
	−	减	表达式−表达式		双目运算符
5	<<	左移	变量<<表达式	从左到右	双目运算符
	>>	右移	变量>>表达式		双目运算符
6	>	大于	表达式>表达式	从左到右	双目运算符
	>=	大于等于	表达式>=表达式		双目运算符
	<	小于	表达式<表达式		双目运算符
	<=	小于等于	表达式<=表达式		双目运算符
7	==	等于	表达式==表达式	从左到右	双目运算符
	!=	不等于	表达式! = 表达式		双目运算符
8	&	按位与	表达式 & 表达式	从左到右	双目运算符
9	^	按位异或	表达式^表达式	从左到右	双目运算符
10	|	按位或	表达式|表达式	从左到右	双目运算符
11	&&	逻辑与	表达式 && 表达式	从左到右	双目运算符
12	||	逻辑或	表达式||表达式	从左到右	双目运算符
13	?:	条件运算符	表达式 1? 表达式 2: 表达式 3	从右到左	三目运算符
14	=	赋值运算符	变量=表达式	从右到左	
	/=	除后赋值	变量/=表达式		
	*=	乘后赋值	变量 * =表达式		
	%=	取模后赋值	变量%=表达式		
	+=	加后赋值	变量+=表达式		
	−=	减后赋值	变量−=表达式		
	<<=	左移后赋值	变量<<=表达式		
	>>=	右移后赋值	变量>>=表达式		
	&=	按位与后赋值	变量 &=表达式		
	^=	按位异或后赋值	变量^=表达式		
	|=	按位或后赋值	变量|=表达式		
15	,	逗号运算符	表达式,表达式,…	从左到右	

从表 2-11 可以看出:

(1)优先级从上到下依次递减,最上面的具有最高的优先级,逗号操作符具有最低的优先级。

(2)所有的优先级中,只有 3 个优先级是从右至左结合的,它们是单目运算符、条件运

数据类型、运算符和表达式

算符、赋值运算符。其他的都是从左至右结合。

(3) 具有最高优先级的其实并不算是真正的运算符,它们算是一类特殊的操作。

(4) 所有的单目运算符具有相同的优先级。

2.7 表达式求值

2.6 节讲述了各种运算符的含义、运算规则、优先级和结合性,下面讲述它们构成的各种表达式的计算。

2.7.1 算术表达式

算术表达式是用算术运算符将运算对象(常量、变量、函数等)、圆括号连接起来的式子。最简单的算术表达式是一个常量或一个变量(赋过值的),它们都是合法的表达式,如 25、x 等。一般情况下,包含有更多的运算符号和圆括号,例如:

a/(b + 3) + 12 % 7 * 'a'   / * 假如 a = 10,b = 3 * /

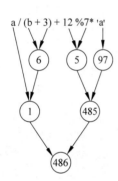

图 2-3 表达式求解树

先求括号内(b+3)的值,再计算 a/(b+3)的值得 1;然后计算 12%7 得 5;再将 5 与小写字母'a'的 ASCII 码 97 相乘得 485;再与 1 相加最后得到整个表达式的值为 486。图 2-3 为该表达式的求解树。

说明:

(1) C 语言中表达式的所有字符都写在一行,没有数学上的分式和上下标之分,括号只用圆括号。

(2) 表达式中用 C 语言运算对象和运算符号表示数学公式:用 " * "运算符表示乘法,用"/"表示除法和分数并用圆括号来区分分子和分母,用函数 sqrt()表示开平方根。表 2-12 展示了几个用 C 语言表示的数学公式。

表 2-12 数学公式的 C 语言表达式

数学公式	C 语言表达式
$b^2 - 4ac$	b * b - 4 * a * c
$a + b - c$	a + b - c
$\sqrt{\dfrac{a+b}{a-b}}$	sqrt((a+b)/(a-b))
$\dfrac{1}{1+x^2}$	1/(1+x * x)

(3) 表达式值的类型。

混合于同一表达式中的不同类型常量及变量,均应转换为同一类型的量。C 语言的编译程序将所有操作数转换为与最高类型操作数同类型。具体规则如图 2-4 所示,图中横向箭头表示一定要转换,即 float 要转换为 double,char 转换为 short,short 转换为 int。纵向箭头表示当运算对象为不同类型时先将 int 转换成 double,然后在相同的数据类型间进行运算。

上述方法都是由编译系统自动完成,称为隐式转换,有时为了某一需求,将某一数据类型强制转换为另外一种数据类型,称为强制类型转换。其一般形式为:

(类型名)(表达式)

注意:强制类型转换时,得到的是一个所需类型的中间变量,原来变量的数据类型不发生变化。

例 2.10 已知 int a＝7；float x＝2.5,y＝4.7；计算表达式 x＋a％3 ＊ (int)(x＋y)％2/4 的值。转换过程如图 2-5 所示。

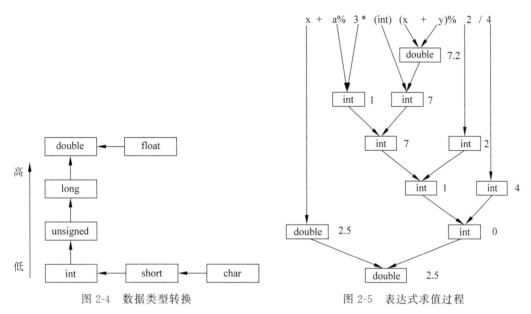

图 2-4　数据类型转换　　　　　　图 2-5　表达式求值过程

2.7.2　赋值表达式

赋值表达式就是由赋值运算符将一个变量和表达式连接起来构成的式子,其一般形式为:

<变量><赋值运算符><表达式>

将表达式的值求出来,赋给左边的变量,使变量的值成为表达式的值。如 x＝20/4,这时 x 的值为 5。

说明:

(1) 表达式的值的类型与变量的类型不相同时,以变量的类型为主,即表达式的值的类型自动被转换为变量的类型。例如:

```
int x;
x = 10 + 30/7 + 1.5
```

表达式的值为 15.5,由于 x 为整型变量,因此 x 的值为 15,小数部分自动舍去。同理,有如下定义:

```
double y;
```

数据类型、运算符和表达式

y = 10 + 30/7 + 100

则 y 的值为双精度数值114.0。

（2）赋值表达式的值又可以作为另外一个赋值表达式。例如：

a = (b = 10)

b＝10 是一个赋值表达式,它的值等于 10,执行 a＝(b＝10),相当于执行 b＝10 和 a＝b 两个赋值表达式,因此 a 的值也为 10。

（3）赋值表达式也可以包含复合赋值运算符。例如：

int a = 12;

a＋＝a－＝a＊a 也是一个赋值表达式,此赋值表达式的计算过程如下:

① 先计算 a－＝a＊a,它相当于 a＝a－a＊a,计算得 a＝12－12＊12＝－132。

② 再计算 a＋＝－132,它相当于 a＝a＋(－132),计算得 a＝－132＋(－132)＝－264。

2.7.3 关系表达式和逻辑表达式

1. 关系表达式

关系表达式是用关系运算符将两个运算对象(算术表达式、赋值表达式、关系表达式和逻辑表达式等)连接起来构成的式子。例如：

```
a + 3 > b + 4        /* 相当于(a+3)>(b+4),这是因为算术运算符的优先级高于关系运算符 */
(a > b)>(c = 2)
(ch!= getchar())
```

这些都是合法的关系表达式。

关系表达式的值是一个逻辑值,即"真"或"假",例如：

关系表达式 3>4 的值是"假",即关系表达式 3>4 的值为 0。

关系表达式 5>4 的值是"真",即关系表达式 5>4 的值为 1。

例 2.11 求下面关系表达式的值。

```
int a = 0; double b = 0.5,x = 0.3;求 a <= x <= b        /* a <= x <= b 的值为 0 */
8 > 7 > 5 > 2                                            /* 8 > 7 > 5 > 2 的值为 0 */
int i = 1,j = 7,a; a = i + (j % 4!= 0);求 a             /* a 的值为 2 */
```

2. 逻辑表达式

逻辑表达式是用逻辑运算符将运算对象连接起来的式子。逻辑表达式的值只能是"真"或"假",在 C 语言中,编译程序在表示逻辑运算结果时,以数值 1 代表"真",以数值 0 代表"假",但在判断是否为"真"时,以非 0 表示"真",以 0 表示"假"。例如：

```
!5 的值是 0
(a = 2)&&(b = 4)的值是 1
(a = 0)||(b = 2)的值是 1
```

例 2.12 已知 a＝4,b＝5,求下面逻辑表达式的值。

```
!a            /* !a 的值为 0 */
a&&b          /* a&&b 的值为 1 */
```

```
a||b                    /* a||b 的值为 1 */
!a||b                   /* !a||b 的值为 1 */
4&&0||2                 /* 4&&0||2 的值为 1 */
5>3&&2||8<9-!0          /* 5>3&&2||8<9-!0 的值为 1 */
'c'&&'d'                /* 'c'&&'d'的值为 1 */
```

3. 短路表达式

在逻辑表达式中,不是所有的逻辑运算符都要被执行,只有在必须执行下一个逻辑运算符才能求出表达式的解时,才执行该运算符。例如:

```
a&&b&&c                 /* 只在 a 为真时,才判别 b 的值;只在 a、b 都为真时,才判别 c 的值 */
a||b||c                 /* 只在 a 为假时,才判别 b 的值;只在 a、b 都为假时,才判别 c 的值 */
```

例 2.13 已知 a=3;b=2;c=3;d=4;m=0;n=2;当执行 (m=a>b)||(n=c>d) 后,m、n 的值为多少?

从左向右计算,a>b 为真,则 m=1;由于是"或"运算,整个表达式的值是"真",就没有必要再执行 n=c>d,因此 n 的值没有发生变化,n=2。

例 2.14 用逻辑表达式表示"x 为偶数"。

分析:要判断 x 是否为偶数,就是确定 x 能否被 2 整除,因此可以用下面逻辑表达式来表示:

```
x%2==0
```

本 章 小 结

本章主要讲述了如下内容。

(1) C 语言的基本数据类型(整型、字符型、浮点型)。

(2) C 语言用户自定义标识符的组成,常量、符号常量、变量的表示方法。

(3) C 语言中的变量必须先定义后使用。

(4) 算术运算符、关系运算符、逻辑运算符、位操作符、赋值运算符、复合赋值运算符、条件运算符和逗号操作符的使用、优先级和结合性,并对由这些运算符构成的各种表达式进行了详细的分析,特别是各种类型的数据进行混合运算时,如何进行转换。

习 题 2

1. 单项选择题

(1) C 语言中的标识符只能由字母、数字和下画线 3 种字符组成,且第一个字符(   )。

  A. 必须为字母

  B. 必须为下画线

  C. 必须为字母或下画线

  D. 可以是字母、数字和下画线中的任意一种

(2) 下面 4 个选项中,均是不合法的用户标识符的选项是(   )。

  A. A p_o do   B. float lao _A

  C. b-a goto int   D. _123 temp INT

数据类型、运算符和表达式

(3) 下面正确的字符常量是(　　)。

    A. 'c"　　　　　　　　　　　　　　　B. '\\"

    C. 'w'　　　　　　　　　　　　　　　D. "

(4) 在 C 语言中,char 型数据在内存中的存储形式是(　　)。

    A. 补码　　　　　B. 反码　　　　　C. 原码　　　　　D. ASCII 码

(5) 在 C 语言中,要求运算数必须是整型的运算符是(　　)。

    A. /　　　　　　　B. ++　　　　　　C. !=　　　　　　D. %

(6) 若 x、i、j 和 k 都是 int 型变量,则计算表达式 x＝(i＝4,j＝16,k＝32)后,x 的值为(　　)。

    A. 4　　　　　　　B. 16　　　　　　C. 32　　　　　　D. 52

(7) 假设所有变量均为整型,则表达式(a＝2,b＝5,b++,a+b)的值是(　　)。

    A. 7　　　　　　　B. 8　　　　　　　C. 6　　　　　　　D. 2

(8) 设变量 a 是整型,f 是实型,i 是双精度型,则表达式 10＋'a'＋i＊f 值的数据类型为(　　)。

    A. int　　　　　　B. float　　　　　C. double　　　　D. 不确定

(9) 若有数学式 $\dfrac{3ae}{bc}$,则不正确的 C 语言表达式是(　　)。

    A. a/b/c＊e＊3　　B. 3＊a＊e/b/c　　C. 3＊a＊e/b＊c　　D. a＊e/c/b＊3

(10) 表达式 18/4＊sqrt(4.0)/8 值的数据类型为(　　)。

    A. float　　　　　B. char　　　　　C. double　　　　D. 不确定

(11) 判断字符型变量 c1 是否为小写字母的正确表达式为(　　)。

    A. 'a'<=c1<='z'　　　　　　　　　　B. (c1>=a)&&(c1<=z)

    C. ('a'>=c1)||('z'<=c1)　　　　　　D. (c1>='a')&&(c1<='z')

(12) 设:int a＝3,b＝2,c＝3,d＝4,m＝2,n＝2,执行(m＝a>b) && (n＝c>d)后 n 的值为(　　)。

    A. 1　　　　　　　B. 2　　　　　　　C. 3　　　　　　　D. 4

(13) 下列表达式中,不满足"当 x 的值为偶数时值为真,为奇数时值为假"的要求的是(　　)。

    A. x%2==0　　　　　　　　　　　　B. !(x%2==0)

    C. (x/2＊2-x)==0　　　　　　　　　D. !(x%2)

2. 填空题

(1) 在 C 语言中,不带任何修饰符的浮点常量,是按_____类型数据存储的。

(2) C 语言中的标识符只能由三种字符组成,它们是_____,_____和_____。

(3) 若 s 是 int 型变量,s＝6;则表达式 s%2＋(s+1)%2 的值为_____。

(4) 若 a 是 int 型变量,则表达式(a＝4＊5,a＊2),a+6 的值为_____。

(5) 若 a,b 和 c 均是 int 型变量,则计算表达式 a＝(b＝4)＋(c＝2)后,a 值为_____,b 值为_____,c 值为_____。

(6) 若 x 和 n 均是 int 型变量,且 x 和 n 的初值均为 5,则计算表达式 x＋＝n++后 x 的值为_____,n 的值为_____。

(7) 若定义 int a＝2,b＝3；float x＝3.5,y＝2.5；,则表达式(float)(a＋b)/2＋(int)x％(int)y 的值为＿＿＿＿＿＿＿。

(8) 假设所有变量均为整型,则表达式(a＝2,b＝5,a＋＋,b＋＋,a＋b)的值为＿＿＿＿＿＿＿。

(9) 若定义 int e＝1,f＝4,g＝2；float m＝10.5,n＝4.0,k；,则计算赋值表达式 k＝(e＋f)/g＋sqrt((double)n)＊1.2/g＋m 后 k 的值是＿＿＿＿＿＿＿。

(10) 表达式 8/4＊(int)2.5/(int)(1.25＊(3.7＋2.3))值的数据类型为＿＿＿＿＿＿＿。

(11) 假设 m 是一个三位数,从左到右用 a,b,c 表示各位的数字 abc,则从左到右各个数字是 bac 的三位数的表达式是＿＿＿＿＿＿＿。

(12) 已知 A＝7.5,B＝2,C＝3.6,表达式 A＞B ＆＆ C＞A ‖ A＜B ＆＆ ！C＞B 的值是＿＿＿＿＿＿＿。

(13) 若有 x＝1,y＝2,z＝3,则表达式(x＜y？x：y)＝＝z＋＋的值是＿＿＿＿＿＿＿。

(14) 执行以下程序段后,a＝＿＿＿＿＿＿＿,b＝＿＿＿＿＿＿＿,c＝＿＿＿＿＿＿＿。

```
int x = 10,y = 9;
int a,b,c;
a = (x--==y++) ? x-- : y++;
b = x++;
c = y;
```

(15) 设 x,y,z 均为 int 型变量；写出描述"x,y 和 z 中至少有两个为负数"的 C 语言表达式：＿＿＿＿＿＿＿。

(16) 设有以下变量定义,并已赋确定的值,char w；int x；float y；double z；则表达式 w＊x＋z－y 所求得的数据类型为＿＿＿＿＿＿＿。

(17) 若 x 为 int 类型,请以最简单的形式写出与逻辑表达式!x 等价的 C 语言关系表达式＿＿＿＿＿＿＿。

(18) 数学表达式 $\dfrac{\sqrt{|a-b|}}{3(a+b)}$ 等价的 C 语言表达式是＿＿＿＿＿＿＿。

(19) 数学表达式 $\sqrt{\dfrac{x^2+y^2}{a+b}}$ 等价的 C 语言表达式是＿＿＿＿＿＿＿。

第3章 算法和控制语句

教学目标

(1) 初步理解算法的概念和特点。

(2) 掌握常用问题的算法。

(3) 掌握用流程图表示算法。

(4) 了解结构化程序设计的方法。

(5) 掌握格式化输入输出函数的用法。

(6) 掌握分支结构的程序设计,理解分支语句的嵌套。

(7) 掌握循环结构的程序设计及其相互嵌套。

(8) 理解 break 和 continue 的控制。

(9) 能够编写较复杂的程序。

3.1 问 题 引 导

使用计算机,就是要利用计算机处理各种不同的问题,因此就必须事先对各类问题进行分析,确定解决问题的具体方法和步骤,再编制好一组使计算机执行的指令(即程序),交给计算机按照指定的步骤去工作。这些具体的方法和步骤,其实就是解决一个问题的算法。根据算法,依据某种规则编写计算机执行的命令序列,就是编制程序,而书写时所遵守的规则,就是语法规则。对于面向过程的程序设计语言,主要关注的是算法。掌握了算法,也就为以后的程序设计打下了坚实的基础。程序设计的关键之一,是解题的方法和步骤。学习 C 语言的重点,就是掌握分析问题、解决问题的方法,所以在 C 语言的学习中,一方面应熟练掌握该语言的语法,因为它是算法实现的基础,另一方面必须认识到算法的重要性,加强思维训练,以写出高质量的程序。下面从常见的问题出发来分析计算机如何解决这些问题。

[问题 1]判断 3 角形的形状:已知 3 个正数,这 3 个数能否构成一个三角形的 3 条边;如果能构成三角形,判断所构成三角形的形状。

[问题 2]学习委员的烦恼:小王作为班上的学习委员,每门课程考试后,任课老师都会让他统计成绩。老师并不关心每个人的具体成绩,而只关心参加考试的人数、平均分、最低分和最高分这 4 项指标,如何用 C 语言编写程序来帮小王完成这项任务。

[问题 3]确定小偷:甲、乙、丙、丁 4 人为偷窃嫌疑犯,只有一个是真正的小偷,在审讯过程,4 人都有可能说真话或假话。

甲:乙没有偷、丁偷的;

乙：我没有偷，丙偷的；

丙：甲没有偷，乙偷的；

丁：我没有偷；

请推断谁是小偷。

3.1.1 算法的概念

算法就是解决问题的方法和步骤。通常一个算法是由一系列的求解步骤来完成的。著名计算机科学家沃斯(Nikilaus Wirth)提出一个著名的公式：

$$数据结构 + 算法 = 程序$$

后来人们对沃斯公式进行了改进，认为程序除了包含数据结构和算法外，程序设计方法和开发工具也非常重要，改进后的沃斯公式为：

$$数据结构 + 算法 + 程序设计方法 + 开发工具 = 程序$$

数据结构就是数据的类型和数据的组织形式，它是处理的对象；而算法是程序的灵魂。它是解决"做什么"和"怎么做"的问题。在编写程序时，如果不了解算法就编写不出程序。一般来说，先给出问题的粗略算法(计算步骤)，再根据问题的内容进行逐步细化，添加必要的细节，使之成为较为详细的描述。程序设计方法是指导程序设计各阶段工作的原理和原则，以及依此提出的设计技术。程序设计方法学的目标是设计出可靠、易读而且代价合理的程序，目前主要有面向过程的程序设计方法和面向对象的程序设计方法。开发工具就是语言编程环境，好的编程环境能起到事半功倍的效果。

3.1.2 算法的表示

一个算法可以用不同的方法表示，常用的表示方法有：自然语言、传统流程图、N-S 流程图、伪代码、计算机语言等。本书主要采用传统流程图和计算机语言表示算法。

(1) 传统流程图：它用图形框表示各种操作，用图形表示算法。其特点是直观形象、易于理解，特别适合于初学者。国家标准 GB 1526—89 规定了一些常用的流程图符号，如图 3-1 所示。

输入输出框　　处理框　　起止框　　判断框　　流程走向　　连接点

图 3-1　常用流程图符号

(2) 计算机语言表示：一个算法的最终目的是要用计算机来求解，只有用计算机编写的语言程序才能被计算机执行，因此用流程图描述一个算法后必须将其转化为计算机语言。用计算机语言表示算法必须严格遵守所用语言的语法规则。例如，求自然数和的 C 语言程序如下：

```
# include < stdio. h>
# include < stlib. h>
int main()
{
    int i,n,s = 0;
    scanf(" % d",&n);
```

```
    i = 1;
    while(i <= n)
    {
        s = s + i;
        i++;
    }
    printf("s = % d\n",s);
    system("pause");
    return 0;
}
```

3.1.3 基本算法举例

例 3.1 用流程图表示[问题 1,判断三角形的形状]。

分析：首先输入 3 个数,并判断是否都是正数；如果都是正数,再判断是否满足两边之和大于第三边(或两边之差小于第三边),然后根据三边的关系判断三角形的类型。其流程如图 3-2 所示。

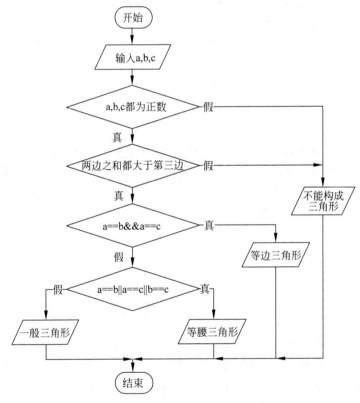

图 3-2   判断三角形类型的流程图

例 3.2 求 $n!$。

分析：从数学知识可知：$n! = 1 \times 2 \times 3 \times \cdots \times (n-1) \times n$,这是一个累计相乘,也就是说前一步的乘积可以作为后一步的一个乘数,反复进行,直到 n 为止。其流程如图 3-3 所示。

例 3.3 判断某一年是否为闰年。

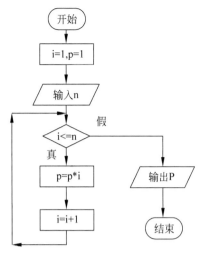

图 3-3　求 $n!$ 的流程图

分析：要判断某一年是否为闰年,用 4 来除年份,看是否能被整除,同时该年份不能被 100 整除;或者能被 100 整除,还要被 400 整除;这样的年份就是闰年,否则不是闰年。其流程如图 3-4 所示。

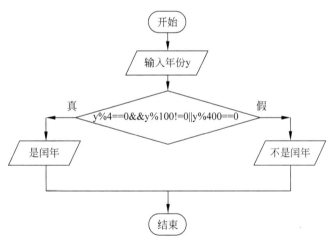

图 3-4　判断是否为闰年流程图

例 3.4　输入一个正整数,将它反位组成一个数输出(如输入 12345,输出 54321)。

分析：要输出反位数,首先要从低位数开始取出每一位数,可以用除以 10 取余数的方法得到;另外由于不知道输入的数具体的位数,可以采用不断整除 10 的方法逐步减少位数,直到为 0,这就是典型的数位分离的算法。其流程如图 3-5 所示。

例 3.5　判断一个整数 n 是否为素数。

分析：要判断一个数 n 是否为素数,很容易想到素数只能被 1 和 n 整除,而不能被其他数整除,因此可用 2 到 $n-1$ 之间的数来除 n,如果能被其中的一个数整除,n 就不是素数。但为了提高算法的效率,可采用这样来求解:只要 n 不能被 2 到 $\sqrt{n}$ 之间的整数整除,n 就是素数。其流程如图 3-6 所示。

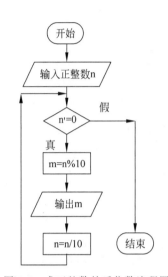

图 3-5 求正整数的反位数流程图

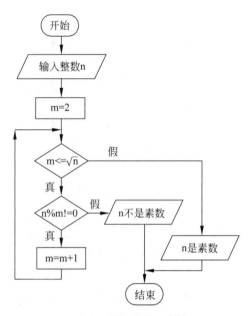

图 3-6 判断是否为素数

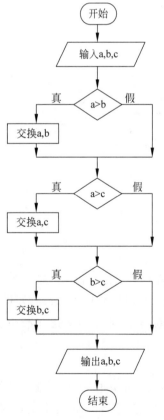

图 3-7 3 个数排序流程图

例 3.6 对 3 个整数 *a*、*b*、*c* 按从小到大排序。

分析：对 *a*、*b*、*c* 从小到大排序，就是要求 *a* 存放最小的数，*b* 存放第二小的数，*c* 存放最大的数。一般先将 *a* 和 *b* 进行比较，得到两者之间较小的数，存放在 *a* 中，再将 *a* 和 *c* 进行比较，将较小的数存放在 *a* 中，这时 *a* 就是 3 个数中的最小数。再将 *b* 和 *c* 比较，将较小的数给 *b*，较大的数给 *c*，这样 *a*、*b*、*c* 就按从小到大排序了。其流程如图 3-7 所示。

从上述实例可以看出算法具有如下特点。

（1）有穷性：一个算法应包含有限的操作步骤。也就是说，在执行若干操作步骤之后，算法将结束，而且每一步都在合理的时间内完成。

（2）确定性：算法中的每一步都应当有确切的含义，而不应当是含糊的、模棱两可的。对相同的输入必须得出相同的结果。

（3）有零个或多个输入：算法可以有多个输入也可以没有输入，依实际的需要而定。

（4）有一个或多个输出：算法的目的是求解，这些"解"只有通过输出才能得到。

（5）可行性：算法中的每一步操作都应当能有效地执行并得到确定的结果。

3.1.4 三种基本结构

1966 年,Bohra 和 Jacopini 提出:任何复杂的算法都可以由顺序结构、选择(分支)结构和循环结构这 3 种基本结构组成。因此,在构造一个算法的时候,仅以这 3 种基本结构为单元,遵守 3 种基本结构的规范。3 种基本结构之间可以并列,可以相互包含,但不允许交叉,不允许从一个结构直接转到另一个结构的内部去。正因为整个算法都是由 3 种基本结构组成的,就像用模块构建的一样,所以结构清晰,易于正确性验证,易于纠错,这种方法就是结构化方法。遵循这种方法的程序设计,就是结构化程序设计。

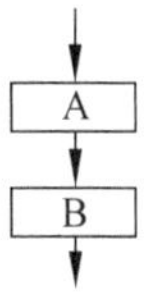

图 3-8 顺序结构

1. 顺序结构

顺序结构根据操作的先后顺序执行,如图 3-8 所示,在执行完 A 所指定的操作后,再执行 B 所指定的操作。

2. 选择(分支)结构

选择(分支)结构根据某个给定条件进行判断,条件为真或假时分别执行不同的操作。其基本形状有两种,分别如图 3-9 和图 3-10 所示。图 3-9 的执行过程为:当条件为真时执行 A,否则执行 B;图 3-10 的执行过程为:当条件为真时执行 A,否则什么也不做。

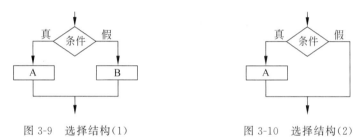

图 3-9 选择结构(1)　　　　图 3-10 选择结构(2)

3. 循环结构

循环结构又称为重复结构,根据条件的真或假反复执行某些操作。循环结构又分为当型循环和直到型循环两种类型。

(1) 当型循环:当条件为真时,执行循环操作序列,然后判断条件是否为真,若为真则继续执行,如此反复;若条件为假时,就跳出循环,不执行循环序列,如图 3-11 所示。

(2) 直到型循环:先执行操作序列,再判断条件是否为真,若为真则继续执行循环操作序列,若为假,就跳出循环序列,如图 3-12 所示。

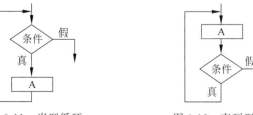

图 3-11 当型循环　　　　图 3-12 直到型循环

以上 3 种基本结构,都有如下共同的特点。

第 3 章

算法和控制语句

（1）只有一个入口和一个出口。

（2）结构内的每一部分都有可能被执行到。

（3）结构内不存在"死循环"。

实践证明,由以上 3 种结构组成的算法结构,可以解决任何复杂的问题,在程序设计中要熟练掌握。除了用传统流程图表示算法外,还可以采用"伪代码"和"N-S 流程图"表示。

3.2 C 语言的标准输入和输出

在程序的运行过程中,往往需要用户输入一些数据,而程序运行所得到的计算结果又需要输出给用户,由此实现人与计算机之间的交互,因此在程序设计中,输入输出是必不可少的重要内容。在 C 语言中,没有专门的输入输出语句,所有的输入输出操作都是通过对标准输入/输出库函数的调用实现的。常用的输入输出函数有 scanf( )、printf( )、getchar( )、putchar( )、gets( )和 puts( ),下面分别介绍。

3.2.1 格式化输入输出

1. 格式化输出函数 printf( )

printf( )函数是一个标准库函数,它把信息输出到标准输出设备显示器上,它的函数原型在头文件 stdio.h 中,因此在使用该函数时,要求在程序开头加上♯include＜stdio.h＞,以保证不发生编译出错。printf( )函数的调用格式如下:

printf("控制字符串",输出项列表)

输出项可以是常量、变量、表达式,其类型与个数必须与控制字符串中格式字符的类型、个数一致;当有多个输出项时,各项之间用逗号分隔。

控制字符串必须用双引号括起,由格式说明和普通字符两部分组成。

1) 格式说明

一般格式为:

％[＜修饰符＞]＜格式字符＞

格式字符规定了对应输出项的输出格式,常用的格式字符如表 3-1 所示。

表 3-1 C 语言常用输出格式字符

格式字符	含　义	举　例	结　果
c	按字符输出	char a＝65; printf("%c",a);	A
d	按十进制整数输出	int a＝567; printf("%d",a);	567
u	按十进制无符号整数输出	int a＝－1; printf("%u",a);	4294967295
f	按浮点数输出	float a＝567.789; printf("%f",a);	567.789000
E 或 e	按指数形式输出	double a＝567.789; printf("%e",a);	5.677890e＋002
o	按八进制输出	int a＝65; printf("%o",a);	101
X 或 x	按十六进制输出	int a＝255; printf("%x",a);	ff
s	按字符串输出	printf("%s","ABC");	ABC
g	按 e,f 格式中较短的一种输出	float a＝567.789; printf("%g",a);	567.789
p	输出变量在内存中的起始地址	int a; printf("%p",&a);	0060FEFC

修饰符是可选的,用于确定数据输出的宽度、精度、小数位数、对齐方式等,用于产生更规范整齐的输出,当没有修饰符时,以上各项按系统缺省设定显示(小数按 6 位小数输出)。C 语言常用修饰符如表 3-2 所示。

表 3-2　C 语言常用修饰符

修饰符	含　　义
m	输出数据域宽,数据长度<m,左补空格;否则按实际输出
.n	对实数,指定小数点后位数(四舍五入);对字符串,指定实际输出位数
—	输出数据在域内左对齐(默认为右对齐)
+	指定在有符号数的正数前显示正号(+)
0	输出数值时指定左面不使用的空位置自动填 0
♯	在八进制和十六进制数前显示前导 0,0x
l	在 d、o、x、u 前,指定输出精度为 long 型;在 e、f、g 前,指定输出精度为 double 型

2) 普通字符

普通字符包括可打印字符和转义字符。可打印字符主要是一些说明字符,这些字符按原样显示在屏幕上,如果有汉字系统支持,也可以输出汉字。对于不可打印的转义字符,它们是一些控制字符,控制产生特殊的输出效果。

例 3.7　printf() 的用法。

```c
# include < stdio.h>
# include < stlib.h>
int main()
{
    int x = 1234;
    float f = 123.456;
    double m = 123.456;
    char ch = 'a';
    char a[] = "Hello,world!"; / * 定义一个字符数组来保存一个字符串 * /
    int y = 3,z = 4;
    printf("% d % d\n",y,z);
    printf("y = % d,z = % d\n",y,z);
    printf("% 8d, % 2d\n",x,x);
    printf("% f, % 8f, % 8.1f, % .2f, % .2e\n",f,f,f,f,f);
    printf("% lf\n",m);
    printf("% 3c\n",ch);
    printf("% s\n % 15s\n % 10.5s\n % 2.5s\n % .3s\n",a,a,a,a,a);
    system("pause");
    return 0;
}
```

程序运行结果:

```
3 4
y = 3,z = 4
    1234,1234
123.456001,123.456001, 123.5,123.46,1.23e + 002
123.456000
```

```
      a
Hello,world!
   Hello,world!
       Hello
Hello
Hel
```

2. 格式化输入函数 scanf()

scanf()函数是一个标准库函数,它是从标准输入设备——键盘上输入信息,它的函数原型在头文件 stdio.h 中,与 printf()函数相同,在使用该函数时,要求在程序开头加上 ♯include<stdio.h>,以保证不发生编译出错。scanf()函数的一般形式为:

scanf("控制字符串",地址表列);

其中,控制字符串的作用与 printf()函数相同,但不能显示非格式字符串,也就是不能显示提示字符串。地址表列中给出各变量的地址。地址是由地址运算符 & 后跟变量名组成的。例如,&a,&b 分别表示变量 a 和变量 b 的地址。这个地址就是编译系统在内存中给 a,b 变量分配的地址。在 C 语言中,使用了地址这个概念,这是与其他语言不同的。应该把变量的值和变量的地址这两个不同的概念区别开来。变量的地址是 C 编译系统分配的,用户不必关心具体的地址是多少。

控制字符串的两个组成部分为格式说明和普通字符。

1) 格式说明

格式说明规定了输入项中的变量以何种类型的数据格式被输入,形式是:

% [<修饰符>] <格式字符>

各修饰符是可选的,可以没有,这些修饰符是:

(1) 字段宽度。

例如:

scanf("%3d",&a);

按宽度 3 输入一个整数赋给变量 a。例如,输入 12345,则 a=123。

(2) l 和 h。

可以和 d、o、x 一起使用,加 l 表示输入数据为长整数,加 h 表示输入数据为短整数,例如:

scanf("%10ld %hd",&x,&i);

则 x 按宽度为 10 的长整型读入,而 i 按短整数读入。例如,输入 12345678904321,则 x=1234567890,i=4321。

(3) 抑制字符 *。

* 表示按规定格式输入但不赋予相应变量,作用是跳过相应的数据。例如:

scanf("%d %*d %d",&x,&y,&z);

执行该语句,若输入为 1□2□3(□表示空格,以后不再说明)。
结果为 x = 1,y = 3,z 未赋值,2 被跳过。上述语句等价于:

scanf("%d %*d %d",&x,&y);

2）普通字符

普通字符包括空格、转义字符和可打印（显示）字符。

（1）空格。

在有多个输入项时，一般用空格或回车作为分隔符，若以空格作分隔符，则当输入项中包含字符类型时，可能产生非预期的结果，例如：

```
scanf("%d%c",&a,&ch);
```

输入 32□q

这时输出 a＝32,ch＝□,这是因为分隔符空格被读入并赋给 ch；若期望 a ＝ 32,ch ＝ q,可使用如下语句（在两个格式符之间插入一个空格符）：

```
scanf ( "%d□%c",&a,&ch );
```

此处%d 后的空格，就可跳过字符 q 前的所有空格，保证非空格数据的正确录入。

（2）转义字符\ n 和\ t。

例如：

```
scanf ( "%d%d",&a,&b );
scanf ( "%d%d%d",&x,&y,&z );
```

输入为：

1□2□3 回车
4□5□6 回车

结果为：a ＝ 1,b ＝ 2,x ＝ 3,y ＝ 4,z ＝ 5

若将上述语句改为

```
scanf("%d%d\n",&a,&b );
scanf("%d%d%d",&x,&y,&z );
```

对同样的输入，其结果为 a ＝ 1,b ＝ 2,x ＝ 3,y ＝ 4,z ＝ 5,虽然在第一个 scanf 的最后有一个\n,但第二个 scanf 语句仍然依次读入数据，这是因为\n 为缺省分隔符之一,若 scanf("%d%d%d\n",＆x,＆y,＆z),则必须在最后输\n 字符,因此建议在 scanf()的格式字符串中最好不要加入不必要的字符。

（3）可打印（显示）字符。

例如：

```
scanf("%d,%d,%c",&a,&b,&ch);
```

当输入为：1,2,q 回车
即：a ＝ 1,b ＝ 2,ch ＝ q

若输入为 1□2□q 回车,除 a ＝ 1 正确赋值外,对 b 与 ch 的赋值都将以失败告终。也就是说,这些不打印字符应是输入数据分隔符,scanf 在读入时自动去除与可打印字符相同的字符。

（4）精度要求。

在用 scanf()函数输入浮点数时，不要在格式控制中指定小数部分的位数,否则编译时会报错。例如 scanf("%5.2f",&f),编译器会报告错误。

（5）在 ACM 程序设计大赛中,需要进行多组输入,直到按 Ctrl+Z 键后按 Enter 键才结束,一般可以利用带返回值的 scanf()函数来实现。具体用法是：scanf("%d",&a)!=0 或 scanf("%d",&a)!=EOF 作为循环条件,实现反复输入。

3.2.2 其他输入输出

1. putchar()函数

向标准输出设备输出一个字符,其调用格式为：

```
putchar(ch);
```

其中 ch 为一个字符变量或常量。putchar()函数的作用等同于 printf("%c",ch)。

例 3.8 putchar()函数应用。

```
# include<stdio.h>
# include<stlib.h>
int main()
{
    char c;
    c = 'B';
    putchar(c);        /* 变量作为参数 */
    putchar('\x42');   /* 字符作为参数 */
    putchar(0x42);     /* 十六进制表示的 ASCII 码作为参数 */
    system("pause");
    return 0;
}
```

程序运行结果：

```
BBB
```

从本例中的连续 3 个字符输出函数语句可以了解字符变量的不同赋值方法。

2. getchar()函数

getchar()函数的功能为从键盘输入的一个字符,它不带任何参数。其调用格式为：

```
getchar();
```

getchar()函数的返回值就是从键盘上输入的字符,一般可以用一个字符变量得到这个返回值。

例 3.9 getchar()函数的应用。

```
# include<stdio.h>
# include<stlib.h>
int main()
{
    char ch;
    ch = getchar();
    putchar(ch);
    printf("%d\n",ch);
    system("pause");
```

```
        return 0;
    }
```

程序运行结果：

输入字符 A 回车
A65

3. gets() 函数

gets() 函数的功能是从键盘上输入一个字符串，按 Enter 键结束输入（由于在 C 语言中没有字符串变量，把字符串保存在数组中，在第 5 章会讲到）。其调用格式为：

```
gets(a);              /* 这里 a 为字符数组,定义形式为 char a[20]; */
```

例 3.10 gets() 函数的应用。

```
# include < stdio. h >
# include < stdlib. h >
int main()
{
    char a[20];
    gets(a);
    printf("% s\n",a);
    system("pause");
    return 0;
}
```
输入:Welcome to Nanjing 回车
输出:Welcome to Nanjing

4. puts() 函数

puts() 函数的功能是向屏幕输出一个字符串，并换行。

例 3.11 puts() 函数的应用。

```
# include < stdio. h >
# include < stdlib. h >
int main()
{
    char a[20];
    gets(a);
    puts(a);
    system("pause");
    return 0;
}
```
输入:Welcome to Nanjing 回车
输出:Welcome to Nanjing

说明：

（1）在使用 getchar() 函数输入时，要用 Enter 键来表示结束。

（2）getchar() 得到的字符只能是第一个输入的字符，它可以赋值给字符变量，也可以不给任何变量，还可以作为表达式的一部分。

（3）gets() 函数可以从键盘上输入一个带空格的字符串，按 Enter 键结束输入。

(4) puts()函数输出字符串后自动换行。

3.2.3 C语言语句

和其他计算机编程语言一样,C语言的语句也是用来完成一定操作,并通过编译产生计算机指令。C语言的语句可分为以下5类。

(1) 控制语句:用来完成控制功能。

① if…else   分支语句

② for()、while()、do…while   循环语句

③ continue   结束本次循环语句

④ break   终止循环或多分支语句

⑤ switch   多分支语句(开关语句)

⑥ return   返回语句

(2) 函数调用语句:用来实现函数调用,由函数调用加一个分号构成。例如:

```
printf("Hello,World!\n");
```

(3) 表达式语句:由一个表达式加一个分号构成,最典型的是赋值表达式加一个分号构成赋值语句。例如:

```
x = 100/3;
```

(4) 空语句:由一个分号构成,例如:

```
;
```

它什么也不做,有时用来做循环语句的循环体,表示空循环;有时为了程序结构清晰。

(5) 复合语句:当一个语句不能完成某一功能,需要用多个语句才能实现,这时用花括号{}把这些语句括起来,构成复合语句,例如:

```
while(i < 100)
{
    s = s + i;
    i++;
}
```

3.2.4 顺序结构程序设计

顺序结构的程序是按照语句出现的先后顺序来执行的,是程序设计中最简单的一种结构。下面通过一些简单的例子来说明顺序结构程序设计。

例3.12 编写一个程序,从键盘上输入以秒为单位的时间,表示成小时分钟秒的形式。

```
/*
程序名称:ex3-12
  程序功能:小时分秒表示
*/
#include < stdio.h >
#include < stdlib.h >
int main()
```

```
{
    int s;
    scanf("%d",&s);
    printf("%d小时",s/3600);
    printf("%d分钟",(s%3600)/60);
    printf("%d秒\n",(s%3600)%60);
    system("pause");
    return 0;
}
```

程序运行结果:

输入 5000 回车
1 小时 23 分 20 秒

程序完全是按语句出现的先后顺序执行的,中间不存在任何控制流程的转移。

例 3.13 计算如图 3-13 所示的铁环的重量(已知铁的密度为 7.86g/cm^3)。

分析:要计算铁环的重量,就必须知道内径 $d2$ 和外径 $d1$,以及铁环的厚度 h,计算出体积,再乘以密度,就是铁环的重量。

```
/*
   程序名称:ex3-13
   程序功能:计算铁环的重量
*/
#include<stdio.h>
#include<stdlib.h>
#define RUO 7.86
#define PI 3.14159
int main()
{
    double d1,d2,h,s1,s2,w;
    scanf("%lf %lf %lf",&d1,&d2,&h);
    s1 = PI * (d1/2) * (d1/2);
    s2 = PI * (d2/2) * (d2/2);
    w = (s1 - s2) * h * RUO;
    printf("铁环的重量为:%.2lf\n",w);
    system("pause");
    return 0;
}
```

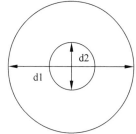

图 3-13 铁环示意图

程序运行结果:

输入 3.0□1.0□0.5
铁环的重量为:24.69

3.3 条 件 语 句

条件语句是用来判断给定的条件是否满足(表达式值是否为 0),并根据判断的结果(真或假)决定执行的语句,选择结构就是用条件语句来实现的。

算法和控制语句

3.3.1 if 语句

这是最简单的条件语句,实现基本的分支操作。

(1) 格式:

```
if(表达式)
{
    语句序列
}
```

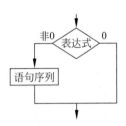

图 3-14   if 语句流程图

(2) 执行过程:先计算 if 后表达式的值,如果其值为非 0(真),则执行紧跟在 if 后面的语句序列;否则跳过该结构,执行后面的语句。其流程如图 3-14 所示。

说明:

① 表达式一般以关系或逻辑表达式为主,也可以是任何类型的表达式,只要值是非 0 就是真,是 0 就是假。

② 语句序列是实现分支操作的语句,既可以是单条语句,也可以是复合语句。当为单条语句时,表示复合语句的花括号{ }可以省略。

③ if 语句表达式必须书写在小括号()内,如果省略编译会出现语法错误。

例 3.14   从键盘输入一个整数,如果该整数为奇数则将其乘 3 加 1 后输出,如果为偶数则直接输出。

分析:要判断整数是否为奇数,只需要用该数除以 2 取余数,如果余数为 1 是奇数;是 0 为偶数。其流程如图 3-15 所示。

```
/*
    程序名称:ex3-14
    程序功能:处理整数
*/
#include<stdio.h>
#include<stdlib.h>
int main()
{
    int n,b;
    scanf("%d",&n);
    b=n;
    if(n%2==1)  /* 也可以用 if(n%2!=0) */
        b=n*3+1;
    printf("处理的结果是:%d\n",b);
    system("pause");
    return 0;
}
```

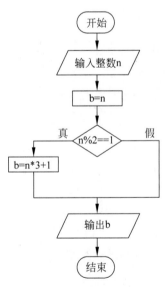

图 3-15   数据变换流程图

程序运行结果:

① 输入 12
处理的结果是:12

② 输入 13
处理的结果是:40

例 3.15　从键盘输入 3 个整数 a、b、c,对这 3 个数从小到大排序。

根据例 3.6 的分析和流程,其程序如下:

```
/ *
   程序名称:ex3-15
   程序功能:3 个整数排序
* /
# include < stdio. h >
# include < stdlib. h >
int main()
{
    int a,b,c,t;
    scanf("%d %d %d",&a,&b,&c);
    if(a > b)
    {
        t = a;
        a = b;        找到 a、b 两个数中较小的给 a
        b = t;
    }
    if(a > c)
    {
        t = a;
        a = c;        将 a 与 c 比较,较小的给 a,这时 a 就是 3 个数中最小的
        c = t;
    }
    if(b > c)
    {
        t = b;
        b = c;        将 b 与 c 比较,较小的给 b,这时 c 就是 3 个数中最大的
        c = t;
    }
    printf("%d, %d, %d\n",a,b,c);
    system("pause");
    return 0;
}
```

程序运行结果:

输入 45□21□70 回车
21,45,70

说明:本例在排序的过程中,要交换两个数,一般的做法是:设置一个临时变量(如本例中的变量 t)将一个变量的值先存放在这个临时变量里(如 $t＝a$),再将要交换的变量 b 的值存放在 a 里,然后把 t 的值给 b。

思考:

① 如何实现 3 个整数的从大到小排序?

② 如何实现 3 个浮点数的排序?

算法和控制语句

③ 不用临时变量,如何实现两个数交换?

3.3.2 if…else 语句

if…else 语句是典型的条件语句,其流程如图 3-16 所示。

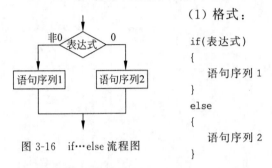

图 3-16 if…else 流程图

(1) 格式:

```
if(表达式)
{
    语句序列 1
}
else
{
    语句序列 2
}
```

(2) 执行过程:先计算 if 后表达式的值,如果其值为非 0(真),则执行语句序列 1,执行完以后,再执行该结构后面的语句;如果表达式的值为 0(假),则执行语句序列 2,执行完以后,再执行后面的语句。

例 3.16 从键盘上输入两个整数,求它们的最大值。其流程如图 3-17 所示。

```
/*
    程序名称:ex3-16
    程序功能:求两数的最大值
*/
#include<stdio.h>
#include<stdlib.h>
int main()
{
    int a,b,max;
    scanf("%d %d",&a,&b);
    if(a>b)
        max = a;
    else
        max = b;
    printf("最大值:%d\n",max);
    system("pause");
    return 0;
}
```

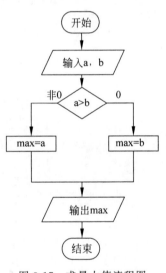

图 3-17 求最大值流程图

程序运行结果:

输入 34□56 回车
最大值:56

说明:上面程序中,由于每个分支的语句序列都只有一个语句,因此把表示复合语句的{}省略了。

例 3.17 从键盘输入一个整数,如果该整数为奇数,则将其乘 3 加 1 后输出;如果为偶数,则除以 2 输出。其流程如图 3-18 所示。

```
/*
  程序名称:ex3-17
  程序功能:数据变换
*/
#include<stdio.h>
#include<stdlib.h>
int main()
{
    int n,b;
    scanf("%d",&n);
    if(n%2==1)
        b=3*n+1;
    else
        b=n/2;
    printf("变换后的数为:%d\n",b);
    system("pause");
    return 0;
}
```

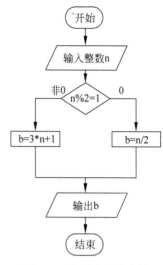

图 3-18 数据变换流程图

程序运行结果:

① 输入 24 回车
变换后的数为:12
② 输入 25 回车
变换后的数为:76

3.3.3 if…else if 语句

实际应用中常常面对更多的选择,这时,将 if…else 扩展一下,就得到 if…else if 结构。
(1) 格式:

```
if(表达式 1)
{
    语句序列 1
}
else if(表达式 2)
{
    语句序列 2
}
else if(表达式 3)
{
    语句序列 3
}
…
else
{
    语句序列 n
}
```

(2) 执行过程:先计算表达式 1 的值,若其值为非 0,则执行语句序列 1;否则计算表达式 2 的值,若表达式 2 的值为非 0,则执行语句序列 2;否则计算表达式 3 的值,若表达式 3

算法和控制语句

的值为非 0,则执行语句序列 3……直到计算表达式 $n-1$ 的值,若表达式 $n-1$ 的值为非 0,则执行语句序列 $n-1$,否则执行语句序列 n。其流程如图 3-19 所示。

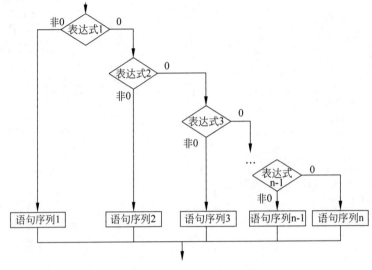

图 3-19 if…else if 流程图

说明:

① 语句序列为单条语句,表示复合语句的{}可以省略。

② if…else if 满足完全排斥的特性,绝不会出现某次执行了其中两路分支以上的情况。

③ if…else if 语句中的 else if 可以有有限多个,取决于编程的实际需求。

例 3.18 从键盘上输入字符,判断输入字符的类型。

分析:键盘上的字符有字母、数字、控制字符以及其他字符。如果是字母其范围在 A~Z 或 a~z;数字字符其范围在 0~9;控制字符其 ASCII 码小于 32;除了以上情况外,就是其他字符。其流程如图 3-20 所示。

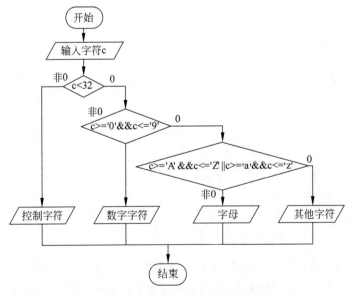

图 3-20 判断输入字符的类型的流程图

```
/*
  程序名称:ex3-18
  程序功能:判断字符的类型
*/
# include < stdio. h>
# include < stdlib. h>
int main()
{
    char c;
    printf("输入一个字符:");
    c = getchar();
    if(c < 32) printf("是控制字符\n");
    else if(c > = '0'&&c < = '9') printf("是数字字符\n");
    else if(c > = 'A'&&c < = 'Z'||c > = 'a'&&c < = 'z') printf("是字母\n");
    else printf("是其他字符\n");
    system("pause");
    return 0;
}
```

程序运行结果:

① 输入一个字符:ctrl 回车,是控制字符
② 输入一个字符:A 回车,是字母
③ 输入一个字符:9 回车,是数字字符
④ 输入一个字符:/ 回车,是其他字符

例 3.19 已知 2021 年 7 月 1 日为星期四,从键盘上输入 1～31 的整数,按下述格式输出该日是星期几的信息在对应栏下。

```
2021 年 7 月日历
Sun Mon Tue Wed Thu Fri Sat
-----------------------
                    1
```

分析:根据日历的特点,周日～周六分别用 0～6 的整数表示,知道每月 1 号是星期几后,用"(输入日期+每月 1 号星期几-1)%7"得到的值,就是星期几,再按照指定的格式输出。

```
/*
  程序名称:ex3-19
  程序功能:输出日历
*/
# include < stdio. h>
# include < stdlib. h>
int main()
{
    int date, weekday, original_date = 6;
    scanf(" % d", &date);
    if(date < 1||date > 31)
    {
        printf("数据输入错误!\n");
        exit(0);
```

```
    }
    weekday = (date + original_date - 1) % 7;
    printf("2021 年 7 月日历\n");
    printf(" -------------------------------------- \n");
    printf("Sun Mon Tue Wed Thu Fri Sat \n");
    printf(" -------------------------------------- \n");
    if(weekday == 0)
        printf(" % 2d\n",date);
    else if(weekday == 1)
        printf(" % 7d\n",date);
    else if(weekday == 2)
        printf(" % 12d\n",date);
    else if(weekday == 3)
        printf(" % 17d\n",date);
    else if(weekday == 4)
        printf(" % 22d\n",date);
    else if(weekday == 5)
        printf(" % 27d\n",date);
    else
        printf(" % 32d\n",date);
        system("pause");
    return 0;
}
```

程序运行结果:

```
输入 20 回车
2021 年 7 月日历
 ------------------------------------------------------
Sun    Mon    Tue    Wed    Thu    Fri    Sat
 ------------------------------------------------------
                                                  20
```

例 3.20　输入学生的成绩,输出学生的等级: 90~100(优)、80~89(良)、70~79(中)、60~69(及格)、60 以下(不及格)。

分析: 输入学生成绩在 0~100,其流程如图 3-21 所示。

```
/ *
    程序名称:ex3 - 20
    程序功能:学生成绩等级划分
* /
# include < stdio. h >
# include < stdlib. h >
int main()
{
    int cj;
    scanf(" % d",&cj);
    if(cj < 0 || cj > 100)
    {
        printf("数据输入错误\n");
        exit(0);
```

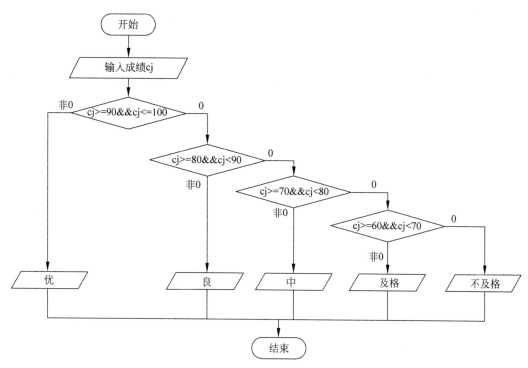

图 3-21　学生成绩等级流程图

```
    }
    if(cj>=90&&cj<=100)
        printf("优\n");
    else if (cj>=80&&cj<90)
        printf("良\n");
    else if(cj>=70&&cj<80)
        printf("中\n");
    else if(cj>=60&&cj<70)
        printf("及格\n");
    else
        printf("不及格\n");
    system("pause");
    return 0;
}
```

程序运行结果：

① 输入 101 回车
数据输入错误!
② 输入 85 回车
良

3.3.4　条件语句的嵌套

　　在 if 条件语句中又包含一个或多个 if 条件语句称为条件语句的嵌套。主要有以下几种形式。

(1) 嵌套具有 else 子句的 if 语句。

```
if (表达式 1)
    if (表达式 2)
        语句序列 1        ⎫
    else                ⎬ 内嵌 if
        语句序列 2        ⎭
```

(2) 嵌套不含 else 子句的 if 语句。

```
if (表达式 1)
    语句序列 1
else
    if(表达式 2)         ⎫
        语句序列 2        ⎬ 内嵌 if
                        ⎭
```

(3) 一般形式。

```
if (表达式 1)
    if (表达式 2)
        语句序列 1        ⎫
    else                ⎬ 内嵌 if
        语句序列 2        ⎭
else
    if(表达式 3)
        语句序列 3        ⎫
    else                ⎬ 内嵌 if
        语句序列 4        ⎭
```

说明：if 和 else 必须正确配对,其配对原则是：当缺省 { } 时,else 总是和它上面离它最近的未配对的 if 配对。例如：

```
⎧ if( … )
⎪   ⎧ if( … )
⎪   ⎪   ⎧ if( … )
⎨   ⎨   ⎨   …
⎪   ⎪   ⎩ else…
⎪   ⎩ else…
⎩ else…
```

不正确的配对可能会出现逻辑错误甚至语法错误。例如：

```
if (a == b)
    if(b == c)
        printf("a == b == c");
    else
        printf("a!= b");
```

这时,else 是和第二个 if 配对,若希望 else 与第一个 if 配对,则可修改为

```
if (a == b)
{
    if(b == c)
        printf("a == b == c");
```

```
}else
    printf("a!= b");
```

所以,加{}可以改变 else 和 if 的配对。

例 3.21 判断两个数的大小关系。

```
/*
    程序名称:ex3-21
    程序功能:判断两个数的大小关系
*/
#include<stdio.h>
#include<stdlib.h>
int main()
{
    int x,y;
    printf("输入两个整数 x,y:");
    scanf("%d,%d",&x,&y);
    if(x!= y)
        if(x>y)
            printf("x>y\n");
        else
            printf("x<y\n");
    else
        printf("x==y\n");
    system("pause");
    return 0;
}
```

程序运行结果:

① 输入两个整数 x,y:12,23 回车
x < y
② 输入两个整数 x,y:20,10 回车
x > y
③ 输入两个整数 x,y:12,12 回车
x == y

例 3.22 [问题1]判断三角形的形状:从键盘输入 3 个数,判断这 3 个数能否构成一个三角形的 3 条边;如果能构成三角形,判断所构成三角形的形状。

```
/*
    程序名称:ex3-22
    程序功能:判断三角形的类型
*/
#include<stdio.h>
#include<stdlib.h>
int main()
{
    double a,b,c;
    scanf("%lf %lf %lf",&a,&b,&c);
    if(a<=0||b<=0||c<=0)
    {
```

```
                printf("三角形的边长不能为 0 或负,请重新!\n");
                exit(0);
            }
            if(a+b<=c||a+c<=b||b+c<=a)
            {
                printf("不能构成三角形,请重新!\n");
                exit(0);

            }
            else if(a==b&&b==c)
                printf("是等边三角形\n");
            else if(a==b||b==c||a==c)
                printf("是等腰三角形\n");
            else
                printf("是一般三角形\n");
        system("pause");
        return 0;
}
```

程序运行结果:

```
输入:0 1 2
    三角形的边长不能为 0 或负,请重新!
输入:1 2 3
    不能构成三角形,请重新!
输入:2 2 2
    是等边三角形
输入:2 2 3
    是等腰三角形
输入:3 4 6
    是一般三角形
```

思考:如何判断是锐角三角形、直角三角形或钝角三角形?

3.3.5 条件语句的应用

上面讲述了条件语句的格式、执行过程以及应用时的注意事项。下面通过一些实例讲述条件语句的应用。

例 3.23 输入年份,判断是否为闰年。

根据例 3.3 的分析和图 3-4 所示流程,其程序如下:

```
/*
   程序名称:ex3-23
   程序功能:判断闰年
*/
#include<stdio.h>
#include<stdlib.h>
int main()
{
    int year;
    scanf("%d",&year);
```

```
        if(year <= 0)
        {
            printf("数据输入错误!\n");
            exit(0);
        }
        if(year % 4 == 0&&year % 100!= 0||year % 400 == 0)
            printf("%d是闰年!\n",year);
        else
            printf("%d不是闰年!\n",year);
        system("pause");
        return 0;
    }
```

程序运行结果:

① 输入 2013 回车
2013 不是闰年!
② 输入 2012 回车
2012 是闰年!
③ 输入 -100 回车
数据输入错误!

例 3.24 从键盘输入一元二次方程 $ax^2+bx+c=0$ 的系数 a、b、c,求它的根。

分析:根据数学知识,一般用求根公式 $x_{1,2}=\dfrac{-b\pm\sqrt{b^2-4ac}}{2a}$ 求解,但必须满足是一元二次方程才能使用公式求解,因此要判断 a 的值是否为 0,判别式 $\Delta=b^2-4ac\geqslant0$。其流程如图 3-22 所示。

```
/*
    程序名称:ex3-24
    程序功能:求解一元二次方程
*/
#include <stdio.h>
#include <stdlib.h>
#include <math.h>
int main()
{
    double a,b,c,delta,x1,x2,p,q;
    scanf("%lf %lf %lf",&a,&b,&c);
    if(a == 0)
        printf("不是一元二次方程!\n");
    else
    {
        delta = b * b - 4 * a * c;
        if(delta == 0)
        {
            printf("方程有两个相等的实数根!\n");
            x1 = - b/(2 * a);
            x2 = x1;
            printf("%.2lf,    %.2lf\n",x1,x2);
        }
```

算法和控制语句

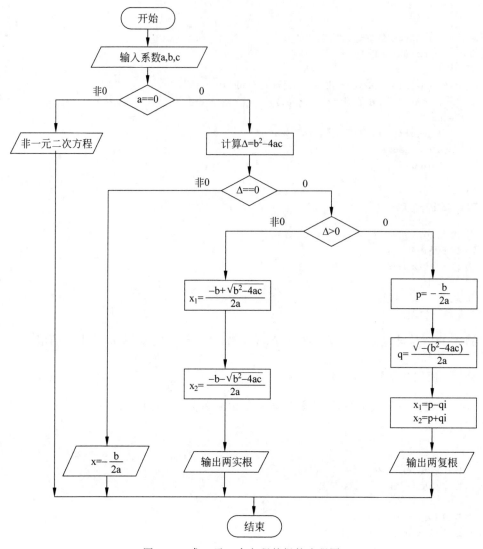

图 3-22 求一元二次方程的根的流程图

```
else if(delta > 0)
{
    printf("方程有两个不相等的实数根!\n");
    x1 = - b/(2 * a) + sqrt(delta)/(2 * a);
    x2 = - b/(2 * a) - sqrt(delta)/(2 * a);
    printf(" % .2lf ,    % .2lf\n",x1,x2);
}
else
{
    printf("方程有两个不相等的复数根!\n");
    p = - b/(2 * a);
    q = sqrt( - delta)/(2 * a);
    printf(" % .2lf + % .2lfi\n",p,q);
    printf(" % .2lf - % .2lfi\n",p,q);
}
```

```
        }
    system("pause");
        return 0;
    }
```

程序运行结果：

① 输入 0□2□3 回车

不是一元二次方程

② 输入 1□2□1 回车

方程有两个相等的实数根！

－1.00 －1.00

③ 输入 3□5□2

方程有两个不相等的实数根！

－0.67 －1.00

④ 输入 1□2□3 回车

方程有两个不相等的复数根！

－1.00＋1.41i －1.00－1.41i

说明：由于开平方根函数 sqrt() 的声明包含在 math.h 中，因此在程序的前面要增加 #include＜math.h＞。一般数学处理函数的声明都在 math.h 中，因此用到数学函数都要增加一条这样的包含语句。另外，在有的编译器中，还必须要求 sqrt() 函数的参数为浮点型数据，才能编译通过。

3.4 多分支语句

多分支语句是根据某一条件在很多选项中选择其中的一个来执行。在 C 语言中，实现多分支可用 if…else if 和 switch 语句，switch 语句可使程序更加简洁、清晰。

3.4.1 switch 多分支语句

(1) 多分支语句 switch 的格式：

```
switch( 表达式)
{
    case E1:
                语句序列 1;
    case E2:
                语句序列 2;
            …
    case En:
                语句序列 n;
    [default:
                默认语句序列;]
}
```

(2) 执行过程：首先执行 switch 后面括号中表达式的值，然后将该值与常量 E1、E2……En 的值进行逐一比较，若与某个值相等，则执行 case 子句后的语句序列；若没有相同值，则转向 default 子句，执行默认语句序列。其流程如图 3-23 所示。

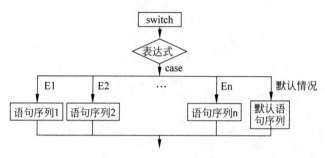

图 3-23　switch 语句流程图

说明：

① switch 后面表达式的值必须是整型或字符型。

② E1,E2,…,En 是常量表达式,且值必须互不相同。

③ 每个 case 语句的冒号后面可以是 0 条或多条语句,多条语句时,可以不加{}。

④ 各 case 的顺序可以是任意的。

⑤ 允许多个 case 语句使用同一语句序列。例如：

```
case 1:
case 2:
case 3:printf("Hello,World! \n");
```

⑥ default 语句不是必需的,但建议使用,一般放在最后。

⑦ 每个 case 后面语句序列里的 break 语句可有可无,但执行效果不同。当有 break 语句时,遇到 break 语句,程序就跳出这一层 switch 语句结构,转到其结构后面的语句执行；当没有 break 语句时,程序就会一直执行下去,直到遇到 break 语句或该 switch 结构结束。

例 3.25　用 switch…case 语句重新编写例 3.18 的程序。

分析：由于学生的成绩有很多种情况,本题的关键就是要把这些成绩变换到少数几种情况,可以用学生成绩整除 10 得到。

```
/*
    程序名称:ex3 - 25
    程序功能:用 switch 语句求学生成绩等级
*/
#include< stdio. h>
#include< stdlib. h>
int main()
{
    int score;
    scanf(" % d",&score);
    if(score< 0||score> 100)
    {
        printf("输入数据错误\n");
        exit(0);
    }
    switch(score/10)
    {
        case 10:
```

```
        case 9:printf("优秀\n");break;
        case 8:printf("良好\n");break;
        case 7:printf("中等\n");break;
        case 6:printf("及格\n");break;
        default:printf("不及格\n");break;
    }
    system("pause");
    return 0;
}
```

和例 3.20 的程序对比可知：用 switch 编写的程序要简单清晰很多。

3.4.2　多分支语句的嵌套

一个 switch 语句中嵌套一个或多个 switch 语句、if 语句称为 switch 语句的嵌套。一般有以下几种形式。

1. switch 语句嵌套 switch 语句

```
switch( … )
{
    …
    switch( … )
    {
        语句序列 1
    }
    语句序列 2
}
```

在这种结构中，内层的 switch 语句的 break 语句只能跳出本层的 switch 结构，然后执行语句序列 2。

2. switch 语句嵌套 if 语句

```
switch( … )
{
    …
    if( … )
    {
        …
    }
    else
    {
        …
    }
    语句序列
}
```

3. if 语句嵌套 switch 语句

```
if( … )
{
    …
```

算法和控制语句

```
switch( … )
    {
        …
    }
else
{
    switch( … )
    {
        …
    }
}
```

3.4.3 多分支语句应用

多分支语句可以用 switch 语句和 if…else if 语句来实现,它们绝大多数情况下可以相互转换。例如,根据学生成绩,给出学生成绩的等级,既可以用 if…else if 语句来实现,又可以用 switch 语句来实现。下面列举一些它们的应用。

例 3.26 已知银行整存整取存款不同期限的年利率分别为:

$$年息 = \begin{cases} 2.25\% & 期限1年 \\ 2.79\% & 期限2年 \\ 3.33\% & 期限3年 \\ 3.60\% & 期限5年 \\ 4.14\% & 期限8年 \\ 0.30\% & 活期 \end{cases}$$

要求输入本金和期限,求到期后能从银行得到的利息与本金的合计。

分析:银行根据存期的不同,储户享受不同的利率,一共有 6 种不同的存期,就相当于 6 个分支,从键盘上输入本金和存期,可以根据如下公式计算储户到期后从银行获得的总金额:

$$总金额 = 本金 \times 年利率 \times 存期 + 本金$$

```
/ *
    程序名称:ex3 - 26
    程序功能:根据存期和本金计算总金额
* /
# include < stdio. h >
# include < stdlib. h >
int main()
{
    int year;
    double money, rate, total;
    printf("输入存款和存期:");
    scanf(" % lf  % d", &money, &year);
    switch(year)
    {
        case 1:rate = 0.0225;break;
        case 2:rate = 0.0279;break;
        case 3:rate = 0.0333;break;
```

```
        case 5 : rate = 0.0360 ; break ;
        case 8 : rate = 0.0414 ; break ;
        default : rate = 0.003 ; break ;
    }
    total = money + money * rate * year ;
    printf("从银行获得的总金额为:%.2lf\n",total) ;
    system("pause") ;
    return 0 ;
}
```

运行结果：

① 输入存款和存期:10000□3 回车
从银行获得的总金额为:10999.00
② 输入存款和存期:10000□4 回车
从银行获得的总金额为:10120.00

例 3.27   从键盘上输入年份和月份,求该月有多少天?

分析:一年中每月的天数,除了 2 月份受是否闰年的影响要变化外,其他月份的天数都不变。因此,根据输入的年份判断是否是闰年,如果是闰年,那么 2 月份就有 29 天;否则 2 月份就有 28 天。

```
/*
    程序名称:ex3-27
    程序功能:输入年份和月份,求该月天数
*/
#include<stdio.h>
#include<stdlib.h>
int main()
{
    int year,month,day,leapyear;
    scanf("%d %d",&year,&month);
    if(year<0||month<1||month>12)
    {
        printf("输入的数据错误!\n");
        exit(0);
    }
    leapyear = year % 4 == 0&&year % 100!= 0||year % 400 == 0; /* 是否为闰年 */
    switch(month)
    {
        case 1:
        case 3:
        case 5:
        case 7:
        case 8:
        case 10:
        case 12:day = 31;break;
        case 4:
        case 6:
        case 9:
        case 11:day = 30;break;
```

算法和控制语句

```
            case 2:day = 28 + leapyear;break;
        }
        printf("%d 年%d 月的天数为:%d\n",year,month,day);
        system("pause");
        return 0;
    }
```

运行结果：

① 输入 2013 3 回车
    2013 年 3 月的天数为:31
② 输入 2020 2 回车
    2020 年 2 月的天数为:29

3.5 循 环 语 句

程序中经常需要对某些操作对象进行同样的操作,这种操作就是循环(或重复)。循环语句是程序中的一个基本语句。循环语句可以在编程时只写很少的语句,让计算机反复执行,从而完成大量同类型的操作。C 语言中提供了 while、do…while、for 三种语句构成循环结构。

3.5.1 while 循环语句

while 语句构成的循环是当型循环。

(1) 格式：

```
while(表达式)
{
    语句序列
}
```

(2) 执行过程：当表达式的值为非 0 时,执行{}中的语句序列,然后再计算表达式的值；若为非 0,继续执行{}中的语句序列,如此反复,直到表达式的值为 0,则执行结构后面的语句,其流程如图 3-24 所示。

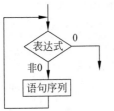

图 3-24 while 循环
流程图

说明：

① 语句序列称为循环体,当为一条语句时,表示复合语句的{}可以省略。

② 表达式可以为任何类型。

③ 其特点是先判断,后执行。若条件不成立,有可能一次也不执行。

④ 语句序列中必须有改变 while 后面括号的表达式值的语句,否则有可能是死循环。

例 3.28 学生成绩统计：小王作为班上的学习委员,每门课程考试后,任课老师都会让他统计成绩。老师并不关心每个人的具体成绩,而只关心参加考试的人数、平均分、最低分和最高分这 4 项指标,编写程序来帮小王完成这项任务。

分析：这是累加求和,求成绩平均以及找出最大值和最小值,首先要定义存放全班总分 s、平均值 avg、最大值 max 和最小值 min 等变量,并给赋初值(一般和为 0,乘积为 1),输入数 x,判断 x 是否为负数,如果为负则结束循环,否则就累加;同时用一个整型变量 k 统计人数。其流程如图 3-25 所示。

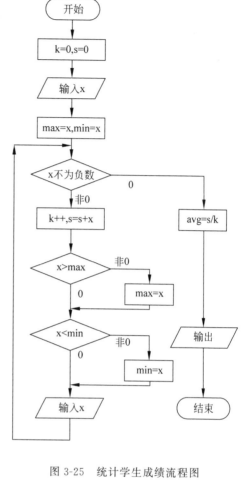

图 3-25　统计学生成绩流程图

```
/*
    程序名称:ex3 - 28
    程序功能:统计学生考试人数,并求最高分、最
    低分和平均分
*/
# include < stdio. h >
# include < stdlib. h >
int main()
{
    int k = 0, x, max, min, s = 0;
    double avg = 0;
    scanf(" % d",&x);
    max = x;
    min = x;
    while(x > = 0)
    {
        s = s + x;
        k++;
        if(x > max) max = x;
        if(x < min) min = x;
        scanf(" % d",&x);
    }
    if(k > 0)
    {
    avg = (double)s/k;
    printf("学生人数 = % d,平均分 = % .2lf,最高分 = % d,最低分 = % d\n",k,avg,max,min);
    }
    system("pause");
    return 0;
}
```

程序运行结果:

输入 60 65 70 80 85 56 75 88 90 10 −1回车(数字之间用空格分开或直接回车)
学生人数 = 10,平均分 = 67.90,最高分 = 90,最低分 = 10

例 3.29　输入一个正整数,将它反位组成一个新的数输出(如输入 12345,组成 54321 输出)。

分析:要组成一个反位数,首先要进行数位分离,即除以 10 取余,再整除 10,直到被除数为 0。同时每次对分离出来的数位与前一次分离出来的数位乘 10 相加。最后得到的这个数就是反位数。流程如图 3-26 所示。

算法和控制语句

```
/*
   程序名称:ex3-29
   程序功能:输入整数,求反位数
*/
#include < stdio.h >
#include < stdlib.h >
int main()
{
    int n,m,t = 0;
    scanf(" % d",&n);
    if(n < = 0)
    {
        printf("数据输入错误!\n");
        exit(0);
    }
    while(n!= 0)
    {
        m = n % 10; /* 取出最低位数 */
        t = t * 10 + m;
        n = n/10;
    }
    printf("反位数为: % d\n",t);
    system("pause");
    return 0;
}
```

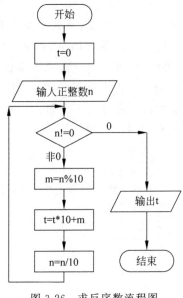

图 3-26　求反序数流程图

运行结果:

① 输入 12345 回车
反位数为:54321
② 输入 - 1234 回车
数据输入错误!

　　一般情况下,while 型循环语句最适合于知道控制循环的条件为某个表达式的值,而且该表达式的值会在循环中被改变。所以 while 语句又称为"先判断,后执行"循环。

3.5.2　do…while 循环语句

do…while 语句构成的循环是直到型循环。

(1) 格式:

```
do
{
    语句序列
} while(表达式);
```

　　(2) 执行过程:先执行{}中的语句序列一次,再计算 while 括号中的表达式,如果表达式的值非 0,则继续执行{}中语句序列,直到表达式的值为 0,结束循环,执行该结构后面的语句。其流程如图 3-27 所示。

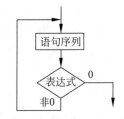

图 3-27　do…while 流程图

说明：

① 语句序列称为循环体，当为一条语句时，表示复合语句的{}可以省略。

② 表达式可以为任何类型。

③ 其特点是先执行，后判断，若条件不成立，也要执行一次。

④ 语句序列中必须有改变 while 后面括号的表达式值的语句，否则有可能是死循环。

⑤ while(表达式)后面的;不能少。

例 3.30 用 do…while 语句重新编写例 3.28 的程序。

```
/ *
   程序名称:ex3 - 30
   程序功能:用 do…while 编写统计学生成绩的程序
* /
# include < stdio. h>
# include < stdlib. h>
int main( )
{
    int k = 0, x, max, min, s = 0;
    double avg = 0;
    max = 0;
    min = 100;
    do
    {
        scanf(" % d", &x);
        if(x > = 0)
        {
            s = s + x;
            k++;
            if(x > max) max = x;
            if(x < min) min = x;
        }
    }while(x > = 0);
    if(k > 0)
    {
    avg = (double)s/k;
    printf("学生人数 = % d \n 班级平均分 = % .2lf\n 最高分 = % d \n 最低分 = % d\n", k, avg,
max, min);
    }
    system("pause");
    return 0;
}
```

运行结果：

输入 60 65 70 80 85 56 75 88 90 10 −1 回车(数字之间用空格分开或直接回车)

学生人数 = 10

平均分 = 67.90

最高分 = 90

最低分 = 10

与用 while 语句编写的程序运行的结果完全一样。

例 3.31 从键盘上输入两个整数,求它们的最大公约数。

分析:求最大公约数有很多方法,其中辗转相除求最大公约数是编程中常用的方法。其流程如图 3-28 所示。

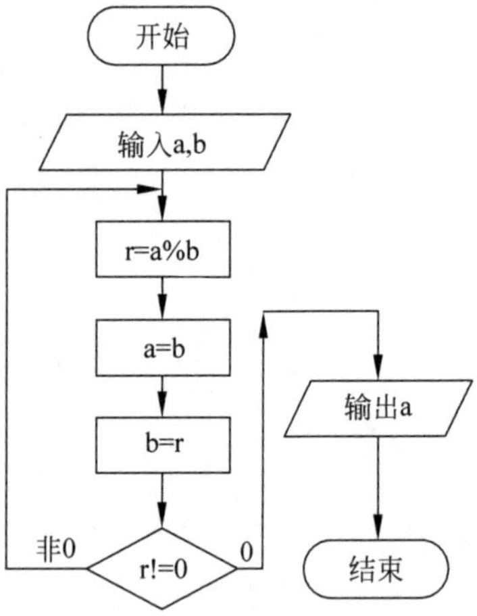

图 3-28 求最大公约数流程图

```c
/*
   程序名称:ex3-31
   程序功能:求两个数的最大公约数
*/
# include < stdio. h >
# include < stdlib. h >
int main()
{
    int a, b, r;
    scanf(" % d  % d", &a, &b);
    do
    {
        r = a % b;
        a = b;
        b = r;
    }while(r!= 0);
    printf("最大公约数为: % d\n", a);
    system("pause");
    return 0;
}
```

程序运行结果:

输入 8□12 回车
最大公约数为:4

从上面的例题可以看出,while 语句和 do…while 语句可以相互转换,其主要区别在于 while 语句是先判断后执行,只要不满足条件,循环体语句根本不会被执行;而 do…while 语句是先执行后判断,不管条件是否满足,循环体语句总会执行一次。例如:

```c
# include < stdio. h >
int main()
{
    int i, sum = 0;
    scanf(" % d", &i);
    do
    {
        sum += i;
        i++;
    }while(i <= 10);
    printf(" % d", sum);
    return 0;
}
```

```c
# include < stdio. h >
int main()
{
    int i, sum = 0;
    scanf(" % d", &i);
    while(i <= 10)
    {
        sum += i;
        i++;
    }
    printf(" % d", sum);
    return 0;
}
```

当输入小于或等于 10 的数时,两个程序的运行结果是一样的。但输入 11,则左边程序的输出是 11,而右边程序的输出是 0。

3.5.3 for 循环语句

for 语句是循环控制结构中使用较为广泛的一种循环控制语句,特别适合已知循环次数的情况。

(1) 格式:

```
for (<表达式 1 >;<表达式 2 >;<表达式 3 >)
{
    语句序列
}
```

(2) 执行流程:先计算表达式 1 的值,该表达式是首次进入循环前执行一次;然后计算表达式 2 的值,如果表达式 2 的值为非 0,则执行一次{}中的语句序列,否则不执行{}中的语句序列,结束循环转到{}后面的语句执行。执行完一次{}中的语句序列后,计算表达式 3 的值,然后再计算表达式 2 的值,整个流程由此一直重复下去。其流程如图 3-29 所示。

说明:
① 语句序列称为循环体。
② 当语句序列只有单条语句,表示复合语句的{}可以省略。
③ 表达式 1 一般为赋值表达式,给控制变量赋初值;如果省略表达式 1,这时 for 语句为如下格式:

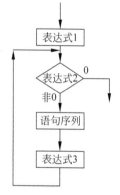

图 3-29 for 语句流程图

```
表达式 1
for (;<表达式 2 >;<表达式 3 >)
{
    语句序列
}
```

④ 表达式 2 一般为关系表达式或逻辑表达式,称为循环控制条件;如果省略表达式 2,for 语句格式为:

```
for (表达式 1;;<表达式 3 >)
{
    语句序列
}
```

这时相当于条件永远是真(表达式 2 的值为非 0),语句序列中必须有结束循环的语句,否则就会形成死循环。

⑤ 表达式 3 一般为赋值表达式,给控制变量增量或减量;如果省略表达式 3,for 语句格式为:

```
for (表达式 1;<表达式 2 >;)
{
    语句序列
    表达式 3
}
```

算法和控制语句

⑥ for(;;)也是合法的 for 语句,这时与无限的 while 语句等价。

例 3.32 输入正整数 n($n<13$),计算 $1!+2!+\cdots+n!$。

分析:本题首先要计算阶乘,但前一数的阶乘与下一个数相乘可得下一个数的阶乘,$(i+1)!=i!\times(i+1)$,其流程如图 3-30 所示。

```
/*
   程序名称:ex3-32
   程序功能:阶乘的和
*/
# include< stdio.h>
# include< stdlib.h>
int main()
{
    int i,sum = 1,p = 1,n;        /* sum = 1 是避免 n 为 0 */
    scanf(" % d",&n);
    if(n< 0)
    {
        printf("负数没有阶乘!\n");
        exit(0);
    }
    for(i = 2;i< = n;i++)
    {
        p = p * i;
        sum = sum + p;
    }
    printf("阶乘的和为: % d\n",sum);

    system("pause");
    return 0;
}
```

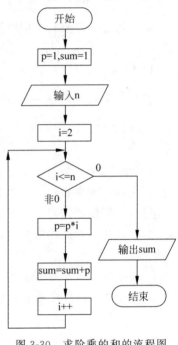

图 3-30 求阶乘的和的流程图

程序运行的结果:

① 输入 5 回车
   阶乘的和为:153
② 输入 - 2 回车
   负数没有阶乘

思考:当 n 大于等于 13,会出现什么结果?有什么解决的办法?

例 3.33 从键盘输入一个正整数,判断该数是否为素数。

根据例 3.5 的算法流程,其程序如下:

```
/*
   程序名称:ex3-33
   程序功能:判断素数
*/
# include< stdio.h>
# include< math.h>
# include< stdlib.h>
int main()
{
```

```
    int i,m,n;
    scanf("%d",&n);
    if(n<=0)
    {
        printf("输入数据错误!\n");
        exit(0);
    }
    m=sqrt(1.0*n);
    for(i=2;i<=m;i++)
        if(n%i==0)break;              /* break 跳出循环 */
    if(i>m&&n!=1)
        printf("%d 是素数\n",n);
    else
        printf("%d 不是素数\n",n);
    system("pause");
    return 0;
}
```

程序运行结果：

① 输入 17 回车

   17 是素数

② 输入 56 回车

   56 不是素数

③ 输入 -23 回车

   输入数据错误

思考：为什么要判断 $i>m\&\&n!=1$？

例 3.34 求所有三位数的水仙花数。

分析：三位数的水仙花数是这样一个数：对于一个三位整数,其各位数的立方和等于该数。如 $153=1^3+5^3+3^3$,则 153 就是水仙花数。因此对每一个三位数进行数位分离。个位数等于该数除以 10 取余数,百位数等于该数整除 100,十位数 =（该数 -100×百位数）/10。

```
/*
  程序名称:ex3-34
  程序功能:求水仙花数
*/
#include<stdio.h>
#include<stdlib.h>
int main()
{
    int i,m,n,k;
    for(i=100;i<1000;i++)
    {
        m=i/100;              /* 求百位数 */
        n=(i-100*m)/10;       /* 求十位数 */
        k=i%10;               /* 求个位数 */
        if(i==m*m*m+n*n*n+k*k*k)
```

```
            printf("% d ",i);
        }
    system("pause");
    return 0;
}
```

程序运行结果：

153 370 371 407

思考：求十位数字还有哪些方法？

3.5.4 循环语句的嵌套

一个循环语句的循环体中又包含循环语句，称为循环语句的嵌套。被嵌套的循环当然还可以嵌套循环，形成多重循环结构，实际编程中循环的嵌套应用非常广泛。一般有以下几种形式：

```
1. while()
   { …
            while()
            { …
            }
       …
   }
2. do
   { …
            do
            { …
            }while();
       …
   }while();
3. while()
   { …
            do
            { …
            }while();
       ….
   }
4. for(;;)
   { …
            do
            { …
            }while();
       …
        while()
        { …
        }
       …
   }
```

说明：

① 三种循环可互相嵌套,层数不限。

② 外层循环可包含两个以上内循环,但不能相互交叉。

③ 嵌套循环的执行流程：外层循环执行一层,内层循环要执行完。

④ 嵌套循环的跳转：只能跳转出本层循环。

⑤ 禁止从外层跳入内层、禁止跳入同层的另一循环和向上跳转。

例 3.35 编写 C 语言程序,按下面格式输出乘法九九表。

乘法九九表

```
------------------------------------
    1   2   3   4   5   6   7   8   9
------------------------------------
1   1   2   3   4   5   6   7   8   9
2   2   4   6   8  10  12  14  16  18
3   3   6   9  12  15  18  21  24  27
4   4   8  12  16  20  24  28  32  36
5   5  10  15  20  25  30  35  40  45
6   6  12  18  24  30  36  42  48  54
7   7  14  21  28  35  42  49  56  63
8   8  16  24  32  40  48  56  64  72
9   9  18  27  36  45  54  63  72  81
------------------------------------
```

分析：外循环 i 控制行输出,内循环 j 控制列输出,输出结果为 i * j,其流程如图 3-31 所示。

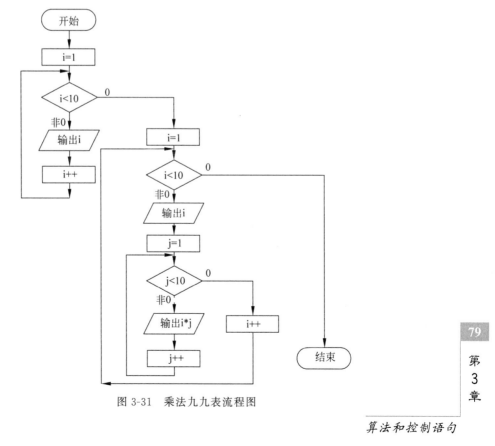

图 3-31　乘法九九表流程图

第 3 章

算法和控制语句

```
/*
   程序名称:ex3-35
   程序功能:输出乘法九九表
*/
#include<stdio.h>
#include<stdlib.h>
int main()
{   int i,j;
    printf("\n----------------------------------- \n");
    printf("  ");              /*保证后面的输出对齐*/
    for(i=1;i<10;i++)
        printf("%4d",i);
    printf("\n----------------------------------- \n");
    for(i=1;i<10;i++)
    {
        printf("%d",i);
        for(j=1;j<10;j++)
            printf("%4d",i*j);
        printf("\n");
    }
    printf("----------------------------------- \n");
    system("pause");
    return 0;
}
```

程序运行结果:

```
-----------------------------------
   1   2   3   4   5   6   7   8   9
-----------------------------------
1  1   2   3   4   5   6   7   8   9
2  2   4   6   8  10  12  14  16  18
3  3   6   9  12  15  18  21  24  27
4  4   8  12  16  20  24  28  32  36
5  5  10  15  20  25  30  35  40  45
6  6  12  18  24  30  36  42  48  54
7  7  14  21  28  35  42  49  56  63
8  8  16  24  32  40  48  56  64  72
9  9  18  27  36  45  54  63  72  81
-----------------------------------
```

例 3.36 百钱买百鸡:一百元钱买了一百只鸡,其中母鸡一只 5 元钱、公鸡一只 3 元钱、小鸡一只 0.5 元钱,问每一种鸡都必须要买的情况下,计算所有的购买方法。

分析: 这是一道古典数学问题,设 i、j、k 分别为购买母鸡、公鸡和小鸡的数量,可列出三元一次方程组,解三个未知数,两个方程的不定方程,由于每一种都要买,则 i 的取值范围为 $1\sim19$、j 的取值范围为 $1\sim31$、k 的取值范围为 $1\sim98$,对于这个问题可以用穷举的方法,遍历 i、j、k 的所有可能组合,最后得到问题的解。在计算机中用循环来解决这一类问题。其流程如图 3-32 所示。

$$\begin{cases} i+j+k=100 \\ 5i+3j+k/2=100 \end{cases}$$

```
/ *
    程序名称:ex3 - 36
    程序功能:百钱买百鸡
* /
# include < stdio. h >
# include < stdlib. h >
int main()
{
    int i,j,k;
    for(i = 1;i < = 19;i++)
        for(j = 1;j < = 31;j++)
            for(k = 1;k < = 98;k++)
                if(i + j + k == 100&&5 * i + 3 * j + 0.5 * k == 100)
                    printf("母鸡数: % d,公鸡数: % d,小鸡数: % d\n",i,j,k);
    system("pause");
    return 0;
}
```

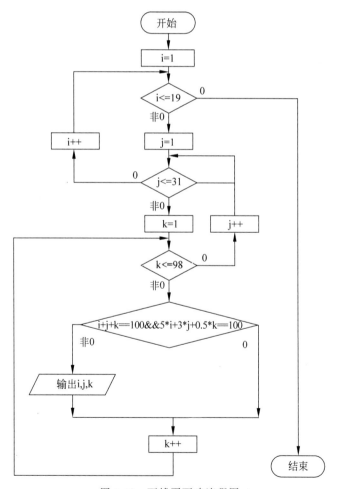

图 3-32　百钱买百鸡流程图

程序运行结果:

母鸡数:5,公鸡数:11,小鸡数:84
母鸡数:10,公鸡数:2,小鸡数:88

如果把条件修改一下,可以不用三重循环,而用二重循环就可以解决。因为公鸡和母鸡数确定后,小鸡数也就确定了,即 $k=100-i-j$。

循环语句允许嵌套,分支语句允许嵌套,循环与分支语句之间也可以嵌套,程序就是这样由简单的语句构造成各种复杂结构。由于任何复杂的程序都是由顺序、分支和循环三种基本结构组成的,因此熟练掌握分支结构和循环结构,对于解决较复杂的问题非常重要。对于复杂的程序,经常要使用表示复合语句的{},许多初学者往往写了左侧的花括号,而忘记右侧的花括号,以致造成错误,所以采用缩进书写是减少花括号丢失的一个好办法。

3.6 转移语句

当要改变程序的执行顺序,可以用转移语句来实现,在 C 语言中主要有 goto、break 和 continue 三种转移语句。

3.6.1 goto 语句

goto 语句是无条件转移语句,其一般形式为

goto 语句标号

语句标号用标识符表示,用来表示程序的某个位置。goto 语句的功能就是无条件地把程序转到语句标号所在的位置开始执行。

计算机语言中的 goto 语句曾引起过很大的争议,许多人主张不使用 goto 语句,理由是它使程序难于控制,也大大降低了程序的可读性。而另外一些人主张保留 goto 语句,因为它解决一些特定的问题时会很方便。对于一个熟练的程序员,如果可以使程序更清晰的话,可有保留地使用。对于初学者最好不使用 goto 语句。本书不对 goto 语句进行进一步讨论。

3.6.2 continue 和 break 语句

当需要在循环体中提前跳出循环,或者在满足某种条件下,不执行循环中剩下的语句而立即从头开始新的一轮循环,这时就要用到 break 或 continue 语句。

1. continue 语句

只能用于循环结构中,当遇到 continue 语句,程序就跳过循环体中位于该语句后的所有语句,提前结束本次循环并开始新一轮循环。

(1) 格式:

continue;

(2) 功能:结束本次循环,开始下一次循环。其流程如图 3-33 所示。

说明:continue 只能用在循环结构中,而不能用于其他控制结构。

例 3.37 输出 100～200 不能被 3 整除的数。

```
/ *
   程序名称:ex3 - 37
   程序功能:输出不能被 3 整除的数
 * /
# include < stdio. h >
# include < stdlib. h >
int main()
{
    int k;
    for(k = 100;k < = 200;k++)
    {
        if(k % 3 == 0)
            continue;
        printf(" % d ",k);
    }
    system("pause");
    return 0;
}
```

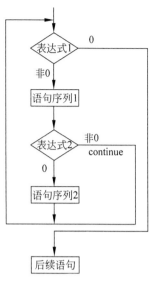

图 3-33 continue 流程图

运行结果为:

```
100  101  103  104  106  107  109  110  112  113  115  116  118  119  121  122
124  125  127  128  130  131  133  134  136  137  139  140  142  143  145  146
148  149  151  152  154  155  157  158  160  161  163  164  166  167  169  170
172  173  175  176  178  179  181  182  184  185  187  188  190  191  193  194
196  197  199  200
```

2. break 语句

在前面学习 switch 语句时,break 语句的作用是在 case 子句执行完后,通过 break 语句跳出 switch 结构。在循环语句中,break 语句的作用是结束本层循环,转而执行本层循环语句后的语句(即跳出本层循环)。其流程如图 3-34 所示。

（1）格式:

break;

（2）功能:跳出 switch 结构或结束本层循环。

说明:break 语句只能用于 switch 或循环结构中。

例 3.38 输出半径为 1～10 的圆的面积,若面积超过 100,则不输出。

```
/ *
   程序名称:ex3 - 38
   程序功能:输出圆的面积
 * /

# include < stdio. h >
# include < stdlib. h >
# define PI 3. 1415926
int main()
```

图 3-34 break 流程图

```
{
    int r;
    double area;
    for(r = 1; r < = 10; r++)
    {
        area = PI * r * r;
        if(area > 100.0)
            break;
        printf(" %.2lf",area);
    }
    system("pause");
    return 0;
}
```

程序运行结果为：

3.14 12.57 28.27 50.27 78.54

3.7 综合应用

例 3.39 验证哥德巴赫猜想：任意一个充分大的偶数，可以用两个素数之和表示。例如：

4 = 2 + 2

6 = 3 + 3

…

98 = 19 + 79

分析：哥德巴赫猜想是世界著名的数学难题。自从计算机出现后，人们就开始用计算机去尝试解各种各样的数学难题。先不考虑怎样判断一个数是否为素数，而是从整体上对这个问题进行考虑，可以这样做：读入一个偶数 n，将它分成 p 和 q，使 $n = p + q$。可以令 p 从 2 开始，每次加 1，而令 $q = n - p$，如果 p、q 均为素数，则正为所求，否则令 $p = p + 1$ 再试。为了判断 p、q 是否是素数，设置两个标志量 p_flag 和 q_flag，初始值为 0，若 p 是素数，令 p_flag = 1，若 q 是素数，令 q_flag = 1。流程如图 3-35 所示。

```
/ *
    程序名称:ex3 - 39
    程序功能:验证哥德巴赫猜想
* /
# include < stdio.h >
# include < math.h >
# include < stdlib.h >
int main()
{
    int i,p,q,n,p_flag,q_flag;
    scanf(" %d",&n);
    if((n % 2 == 1) || n < 4)
```

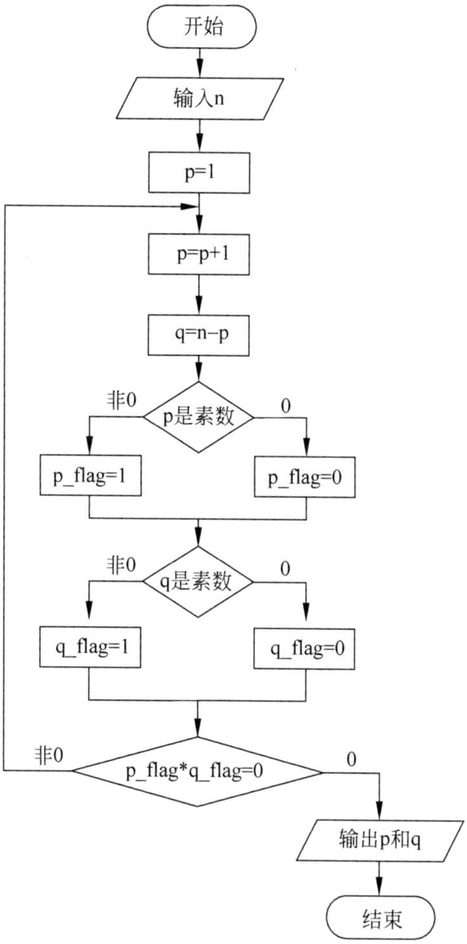

图 3-35　哥德巴赫猜想流程图

```
{
    printf("数据输入出错\n");
    exit(0);
}
p = 1;
do
{
    p = p + 1;
    q = n - p;
    p_flag = 1;
    for(i = 2;i <= sqrt(1.0 * p);i++)
    {
        if(p % i == 0)
        {
            p_flag = 0;
            break;
        }
    }
    q_flag = 1;
```

```
        for(i = 2;i < = sqrt(1.0 * q);i++)
        {
            if(q % i == 0)
            {
                q_flag = 0;
                break;
            }
        }
    }while(p_flag * q_flag == 0);
    printf(" % d  =  % d  +  % d\n",n,p,q);
    system("pause");
    return 0;
}
```

程序运行结果：

输入 20 回车
20 = 3 + 17

思考：该算法有什么地方需要改进？

例 3.40　求斐波那契(Fibonacci)数列前 40 项,该数列的通项公式如下：

$$\begin{cases} F_1 = 1 & (n=1) \\ F_2 = 1 & (n=2) \\ F_n = F_{n-1} + F_{n-2} & (n>2) \end{cases}$$

分析：这是一道古典数学问题,有一对小兔子,生长期是一个月,再经过一个月后生了一对小兔子,出生的小兔子经过一个月也成为成年兔子,再经过一个月后也生了一对小兔子,当然原来的成年兔子每个月都要生一对小兔子,如此下去……假设所有兔子都不死,问题就变成求每个月兔子的总对数。就可以得到数列 1,1,2,3,5,8,13,…,即从第 3 个数开始,该数是前面两个数之和。其流程如图 3-36 所示。

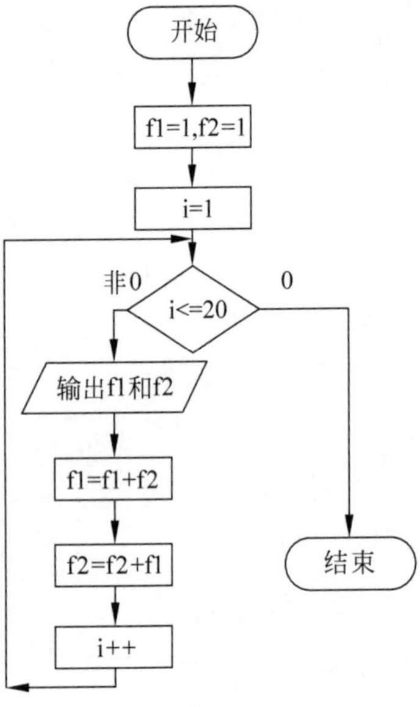

图 3-36　Fibonacci 数列流程图

```
/*
  程序名称:ex3 - 40
  程序功能:求 Fibonacci 数列
*/
# include < stdio. h>
# include < stdlib. h>
int main()
{
    int i,f1 = 1,f2 = 1;
    for(i = 1;i < = 20;i++)
    {
        printf(" % 12d % 12d",f1,f2);
        if(i % 2 == 0)        /* 每行输出 4 个数 */
            printf("\n");
        f1 = f1 + f2;
        f2 = f2 + f1;
    }
    system("pause");
    return 0;
}
```

程序运行结果：

1	1	2	3
5	8	13	21
34	55	89	144
233	377	610	987
1597	2584	4181	6765
10946	17711	28657	46368
75025	121393	196418	317811
514229	833040	1346269	2178309
3524578	5702887	9227465	14930352
24157817	39088169	63245986	102334155

思考：题目要求计算前 40 项，为什么只循环了 20 次？

例 3.41　判断一个正整数是否为回文数。回文数是这样的数：一个正整数从左往右读和从右往左读都是一样的数（如 121，123321）。

分析：要判断正整数 n 是否为回文数，把 n 进行数位分离，原来的最高位变为最低位，原来的最低位变为最高位，组成一个新的数 m，比较 m 和 n 是否相等，若相等则是回文数，否则不是回文数。其流程如图 3-37 所示。

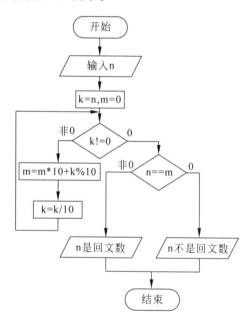

图 3-37　判断回文数流程图

```
/*
  程序名称:ex3-41
  程序功能:判断回文数
*/
#include<stdio.h>
#include<stdlib.h>
int main()
{
```

第 3 章

算法和控制语句

```
    int n,m = 0,k;
    do
    {
        scanf(" % d",&n);
        if(n <= 0)
            printf("数据输入错误,请重新输入!\n");
    }while(n <= 0);
    k = n;
    while(k!= 0)
    {
        m = m * 10 + k % 10;
        k = k/10;
    }
    if(n == m)
        printf(" % d 是回文数!\n",n);
    else
        printf(" % d 不是回文数!\n",n);
    system("pause");
    return 0;
}
```

程序运行结果:

① 输入 - 123
   输入数据错误,请重新输入!
② 输入 123
   123 不是回文数!
③ 输入 123321
   123321 是回文数!

例 3.42 求分数数列 $\frac{2}{1}, -\frac{3}{2}, \frac{5}{3}, -\frac{8}{5}, \cdots$，前 n 项之和。

分析：对于求分数数列的和，要分析分子和分母的构成以及前后项之间的关系，从这个数列来看，后一项的分子是前一项分子和分母之和，后一项的分母是前一项的分子，而且正负项间隔出现。其流程如图 3-38 所示。

```
/ *
  程序名称:ex3 - 42
  程序功能:分数数列求和
* /
# include < stdio. h >
# include < stdlib. h >
int main()
{
    int a = 2,b = 1,s = 1,i,n;        / * s 表示首项的符号变量 * /
    double sum = 0.0;
    scanf(" % d",&n);
    for(i = 1;i <= n;i++)
    {
        sum = sum + s * a/(double)b;   / * 也可以写成 sum = sum + s * 1.0 * a/b * /
        a = a + b;
```

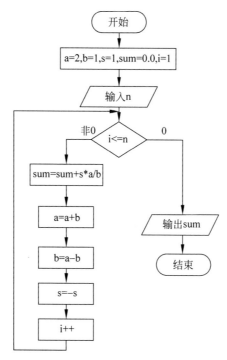

图 3-38 求分数数列之和的流程图

```
            b = a - b;
            s = - s;
        }
        printf("数列的和为: % lf\n", sum);
        system("pause");
        return 0;
}
```

程序运行结果:

输入:20
数列的和为:0.577922

注意: s= －s 是用来实现项之间的正负间隔,由于整数相除的结果是整数,因此要进行数据类型转换。

例 3.43 求一元高次方程 $2x^3 - 4x^2 + 3x + 6 = 0$ 在 1.5 附近的根。

分析: 对于高次方程,由于没有公式进行求根,只能采取迭代的方法,一般用牛顿迭代法,设 $f(x) = 2x^3 - 4x^2 + 3x + 6$, $f'(x)$ 为 $f(x)$ 的导数,其迭代公式为: $x_{n+1} = x_n - \dfrac{f(x_n)}{f'(x_n)}$, 当 $|x_{n+1} - x_n| < \varepsilon$ 时,则 x_{n-1} 为方程的根。其流程如图 3-39 所示。

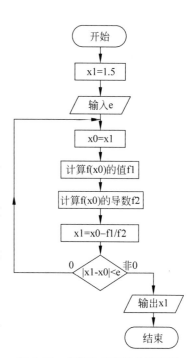

图 3-39 求高次方程根的流程图

算法和控制语句

```
/*
   程序名称:ex3 - 43
   程序功能:求高次方程的根
*/
#include < stdio.h >
#include < stdlib.h >
#include < math.h >
int main()
{
    double x0,x1 = 1.5,e,f1,f2;
    scanf("% lf",&e);
    do
    {
        x0 = x1;
        f1 = 2 * x0 * x0 * x0 - 4 * x0 * x0 + 3 * x0 + 6;
        f2 = 6 * x0 * x0 - 8 * x0 + 3;
        x1 = x0 - f1/f2;
    }while(fabs(x1 - x0)> = e);
    printf("方程的根为:% lf\n",x1);
    system("pause");
    return 0;
}
```

程序运行结果:

输入 0.000001
方程的根为: - 0.801207

例 3.44 确定小偷:甲、乙、丙、丁 4 人为偷窃嫌疑犯,只有一个是真正的小偷,在审讯过程,4 人都有可能说真话或假话:

甲:乙没有偷、丁偷的;

乙:我没有偷,丙偷的;

丙:甲没有偷,乙偷的;

丁:我没有偷;

请推断谁是小偷。

分析:设 a,b,c,d 代表甲、乙、丙、丁 4 人为偷窃嫌疑犯,a=1 表示甲是小偷,a=0 表示甲不是小偷;b=1 表示乙是小偷,b=0 表示乙不是小偷;c=1 表示丙是小偷,c=0 表示丙不是小偷;d=1 表示丁是小偷,d=0 表示丁不是小偷;因此 4 人所说的话可表示为如下表达式:

甲: $((!b\&\&d) = = 1)||((b\&\&!d) = = 1)$
乙: $((!b\&\&c) = = 1)||((b\&\&!c) = = 1)$
丙: $((!a\&\&b) = = 1)||((a\&\&!b) = = 1)$
丁: $d = = 0 || d = = 1$

另外,由于只有一个是真正的小偷,则还要满足: $a+b+c+d==1$。

```
/*
   程序名称:ex3 - 44
```

```c
    程序功能:确定小偷
*/
#include<stdio.h>
#include<stdlib.h>
int main()
{
    int a,b,c,d;
    for(a=0;a<=1;a++)
        for(b=0;b<=1;b++)
            for(c=0;c<=1;c++)
                for(d=0;d<=1;d++)
if(a+b+c+d==1&&((!b&&d)||(b&&!d))==1&&((!b&&c)||(b&&!c))==1&&((!a&&b)||(a&&!b))==1&&(d||!d)==1)
                    {
                        if (a==1)
                            printf("甲是小偷!\n");
                        else if(b==1)
                            printf("乙是小偷!\n");
                        else if(c==1)
                            printf("丙是小偷!\n");
                        else if(d==1)
                            printf("丁是小偷!\n");
                    }
    system("pause");
    return 0;
}
```

本 章 小 结

本章主要讲述了以下内容。

（1）算法的基本概念、算法的特点、算法的表示方法和常用的算法,算法是程序设计的灵魂,这是学好 C 语言程序设计的关键所在。C 语言是结构化程序设计语言,由 3 种基本结构组成。

（2）C 语言不提供输入输出语句,C 语言的输入输出都是由函数来完成的。格式化输入输出函数 scanf()和 printf(),格式字符和修饰字符的功能和使用。C 语言的语句必须用分号结束。

（3）顺序结构的程序是最简单的程序,它是按照语句的先后顺序执行的。

（4）分支结构的程序设计是按照表达式的值非 0 和 0 来执行不同的语句序列。由 if 语句、if…else 语句、if…else if 语句、switch…case 语句来实现分支结构程序设计,if…else if 语句和 switch…case 语句设计的程序可相互转换。特别注意,case 后面的表达式的值必须是整数或字符。break 可以跳出一层 switch 结构。

（5）循环结构是 C 语言程序设计中最重要的知识之一,很多的程序都要用循环来实现,C 语言中的循环主要用 while、do…while、for 来实现,它们之间可以相互嵌套构成更复杂的程序,break 和 continue 语句可以控制循环的走向。

习　题　3

1. 单项选择题

(1) 已知有如下定义和输入语句,若要求 a1、a2、c1、c2 的值分别为 10、20、A 和 B,当从第一列开始输入数据时,正确的数据输入方式是(　　　)。

```
int a1,a2; char c1,c2;
scanf("%d%c%d%c",&a1,&c1,&a2,&c2);
```

  A. 10□A20B✓   B. 10□A□20□B✓

  C. 10A20B✓   D. 10A20□B✓

(2) 执行下列程序片段时输出的结果是(　　　)。

```
int x = 13,y = 5;
printf("%d",x% = (y/ = 2));
```

  A. 3   B. 2   C. 1   D. 0

(3) 若定义 x 为 double 型变量,则能正确输入 x 值的语句是(　　　)。

  A. scanf("%f",x);   B. scanf("%f",& x);

  C. scanf("%lf",& x);   D. scanf("%5.1f",& x);

(4) 有输入语句 scanf("a=%d,b=%d,c=%d",&a,&b,&c);为使变量 a 的值为 1,b 的值为 3,c 的值为 2,则正确的数据输入方式是(　　　)。

  A. 132✓   B. 1,3,2✓

  C. a=1 b=3 c=2✓   D. a=1,b=3,c=2✓

(5) 逻辑运算符两侧运算对象的数据类型(　　　)。

  A. 只能是 0 或 1   B. 只能是 0 或非 0 正数

  C. 只能是整型或字符型数据   D. 可以是任何类型的数据

(6) 能正确表示"当 x 的取值在[1,10]和[200,210]内为真,否则为假"的表达式是(　　　)。

  A. (x>=1) && (x<=10) && (x>=200) && (x<=210)

  B. (x>=1) || (x<=10) || (x>=200) || (x<=210)

  C. (x>=1) && (x<=10) || (x>=200) && (x<=210)

  D. (x>=1) || (x<=10) && (x>=200) || (x<=210)

(7) C 语言对嵌套 if 语句的规定是:当缺省{ }时,else 总是与(　　　)。

  A. 其之前最近的 if 配对

  B. 第一个 if 配对

  C. 缩进位置相同的 if 配对

  D. 其之前最近的且尚未配对的 if 配对

(8) 设:int a=1,b=2,c=3,d=4,m=2,n=2;执行(m=a>b) && (n=c>d)后 n 的值为(　　　)。

  A. 1   B. 2   C. 3   D. 4

(9) 下述程序的输出结果是（　　　）。

```c
# include < stdio. h>
# include < stdlib. h>
int main( )
{
    int a = 0,b = 0,c = 0;
    if (++a > 0 | | ++b > 0)
        ++c;
    printf(" % d, % d, % d",a,b,c);
    system("pause");
    return 0;
}
```

    A. 0,0,0　　　　　　B. 1,1,1　　　　　C. 1,0,1　　　　　D. 0,1,1

(10) 以下程序的输出结果是（　　　）。

```c
# include < stdio. h>
# include < stdlib. h>
int main( )
{
    int x = 1,y = 0,a = 0,b = 0;
    switch(x)
    {
      case 1:switch (y)
          {
                case 0 : a++; break;
                case 1 : b++; break;
            }
      case 2:a++; b++; break;
      case 3:a++; b++;
    }
    printf("a = % d,b = % d",a,b);
    system("pause");
    return 0;
}
```

    A. a＝1,b＝0　　　B. a＝2,b＝1　　　C. a＝1,b＝1　　　D. a＝2,b＝2

(11) 有如下程序段：

```c
int k = 2;
while(k = 0) {printf(" % d",k);k -- ;}
```

则下面描述中正确的是（　　　）。

    A. while 循环执行 2 次　　　　　　B. 循环是无限循环

    C. 循环体语句一次也不执行　　　　D. 循环体语句执行一次

(12) 若运行以下程序时,输入 2473↙,则程序的运行结果是（　　　）。

```c
# include < stdio. h>
# include < stdlib. h>
int main( )
```

```
{
    int c;
    while ((c = getchar()) != '\n')
        switch (c - '2')
        {
            case 0 :
            case 1 : putchar (c + 4);
            case 2 : putchar (c + 4); break;
            case 3 : putchar (c + 3);
            default : putchar (c + 2); break;
        }
    printf("\n");
    system("pause");
    return 0;
}
```

A. 668977　　　　　B. 668966　　　　　C. 66778777　　　　　D. 6688766

(13) 以下程序段的循环次数是(　　)。

```
for (i = 2; i == 0; ) printf(" % d",i--);
```

A. 无限次　　　　　B. 0 次　　　　　C. 1 次　　　　　D. 2 次

(14) 下面程序的输出结果是(　　)。

```
# include < stdio. h>
# include < stdlib. h>
int main()
{
    int x = 9;
    for (; x > 0; x -- )
    {
        if (x % 3 == 0)
        {
            printf(" % d", -- x);
            continue;
        }
    }
    system("pause");
    return 0;
}
```

A. 741　　　　　　B. 852　　　　　　C. 963　　　　　　D. 875421

(15) 下面程序的输出结果是(　　)。

```
# include < stdio. h>
# include < stdlib. h>
int main()
{
    int k = 0,m = 0,i,j;
    for (i = 0; i < 2; i++)
    {
        for (j = 0; j < 3; j++)
```

```
            k++;
        k -= j;
    }
    m = i + j;
    printf("k = %d,m = %d",k,m);
    system("pause");
    return 0;
}
```

    A. k＝0,m＝3   B. k＝0,m＝5   C. k＝1,m＝3   D. k＝1,m＝5

2. 填空题

(1) 一个表达式要构成一个 C 语句,必须_____。

(2) 复合语句是用一对_____界定的语句块。

(3) 写出数学式 $y = \begin{cases} 1 & (x<0) \\ 0 & (x=0) \\ -1 & (x>0) \end{cases}$ 的 C 语言表达式_____。

(4) 将条件"y 能被 4 整除但不能被 100 整除,或 y 能被 400 整除"写成逻辑表达式_____。

(5) C 语言的语法规定:缺省复合语句符号时,else 子句总是与_____的 if 相结合,与书写格式无关。

(6) switch 语句中,如果没有与该值相等的标号,并且存在 default 标号,则从_____开始执行,直到 switch 语句结束。

(7) C 语言的 3 个循环语句分别是_____语句、_____语句和_____语句。

(8) 至少执行一次循环体的循环语句是_____。

(9) continue 语句的作用是结束_____循环。

(10) 用 break 语句可以使程序流程跳出 switch 语句体,也可以在循环结构内中止_____循环体。

3. 阅读程序,指出结果

(1) 若运行时输入 100↙,以下程序的运行结果是_____。

```
#include <stdio.h>
#include <stdlib.h>
int main()
{
    int a;
    scanf("%d",&a);
    printf("%s",(a%2!=0)? "No":"Yes");
    system("pause");
    return 0;
}
```

(2) 以下程序的运行结果是_____。

```
#include <stdio.h>
#include <stdlib.h>
int main()
```

算法和控制语句

```
    {
        int a = 2,b = 7,c = 5;
        switch (a > 0)
        {
            case 1: switch (b < 0)
                {
                    case 0: printf("@"); break;
                    case 1: printf("!"); break;
                }
            case 0: switch (c == 5)
                    {
                        case 0: printf(" * "); break;
                        case 1: printf(" # "); break;
                        default : printf(" # "); break;
                    }
            default : printf("&");
        }
        printf("\n");
        system("pause");
        return 0;
    }
```

（3）阅读下面程序,输入字母 A 后,其运行结果是_____。

```
# include < stdio. h >
# include < stdlib. h >
int main( )
{
    char ch;
    ch = getchar( );
    switch(ch)
    {
        case 65:printf(" % c",'A');
        case 66:printf(" % c",'B');
        default:printf(" % s\n","other");
    }
    system("pause");
    return 0;
}
```

（4）下面程序运行的结果是_____。

```
# include < stdio. h >
# include < stdlib. h >
int main( )
{
    int k = 1,n = 263;
    do { k * = n % 10; n/ = 10; } while (n);
    printf(" % d\n",k);
    system("pause");
    return 0;
}
```

（5）下面程序运行的结果是 _____。

```c
#include <stdio.h>
#include <stdlib.h>
int main()
{
    int x,i;
    for (i=1; i<=100; i++)
    {
        x=i;
        if (++x%2==0)
            if (++x%3==0)
                if(++x%7==0)
                    printf(" %d ",x);
    }
    system("pause");
    return 0;
}
```

（6）下面程序运行的结果是_____。

```c
#include <stdio.h>
#include <stdlib.h>
int main()
{
    int i,b,k=0;
    for (i=1; i<=5; i++)
    {
        b=i%2;
        while (b--==0) k++;
    }
    printf(" %d, %d",k,b);
    system("pause");
    return 0;
}
```

（7）下面程序运行的结果是_____。

```c
#include <stdio.h>
#include <stdlib.h>
int main()
{
    int a,b;
    for (a=1,b=1; a<=100; a++)
    {
        if (b>=20) break;
        if (b%3==1) { b+=3; continue; }
        b-=5;
    }
    printf(" %d\n",a);
    system("pause");
    return 0;
}
```

（8）下面程序运行的结果是_____。

```c
#include<stdio.h>
#include<stdlib.h>
int main()
{
    int i=5;
    do
    {
        switch (i%2)
        {
            case 0 : i--; break;
            case 1 : i--; continue;
        }
        i--; i--;
        printf("%d",i);
    }while (i>0);
    system("pause");
    return 0;
}
```

（9）下面程序运行的结果是_____。

```c
#include<stdio.h>
#include<stdlib.h>
int main()
{
    int i,j;
    for (i=0;i<3;i++,i++)
    {
        for (j=4; j>=0; j--)
        {
            if ((j+i)%2)
            {
                j--;
                printf("%d,",j);
                continue;
            }
            --i;
            j--;
            printf("%d,",j);
        }
    }
    system("pause");
    return 0;
}
```

（10）下面程序运行的结果是_____。

```c
#include<stdio.h>
#include<stdlib.h>
int main()
```

```
{
    int a = 10, y = 0;
    do
    {
        a += 2;
        y += a;
        if (y > 50) break;
    } while (a == 14);
    printf("a = % d y = % d\n", a, y);
    system("pause");
    return 0;
}
```

（11）下面程序运行的结果是_____。

```
# include < stdio. h >
# include < stdlib. h >
int main()
{
    int i, j, k = 19;
    while (i = k - 1)
    {
        k -= 3;
        if (k % 5 == 0)
        {
            i++;
            continue;
        }
        else if (k < 5) break;
        i++;
    }
    printf("i = % d, k = % d\n", i, k);
    system("pause");
    return 0;
}
```

（12）下面程序运行的结果是_____。

```
# include < stdio. h >
# include < stdlib. h >
int main()
{ int y = 2, a = 1;
    while (y-- != -1)
        do {
            a * = y;
            a++;
        } while (y--);
    printf("% d, % d\n", a, y);
    system("pause");
    return 0;
}
```

4. 程序填空题

(1) 以下程序输出 x、y、z 3 个数中的最小值,请填空使程序完整。

```c
# include< stdio. h>
# include< stdlib. h>
int main()
{
    int x = 4, y = 5, z = 8;
    int u, v;
    u = x < y ?_____;
    v = u < z ?_____;
    printf ("% d",v);
    system("pause");
    return 0;
}
```

(2) 下面程序接受键盘上的输入,直到按↙键为止。这些字符被原样输出,但若有连续的一个以上的空格时只输出一个空格。请填空使程序完整。

```c
# include< stdio. h>
# include< stdlib. h>
int main()
{
    char cx, front = '\0';
    while (_____!= '\n')
    {
        if (cx!= ' ') putchar(cx);
        if (cx == ' ')
            if (_____)
                putchar(_____)
        front = cx;
    }
    system("pause");
    return 0;
}
```

(3) 以下程序的功能是:从键盘上输入若干学生的成绩,统计并输出最高成绩和最低成绩,当输入负数时结束输入。请填空使程序完整。

```c
# include< stdio. h>
# include< stdlib. h>
int main (    )
{
    double s;
    double gmax, gmin;
    scanf("% f",&s);
    gmax = s;
    gmin = s;
    while(_____)
    {
        if(s > gmax)
```

```
        gmax = s;
    if(_____)
        gmin = s;
    scanf(" % lf",&s);
    }
    printf("\ngmax = % f\ngmin = % f\n",gmax,gmin);
    system("pause");
    return 0;
}
```

（4）下面程序的功能是：输出 1～100 每位数的乘积大于每位数的和的数。请填空使程序完整。

```
# include < stdio. h >
# include < stdlib. h >
int main()
{
    int n,k = 1,s = 0,m;
    for (n = 1; n < = 100; n++)
    {
        k = 1; s = 0;
        _____;
        while (_____)
        {
            k * = m % 10;
            s + = m % 10;
            _____;
        }
        if (k > s) printf(" % d",n);
    }
    system("pause");
    return 0;
}
```

（5）已知如下公式：

$$\frac{p}{2} = 1 + \frac{1}{3} + \frac{1}{3} \cdot \frac{2}{5} + \frac{1}{3} \cdot \frac{2}{5} \cdot \frac{3}{7} + \frac{1}{3} \cdot \frac{2}{5} \cdot \frac{3}{7} \cdot \frac{4}{9} + \cdots$$

下面程序的功能是：根据上述公式输出满足精度要求的 eps 的 π 值。请填空使程序完整。

```
# include < stdio. h >
# include < stdlib. h >
int main()
{
    double s = 1.0,eps,t = 1.0;
    int n;
    scanf (" % lf",&eps);
    for (n = 1;_____; n++)
    {
        t = _____;
        s + = t;
```

```
    }
    printf("%lf\n",_____);
    system("pause");
    return 0;
}
```

（6）下面程序段的功能是：计算 1000! 的末尾有多少个零。请填空使程序完整。

```
#include<stdio.h>
#include<stdlib.h>
int main()
{
    int i,k,m;
    for (k=0,i=5; i<=1000; i+=5)
    {
        m = i;
        while (_____)
        {
            k++;
            m = m/5;
        }
    }
    printf("%d\n",k);
    system("pause");
    return 0;
}
```

（7）下面程序按公式 $\sum_{k=1}^{100}k + \sum_{k=1}^{50}k^2 + \sum_{k=1}^{10}\frac{1}{k}$ 求和并输出结果。请填空使程序完整。

```
#include<stdio.h>
#include<stdlib.h>
int main()
{
    _____;
    int k;
    for (k=1; k<=100; k++)
        s += k;
    for (k=1; k<=50; k++)
        s += k*k;
    for (k=1; k<=10; k++)
        s += _____;
    printf("sum=%lf\n",s);
    system("pause");
    return 0;
}
```

5. 编程题

（1）有一函数：

$$y = \begin{cases} x & (x<1) \\ 2x-11 & (1\leqslant x<10) \\ 3x-11 & (x\geqslant 10) \end{cases}$$

编写一程序,输入 x,输出 y 值。

(2) 从键盘上输入 3 个整数,求最小的数。

(3) 输入年月日,判断是这年的第几天。

(4) 企业发放的奖金根据利润提成:利润低于或等于 10 万元时,奖金可提 10%;利润高于 10 万元低于 20 万元时,低于 10 万元的部分按 10% 提成,高于 10 万元的部分可提成 7.5%;利润在 20～40 万之间时,高于 20 万元的部分可提成 5%;利润在 40～60 万之间时,高于 40 万元的部分可提成 3%;利润在 60～100 万之间时,高于 60 万元的部分可提成 1.5%;利润高于 100 万元时,超过 100 万元的部分按 1% 提成。从键盘输入当月利润,求应发放奖金总数。

(5) 输入字符,并以 Enter 键结束。将其中的小写字母转换成大写字母,而其他字符不变。

(6) 输入一个正整数,求它的所有素数因子。

(7) 从键盘输入正整数 a,求 s=a+aa+aaa+…+a…a。

(8) 九头鸟(传说中的一种怪鸟,它有九个头,两只脚)、鸡和兔子关在一个笼子里,它们的头的数量是 100,脚的数量也是 100。编程计算其中九头鸟、鸡和兔子各有多少只?

(9) 用二分法求方程 $2x^3 - 4x^2 + 3x - 6 = 0$ 在区间 $(-10, 10)$ 之间的根。

(10) 编写一个程序,计算 $x - \dfrac{1}{2} \cdot \dfrac{x^3}{4} + \dfrac{1}{2} \cdot \dfrac{3}{4} \cdot \dfrac{x^5}{6} - \dfrac{1}{2} \cdot \dfrac{3}{4} \cdot \dfrac{5}{6} \cdot \dfrac{x^7}{8} + \cdots$ 的近似值 (直到最后一项的绝对值小于 eps)。

(11) 取出一个无符号的十进制整数中所有奇数数字,按原来的顺序组成一个新的数。

算法和控制语句

第 4 章　函　数

教学目标

(1) 了解函数的分类。

(2) 掌握函数的声明和定义规范。

(3) 掌握函数的形式参数和实际参数的定义和用法。

(4) 掌握函数返回值的大小和类型。

(5) 掌握函数的调用方法和参数传递。

(6) 了解函数的嵌套调用。

(7) 掌握函数的递归调用及其程序规范。

(8) 了解变量存储类型的基本概念。

(9) 掌握局部变量与全局变量的概念。

4.1　问 题 导 引

C语言是由函数组成的,有了函数,就可以把一个较大的问题分解,在较高层次上只考虑做什么,而在较低层次上考虑怎么做。利用函数,不仅可以实现程序的模块化,使程序简单和直观,提高易读性和可维护性,而且还可以把程序中经常用到的计算或操作编写成通用的函数,以供随时调用,这样可以大大地减轻用户编写代码的工作量,因此函数是一个功能相对独立的程序模块。第3章验证哥德巴赫猜想,求素数时用到了功能相同的代码两次,程序不够简洁。如果用函数来编写判断素数的程序段,再调用两次,程序就简化多了。

[问题1]:输入4个整数,求它们的最大值。

[问题2]:输入4个正整数,求它们的最大公约数。

[问题3]:输入一个正整数,判断该数是否为绝对素数(所谓绝对素数就是这个数本身是素数,它的反位数也是素数)。

4.2　函 数 分 类

从不同的角度,可以把C语言的函数分成如下几大类。

(1) 从函数定义的角度可分为:库函数和用户自定义函数。

- 库函数:由C语言编译系统提供,用户无须定义,也不必在程序中作类型说明,只需在程序前包含有该函数原型的头文件即可在程序中直接调用。

- 用户自定义函数：由用户按需要编写的函数。它不仅要在程序中定义函数本身,而且在主调函数中还必须对该被调函数进行类型说明,然后才能使用。

（2）从是否有返回值情况可分为：有返回值函数和无返回值函数。

- 有返回值函数：这类函数被调用执行完后将向调用者返回一个执行结果。
- 无返回值函数：这类函数用于完成某项特定的任务,执行完成后不向调用者返回任何值。

（3）从函数参数的传递可分为：有参数函数和无参数函数。

- 无参数函数：函数定义、函数说明及函数调用中均不带参数,调用过程中不进行参数传递。
- 有参数函数：函数定义、函数说明都有参数（称为形式参数）,函数调用时也必须给出参数（实际参数）。进行函数调用时,主调函数将把实际参数的值传递给形式参数,供被调函数使用。

4.3　函数的声明和定义

4.3.1　函数的类型说明

当调用函数时,函数类型说明符告诉编译器它返回什么类型的数据。这个信息对于程序能否正确运行具有十分重要的意义,因为不同的数据有不同的长度和内部表示。函数被使用之前,必须把它的类型向程序的其余部分说明。若不这样做,C语言的编译器就无法生成数据对象模型,程序调用该函数后也无法使用该数据对象。如果调用点又在函数类型说明之前,编译器就会对调用生成错误代码。为了防止上述问题的出现,必须使用一个特别的说明语句,通知编译程序这个函数返回什么值。

4.3.2　函数的声明

函数声明的形式：
函数返回值类型说明符　函数名(形式参数列表);
例如：

```
int max( int x, int y);
也可以这样写:int max( int, int);
```

说明：

（1）函数返回值类型说明符是C语言合法的数据类型说明符。

（2）函数名是合法的C语言标识符。

（3）在函数的声明中可以不指出参数的名字,但必须指出参数的类型。

（4）函数的声明没有函数体（函数的具体实现）,一般放在主函数的前面。当函数调用在函数定义后面时,可以不写函数声明,否则在编译时会出现"没有被声明"的编译错误。

4.3.3　函数的定义

函数定义的一般形式：

```
函数返回值类型说明符 函数名(形式参数列表)
{
    函数内部变量声明
    函数操作语句序列
}
```

说明：

(1) 函数返回值类型说明符是 C 语言合法的数据类型说明符。若返回值类型为 void，说明该函数没有返回值。

(2) 函数名是合法的 C 语言标识符。

(3) 形式参数列表包含形式参数的类型说明和形式参数名。如果形式参数列表是多个形式参数，它们之间用逗号分开。如果没有形式参数列表，表明该函数是无参函数，但函数名后面的圆括号不能省略。

例 4.1 求 4 个整数的最大公约数。

方法一：不用函数调用的方法

```c
# include < stdio. h >
# include < stdlib. h >
int main()
{
    int a,b,c,d,m;
    scanf("%d%d%d%d",&a,&b,&c,&d);
    m = a % b;
    while(m!= 0)
    {
        a = b;
        b = m;
        m = a % b;
    }
    m = b % c;
    while(m!= 0)
    {
        b = c;
        c = m;
        m = b % c;
    }
    m = c % d;
    while(m!= 0)
    {
        c = d;
        d = m;
        m = c % d;
    }
    printf("最大公约数 = %d\n",d);
    system("pause");
    return 0;
}
```

方法二：用函数调用的方法

```
# include < stdio. h>
# include < stdlib. h>
int gcd(int,int);
int main()
{
    int a,b,c,d,m;
    scanf(" % d % d % d % d", &a, &b, &c, &d);
    m = gcd(gcd(gcd(a,b),c),d);
    printf("最大公约数 = % d\n",m);
    system("pause");
    return 0;
}
int gcd( int x, int y)
{
    int r;
    r = x % y;
    while(r!= 0)
    {
        x = y;
        y = r;
        r = x % y;
    }
    return y;
}
```

从上面例题可以看出,利用函数求解可以避免很多重复的语句,使程序更加简洁、清晰。

说明:

(1) gcd 是函数名。

(2) x、y 是形式参数,形式参数的类型是整型。

(3) 函数的返回值类型是整型(int)。

(4) r 是在函数内部使用的变量,用来临时存放 x 除以 y 的余数。

(5) 调用该函数后得到的值称为函数值。

4.4　函数的参数和返回值

4.4.1　函数的形式参数和实际参数

在函数被调用时,一般主调函数和被调函数之间有数据传递关系,它是通过参数来实现的。在函数的定义中使用的参数叫作形式参数,简称形参,它在整个函数体内都可以使用,离开该函数则不能使用。主调函数中对应于形式参数的量称为实际参数,简称实参,进入被调函数后,实参变量也不能使用。发生函数调用时,主调函数把实参的值传递给被调函数的形参,从而实现主调函数向被调函数传递数据。

(1) 形参只能是变量,形参变量只有在被调用时才分配内存单元,在调用结束时,立即释放所分配的内存单元。因此,形参只有在函数内部有效,函数调用结束返回主调函数后则不能再使用该形参变量。

(2) 实参可以是常量、变量、表达式、函数值等。无论实参是何种类型的量,在进行函数调用时,它们都必须具有确定的值,以便把这些值传递给形参。可采用预先赋值、输入等方法使实参获得确定值。

(3) 实参和形参在数量上、顺序上应严格保持一致,否则会发生"类型不匹配"的错误。

(4) 实参和形参的数据类型必须兼容,而且以形参的数据类型为主。

例 4.2 利用函数调用求 4 个整数的最大值。

```
/*
  程序名称:ex4 - 2.c
  程序功能:求两个整数的最大值
*/
#include <stdio.h>
#include <stdlib.h>
int max(int x,int y);           /*函数声明*/
int main()
{
    int a,b,c,d,m;
    scanf("%d %d %d %d",&a,&b,&c,&d);
    m = max(max(max(a,b),c),d);
    printf("最大值:%d\n",m);
    system("pause");
    return 0;
}
int max(int x,int y)            /*函数定义*/
{
    int max;
    if(x > y)
        max = x;
    else
        max = y;
    return max;
}
```

说明:以上程序中 x、y 是形参,它们只有在被调用时在 max()函数的内部分配存储空间,调用结束后所分配的存储空间会立即被释放出来。变量 a、b 是实参,调用前必须先输入确定的值,调用时,将 a、b 的值传递给 x、y,这样求 a、b 的最大值(c 和 d 的情况相似),就变成求 x、y 的最大值。其传递过程如图 4-1 所示。

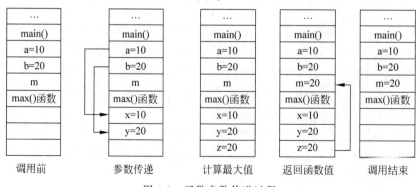

图 4-1 函数参数传递过程

(5) 实参仅仅是将值复制给形参,这是一个单向值传递过程,所以在实参与形参传递值完成以后,函数内部对形参的任何改变都不会对实参产生任何影响。

例 4.3 用函数实现两个整数的交换。

```
/ *
    程序名称:ex4-3.c
    程序功能:用函数实现两个整数的交换
 * /
# include < stdio.h >
# include < stdlib.h >
void swap(int x,int y);
int main()
{
    int a,b;
    scanf("% d % d",&a,&b);
    printf("调用函数之前:\n");
    printf("a = % d,b = % d\n",a,b);
    swap(a,b);
    printf("\n");
    printf("a = % d,b = % d\n",a,b);
    system("pause");
    return 0;
}
void swap(int x,int y)
{
    int t;
    t = x;
    x = y;
    y = t;
    printf("调用函数内部:\n");
    printf("x = % d,y = % d\n",x,y);
}
```

程序运行结果:

```
从键盘上输入 10□20 回车
调用函数之前:
a = 10,b = 20
调用函数内部:
x = 20,y = 10
调用函数之后:
a = 10,b = 20
```

函数的调用过程如图 4-2 所示,调用 swap()函数之前,a、b 的值分别是 10 和 20,x、y、t 并没有分配存储空间;调用函数 swap(a,b),给 x、y、t 分配存储空间,并把 a 的值 10 复制给 x,b 的值 20 复制给 y,然后 x、y 交换(即 x=20,y=10),调用结束后,x、y、t 所占用的内存被释放,返回 main()函数,a、b 的值并没有发生改变。

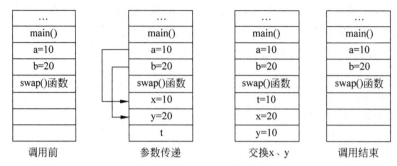

图 4-2   用函数实现两个整数的交换

4.4.2   函数的返回值

很多情况下,调用函数需要得到一个函数值,在 C 语言的函数体中用 return 语句来实现。其格式如下:

return 表达式;或 return (表达式);

说明:

(1) return 语句的功能是计算表达式的值,并返回给主调函数。

(2) 函数返回值的类型由定义函数时的类型决定,如果表达式值的类型与函数定义时的类型不一致,则必须把表达式值的类型转换成函数定义时的类型。

(3) 函数中允许有多个 return 语句,但每次只能有一个 return 语句被执行,即只能返回一个函数值。

(4) 在函数定义时,如果函数的类型为 void,则该函数没有返回值,函数体中可以没有 return 语句(或后面的表达式为空)。

(5) 由于参数传递只有值传递机制,因此函数参数在函数调用时相当于为函数"输入一部分数据",而"函数输出"则一般使用函数返回值表示。当需要输出多个数据对象值时,只能将这些数据对象当成单一数据对象(全局变量)或使用特殊手段(后面会讲述的数组名和指针)将它们写入函数参数列表中。

4.5   函数的调用

4.5.1   函数调用的一般形式

在 C 语言程序中通过对函数的调用来执行函数体,其调用的一般形式为:

函数名(实际参数列表)

说明:

(1) 对于无参数函数调用时,则没有实参列表。

(2) 实参列表中的参数可以是变量、常量和表达式等。

(3) 实参之间用逗号分隔。

(4) 实参的求值顺序是不确定的,不同的编译器略有不同。这样会使程序产生意想不到的结果。

例 4.4 求 n^{n-1}。

```
/*
    程序名称:ex4-4.c
    程序功能:函数参数求值顺序
*/
#include<stdio.h>
#include<stdlib.h>
int pow(int x,int m);              /*声明函数*/
int main()
{
    int n,result;
    scanf("%d",&n);
    result=pow(n,n--);
    printf("result=:%d\n",result);
    system("pause");
    return 0;
}
int pow(int x,int m)               /*定义函数*/
{
    int p;
    for(p=1;m>0;m--)
        p=p*x;
    return p;
}
```

- 在 Visual Studio 2019 环境下：输入 4 回车,输出 result=81；将函数调用改为 pow (n--,n),输出 result=64。
- 在 Dev-C++环境下：函数调用为 pow(n,n--),输出 result=81；将函数调用改为 pow(n--,n),输出 result=256。
- 在 CodeBlocks 环境下：函数调用为 pow(n,n--),输出 result=81；将函数调用改为 pow(n--,n),输出 result=256。

由于参数的求值顺序和带副作用的运算符 -- 或 ++ 一起使用,导致运行结果不一致,一般来说大多数 C 编译器,参数求值的顺序是从右向左的,因此在实际的编程中建议尽量避免使用带副作用的运算符作为函数参数。

(5) 函数原型声明：函数原型声明是将函数的具体使用方法告诉编译器和使用者,使用者看到函数原型声明就知道该函数如何使用,编译器"看到"函数原型声明就知道程序员对该函数的调用有没有问题,所以函数原型声明一般出现在程序的开头。函数的声明可以不指定参数变量名,只需要指出参数的类型和参数的个数就可以了。

(6) 函数调用规范：为了确保程序执行逻辑的正确性,C 语言对函数调用过程做了特别的规定。

- 程序书写风格：必要的注释、空行和缩进排版。
- 在 C 语言程序中,除 main()函数外的其他函数不仅要有函数实现(定义),还要有函数声明(原型),并且函数声明总是放置在 main()函数之前,函数实现总是放在 main()

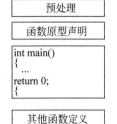

图 4-3 函数调用规范

函数之后,这样确保了 main()函数是程序定义的第一个函数。其形式如图 4-3 所示。

4.5.2 函数调用方式

在 C 语言中,函数调用的方式有以下几种。

(1) 作为表达式的一部分:函数作为表达式中一个运算对象,用函数的值参与表达式的运算(要求这样的函数必须有返回值)。例如:c=2*max(a、b),将 a、b 的最大值求出来乘以 2,再赋给 c。

(2) 作为 C 语言语句:函数调用的一般形式加上";"号,构成函数语句。例如:max(a,b);scanf("%d",&x);。

(3) 作为函数参数:函数的返回值作为另外一个函数的实参。例如:求 a、b、c 的最大值,max(max(a,b),c)。

例 4.5 以函数调用方式,求 3 个整数的最大公约数。

```
/*
  程序名称:ex4-5.c
  程序功能:求最大公约数
*/
#include<stdio.h>
#include<stdlib.h>
int gcd(int x,int y);                    /*函数原型声明*/
int main()
{
    int a,b,c,g;
    scanf("%d %d %d",&a,&b,&c);          /*从键盘输入*/
    if(a==0||b==0||c==0)
    {
        printf("数据输入错误!\n");
        exit(0);
    }
    g=gcd(a,b);                          /*函数调用作为赋值表达式语句的一部分*/
    printf("最大公约数是:%d\n",gcd(g,c)); /*函数调用作为其他函数的参数*/
    system("pause");
    return 0;
}
int gcd(int x,int y)                     /*函数定义*/
{
    int r;
    do
    {
        r=x%y;
        x=y;
        y=r;
    }while(r!=0);
    return x;
}
```

程序运行结果:

① 输入 4□32□8 回车

　　3 个整数的最大公约数是:4

② 输入 4□32□0 回车

　　数据输入错误!

上面程序是用欧几里得方法求两个数的最大公约数,然后把得到的公约数和第 3 个数再求公约数。

例 4.6　求 2～100 的所有素数。

```
/ *
    程序名称:ex4 - 6.c
    程序功能:求素数
 * /
# include < stdio.h >
# include < math.h >
# include < stdlib.h >
int isprime( int n);                        / * 函数声明 * /
int main()
{
    int i;
    for(i = 2;i < = 100;i++)
    {
        if(isprime(i))                      / * 函数调用 * /
            printf(" % 4d",i);
    }
    system("pause");
    return 0;
}
int isprime( int n)                         / * 函数定义 * /
{
    int k;
    for(k - 2,k < = sqrt(1.0 * n);k++)
        if(n % k == 0)
            return 0;
    return 1;
}
```

程序运行结果:

```
2  3  5  7  11  13  17  19
23  29  31  37  41  43  47  53
59  61  67  71  79  83  89  97
```

isprime()函数是利用筛选法判断一个正整数是否为素数,然后在 main()函数中通过循环调用 isprime()函数,得到 2～100 的所有素数。

4.5.3　函数的嵌套调用

C 语言中的函数之间都是平行的,不存在上下级之间的关系,不能在一个函数内定义另外一个函数,即嵌套定义。函数之间只能相互调用,允许在一个函数的定义中出现对另一个函数的调用,这就是函数的嵌套调用。其嵌套调用关系如图 4-4 所示。

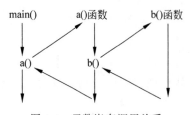

图 4-4 函数嵌套调用关系

其执行过程:执行 main()函数中调用 a()函数的语句时,即转去执行 a()函数,在 a()函数中调用 b()函数时,又转去执行 b()函数的语句,b()函数的语句执行完毕后返回 a()函数中调用 b()函数的后面继续执行,a()函数的语句执行完毕后,返回 main()中调用 a()函数后面语句继续执行。

例 4.7 计算组合数 C_n^m。

分析:组合数的计算公式为 $C_n^m = \dfrac{n!}{m!(n-m)!}$,且 $n \geq m$。

```
/*
   程序名称:ex4-7.c
   程序功能:求组合数
*/
#include<stdio.h>
#include<stdlib.h>
int fac(int);
int comb(int,int);
int main()
{
    int m,n;
    printf("输入两个正整数 n 和 m,且 n>=m:");
    scanf("%d %d",&n,&m);
    printf("组合数=%d\n",comb(n,m));
    system("pause");
    return 0;
}
int fac(int n)
{
    int i,p=1;
    for(i=1;i<=n;i++)
        p=p*i;
    return p;
}
int comb(int n,int m)
{
    return fac(n)/(fac(m)*fac(n-m));
}
```

程序运行结果:

输入 12□5 回车
组合数=792

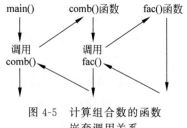

图 4-5 计算组合数的函数嵌套调用关系

程序中共有 3 个函数 main()、fac()、comb(),它们的嵌套调用关系如图 4-5 所示。

4.5.4　函数的递归调用

在 C 语言中,由于函数的定义是平等的,函数之间只存在相互调用关系,而不能嵌套定义。但一个函数可以在它的函数体内间接或直接调用该函数,这种调用方式称为递归调用,这种函数称为递归函数。在递归调用中,主调函数又是被调函数。

其实递归是一种简化复杂问题求解过程的手段,它首先将问题逐步简化,但在简化过程中保持问题的性质不变,直到问题最简,然后通过最简问题的答案逐步得到原始问题的解。一般情况下,计算机领域所讨论的递归类似于数学上的递推公式。如阶乘的数学公式:

$$n!=1\times 2\times 3\times \cdots \times (n-1)\times n$$

其递推公式为 $n!=\begin{cases}1(n=1)\\ n\times (n-1)!\ (n>1)\end{cases}$

斐波那契数列的递推公式为 $f(n)=\begin{cases}1(n=1,2)\\ f(n-1)+f(n-2)(n>2)\end{cases}$

对于上述递归问题,C 语言程序在实际执行时递推和回归过程是如何进行的呢? 下面通过求阶乘的实例来说明函数递归调用的过程。

例 4.8　用递归调用求 $n!$。

```
/*
  程序名称:ex4-8.c
  程序功能:用递归求阶乘
*/
# include < stdio.h >
# include < stdlib.h >
unsigned int getfactorial(unsigned int );
int main()
{
    unsigned int n,fac;
    scanf(" % u",&n);
    fac = getfactorial(n);
    printf(" % u 的阶乘 =  % u\n",n,fac);
    system("pause");
    return 0;
}
unsigned int getfactorial(unsigned int n)
{
    unsigned int result;
    if(n == 0)
        result = 1;
    else
        result = n * getfactorial(n - 1);
    return result;
}
```

程序运行结果:

输入 3 回车
3 的阶乘 = 6

下面用相应的框图(称为栈框架图)来说明上面程序的执行过程。图 4-6 所示为 main()函数中 n 为 3 时的栈框架图。

当 main()函数以 3 为参数调用 getfactorial()函数时,系统产生一个新的栈框架,并运行以 3 为实参的 getfactorial()函数,如图 4-7 所示。

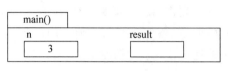

图 4-6　main()函数的栈框架

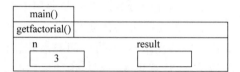

图 4-7　第一次以 3 为参数调用 getfactorial()函数(进入函数时)

由于 3 并不是最简单的形式,所以要计算其结果必须以 2 为参数递归调用 getfactorial()函数,这时系统会再次产生一个新的框架,如图 4-8 所示(注:第一次调用的 getfactorial()函数并没有结束,其栈框架仍然存在)。

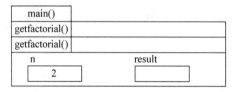

图 4-8　第二次以 2 为参数调用 getfactorial()函数(进入函数时)

由于 2 并不是最简单的形式,所以要计算其结果必须以 1 为参数递归调用 getfactorial()函数,这时系统会再次产生一个新的框架,如图 4-9 所示。

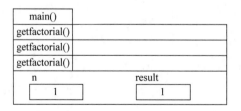

图 4-9　第三次以 1 为参数调用 getfactorial()函数(进入函数时)

至此都是递归函数的递推过程,参数 1 已为最简单形式,可直接计算结果,其值为 1,如图 4-10 所示。

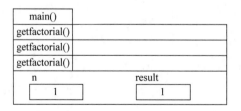

图 4-10　第三次以 1 为参数调用 getfactorial()函数(退出函数前)

当第三次调用的 getfactorial()函数结束执行,其栈框架消失,结果返回给主调函数。

此时第二次调用的 getfactorial() 函数就可以以此计算结果,如图 4-11 所示。

继续回归过程,当第二次调用的 getfactorial() 函数结束执行,其栈框架消失,结果返回给主调函数。此时第一次调用的 getfactorial() 函数就可以以此计算结果,如图 4-12 所示。

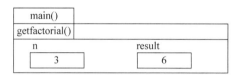

图 4-11　第二次以 2 为参数调用 getfactorial() 函数(退出函数前)

图 4-12　第一次以 3 为参数调用 getfactorial() 函数(退出函数前)

当第一次调用的 getfactorial() 函数结束执行,其栈框架消失,结果返回给 main() 函数,如图 4-13 所示。

图 4-13　递归调用 getfactorial() 函数结束

综上所述,递归程序都满足特定的规律,具有相对固定的规范:

```
if(最简单情形)
{
    直接得到最简单情形下的解
}
else
{
    将原始问题转化为稍微简单一些的一个或多个子问题
    以递归方式逐个求解这些子问题
    以合理有效的方式将这些子问题的解组装成原始问题的解
}
```

例 4.9　Hanoi 塔问题。Hanoi 塔是一款源于印度一个古老传说的益智类游戏。假设有 A、B、C 三根柱子,A 柱上有 n 个大小不等的空心盘子,且大的在下,小的在上,如图 4-14 所示。要求把这些盘子从 A 柱上移到 C 柱上(借助于 B),盘子移动的条件是:

(1) 每次只能移动一个盘子。

(2) 盘子可以放在 A、B、C 中的任意一根柱子上。

(3) 移动过程中,每根柱子上的盘子都要保持大的在下面,小的在上面。

分析:当 A 上只有一个盘子,直接从 A 移到 C 上。当 A 柱子上有 $n(n>1)$ 个盘子时,先将 $n-1$ 个盘子移到 B 柱子上,然后将第 n 个盘子移到 C 柱子上,最后将 $n-1$ 个盘子从

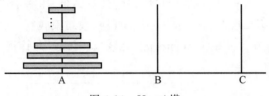

图 4-14　Hanoi 塔

B 柱子上移到 C 柱子上。则对应的递归代码规范为:

```
if(n == 1)
    将一个盘子从 A 移到 C
else
    将 n-1 个盘子从 A 以 C 为中转移到 B 上
    将盘子 n 从 A 移到 C 上
    将 n-1 个盘子从 B 以 A 为中转移到 C 上
/*
  程序名称:ex4-9.c
  程序功能:Hanoi 塔求解
*/
# include < stdio. h >
# include < stdlib. h >
void hanoi(unsigned int n,char from,char temp,char to); /* 递归函数声明 */
void moveplate(unsigned int n,char from,char to);       /* 移动函数的声明 */
int main()
{
    unsigned int n;
    scanf(" % u",&n);                        /* 输入盘子数目 */
    hanoi(n,'A','B','C');
    system("pause");
    return 0;
}
void hanoi(unsigned int n,char from,char temp,char to)
{
    if(n == 1)
        moveplate(n,from,to);
    else
    {
        hanoi(n-1,from,to,temp);      /* n-1 个盘子从 A 以 C 为中转移到 B 上 */
        moveplate(n,from,to);         /* 将盘子 n 从 A 移到 C 上 */
        hanoi(n-1,temp,from,to);      /* 将 n-1 个盘子从 B 以 A 为中转移到 C 上 */
    }
}
void moveplate(unsigned int n,char from,char to)
{
    printf(" % u: % c --> % c\n",n,from,to);
}
```

程序运行结果:

输入 3 回车
1:A→C

```
2:A→B
1:C→B
3:A→C
1:B→A
2:B→C
1:A→C
```

从上面程序可以看出,将 3 个盘子从 A 柱子上移到 C 柱子上要 7 次,如果将 n 个盘子从 A 柱子上移到 C 柱子上需要 2^n-1 次。递归函数的主要优点是可以把算法写得比使用非递归函数时更清晰、更简洁,而且某些问题,特别是与人工智能有关的问题,更适宜用递归方法。递归是重要的算法设计方法之一,应当熟练掌握它。

4.6 局部变量和全局变量

C 语言中的每一个函数都是一个独立的模块,在函数中定义的变量(包括形参)都只能在函数内部有效,当函数调用结束后,其分配的存储空间被立即释放(即离开函数后这些变量就不能再使用了)。变量的有效范围称为变量的作用域。在 C 语言中,变量说明的方式不同,其作用域也不同,一般按作用域范围可分为局部变量和全局变量两种。

4.6.1 局部变量

局部变量也称为内部变量。局部变量是在函数内作定义说明的变量。其作用域仅限于函数内部,离开该函数后就不能再使用,否则是非法的。例如:

```
int f1(int x)
{
    int y,z;
    …
}
```

变量 x、y、z 只能在函数 f1 内有效。

```
int f2(int a)
{
    int b,c;
    …
}
```

变量 a、b、c 只能在函数 f2 内有效。

```
int main()
{
    int m,n;
    …
}
```

变量 m、n 只能在 main()函数内有效。

说明：

（1）主函数 main()中定义的变量只能在主函数中使用，不能在其他函数中使用。同时，主函数也不能使用其他函数中定义的变量。

（2）形参变量属于被调函数的局部变量，实参变量属于主调函数的局部变量。

（3）允许在不同的函数中使用相同的变量名，但它们代表不同的对象，占用不同的存储单元，互不干扰，也不会发生混淆。

（4）在复合语句中也可以定义变量，但其作用域只能在复合语句内。

例 4.10 局部变量使用。

```
/ *
    程序名称:ex4 - 10.c
    程序功能:局部变量使用
* /
# include< stdio. h>
# include< stdlib. h>
void fun();
int main()
{
    int a = 1,x = 2;
    double y = 5.0;
    printf("main 函数中变量的值:\n");
    printf("a = % d,x = % d,y = % lf\n",a,x,y);
    fun();
    system("pause");
    return 0;
}
void fun()
{
    int a = 2,x = 3;
    double y = 10.5;
    printf("fun 函数中变量的值:\n");
    printf("a = % d,x = % d,y = % lf\n",a,x,y);
}
```

程序运行结果：

```
main 函数中变量的值:
    a = 1,x = 2,y = 5.000000
fun 函数中变量的值:
    a = 2,x = 3,y = 10.500000
```

上面程序中虽然 main()函数和 fun()函数的变量相同，但由于它们是在不同的函数内定义的，因此只能在不同的函数内有效。

4.6.2 全局变量

全局变量又称为外部变量，它是在函数外部定义的变量。它不属于某一个函数，它属于一个源程序文件。其作用域是整个源程序。在函数中使用全局变量，一般应进行全局变量说明。全局变量的说明符是 extern，一般来说只有在函数内经过说明的全局变量才能使用。

但在一个函数之前定义的全局变量,可以在该函数内部使用而不必再加以说明。例如:

```
int x,y; /* 外部变量 */
int main() /* 主函数 */
{
    …
}
double a,b; /* 外部变量 */
int f1() /* 函数 f1 */
{
    …
}
void f2() /* 函数 f2 */
{
    …
}
```

x、y 的作用域

a、b 的作用域

变量 x、y、a、b 是在函数外部定义的,是全局变量。x、y 是在所有的函数外部定义的,则在每一个函数内都有效,可以不加说明在 3 个函数内部使用。a、b 是在 main() 函数后面定义的,它只在函数 f1 和 f2 内有效,不加说明就可以在 f1 和 f2 内使用。

说明:

(1) 全局变量是为了增加函数间数据联系的渠道。但由于同一源程序文件中的所有函数都能引用全局变量的值,因此在一个函数中改变了变量的值就会对其他函数产生影响,给函数的使用带来不安全性,而且一直占用存储空间,直到程序结束。所以建议少用或不用全局变量。

(2) 全局变量和局部变量同名时,在函数中把全局变量暂时隐藏起来,而局部变量起作用。

例 4.11 全局变量的使用。

```
/*
  程序名称:ex4-11.c
  程序功能:全局变量的使用
*/
#include<stdio.h>
#include<stdlib.h>
void sub();
int a,b;                              /* 定义全局变量 */
int main()
{
    a = 3;
    b = 4;
    printf("全局变量:a = %d,b = %d\n",a,b);
    sub();
    int a = 1,b = 2;                  /* main 函数的局部变量 */
    printf("main 函数:a = %d,b = %d\n",a,b);
    system("pause");
    return 0;
}
```

```
void sub()
{    int a,b;                                    /* sub 函数局部变量 */
     a = 6;
     b = 7;
     printf("sub 函数:a = % d,b = % d\n",a,b);
}
```

程序运行结果：

```
全局变量:a = 3,b = 4
sub 函数:a = 6,b = 7
main 函数:a = 1,b = 2
```

程序中在函数定义的外面定义变量 a、b,它们是全局变量,在 main()函数中第一条输出语句中输出的值是全局变量的值。然后调用 sub 函数,在 sub 函数中定义了与全局变量相同的局部变量 a、b,这时全局变量被隐藏,局部变量有效。在 main()函数中定义了与全局变量名相同的局部变量 a、b,这时全局变量被隐藏,main()函数中的局部变量有效。

4.7   变量的存储类型

在第 2 章介绍了变量定义的方法,每个变量必须指出它的数据类型,这样编译器才能为

图 4-15   存储结构图

其分配相应的内存,但并不知道分配在内存中的哪个区域,一般来说可分为三个区域,如图 4-15 所示。通过定义变量的存储类型可以知道其存在时间(生存周期)。按照变量的生存周期来分,可以分为静态存储方式和动态存储方式。

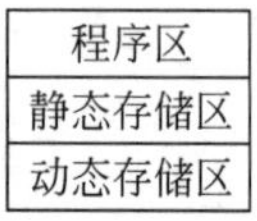

4.7.1   动态存储与静态存储

1. 动态存储

程序在运行期间根据需要分配存储空间。在动态存储区的变量称为动态存储变量(简称动态变量或自动变量),动态存储变量可以是函数的形式参数、局部变量、函数调用时的现场保护和返回地址。这些动态存储变量在函数调用时分配存储空间,函数调用结束后释放存储空间。

2. 静态存储

程序在运行期间由系统分配固定的存储空间。在静态存储区的变量称为静态变量,它可以是全局变量,也可以是局部变量。无论是作全局变量还是局部变量,其定义和初始化在程序编译时进行。

4.7.2   auto 变量

auto(自动)变量是以动态存储方式分配存储空间,它们都是局部变量,其数据存储在动态存储区中,如函数的形参和函数中定义的变量,其定义格式如下：

[auto] 数据类型 变量名列表;

一般情况下,auto 可以省略。例如：

```
auto int x,y;
```

或

```
int x,y;
```

变量 x、y 是自动变量或局部变量。

```
int fun(int x)
{
    auto int y,z;
    ...
}
```

函数 fun()的形参 x 和内部变量 y、z 都是自动变量,当函数 fun()调用时给它们分配内存空间,调用结束后释放所分配的内存空间。

4.7.3 static 变量

static 变量称为静态变量。根据变量的类型可以分为静态局部变量和静态全局变量。

(1) 静态局部变量:它的数据存储在静态存储区。它与局部变量的区别在于,函数退出时,变量始终存在,但不能被其他函数使用;当再次进入该函数时,将使用上次的结果,其他与局部变量一样。

(2) 静态全局变量:指只在定义它的源文件中可见而在其他源文件中不可见的变量。它与全局变量的区别是,全局变量可以再说明为外部变量(extern),被其他源文件使用;而静态全局变量却不能再被说明为外部变量,只能被所在的源文件使用。

例 4.12 静态局部变量的使用。

```
/*
  程序名称:ex4 - 12.c
  程序功能:静态局部变量的使用
*/
# include < stdio.h >
# include < stdlib.h >
int fun(int,int);
int main()
{
    int x = 5,y = 3,s,j;
    for(j = 0;j < 3;j++)
    {
        s = fun(x,y);
        printf(" % d ",s);
    }
    system("pause");
    return 0;
}
int fun(int a,int b)
{
    static int n = 0,i = 2;
    i = n + 1;
    n = i + a - b;
```

```
        return(n);
    }
```

程序运行结果：

```
3 6 9
```

在第 1 次调用函数 fun()时,静态局部变量 n 的初值是 0,i 的初值是 2；第 1 次调用结束时,n 的值为 3,i 的值是 1。在第 2 次调用函数 fun()时,静态局部变量 n 的值是 3,i 的值是 1；第 2 次调用结束时,n 的值为 6,i 的值是 4。在第 3 次调用函数 fun()时,静态局部变量 n 的值是 6,i 的值是 4；第 3 次调用结束时,n 的值为 9,i 的值是 7。计算过程如表 4-1 所示。

表 4-1　变量值的变化过程

调用次数	变量调用时的初值				变量调用结束后的值				
	x	y	n	i	x	y	n	i	s
第 1 次	5	3	0	2	5	3	3	1	3
第 2 次	5	3	3	1	5	3	6	4	6
第 3 次	5	3	6	4	5	3	9	7	9

说明：

(1) 静态局部变量属于静态存储,编译器在静态存储区内给静态变量分配存储单元,其在整个程序运行期间都不释放,但只能在对应的函数内部有效。

(2) 静态局部变量是在编译时赋初值的,即只赋初值一次,在程序运行时它已经具有值,以后每次调用函数时不再重新赋初值而保留上次函数调用结束时的值(具有继承性)。

(3) 如定义静态局部变量不赋初值,则编译时自动赋初值 0(数值型变量)或空字符(字符型变量)。

4.7.4　register 变量

有时为了提高执行速度,将变量的值不存入内存,而直接保存在 CPU 内的寄存器中,以使速度大大提高。register 变量(也称为寄存器变量)定义格式如下：

register 数据类型 变量列表

说明：

(1) 由于 CPU 内的寄存器数量是有限的,不可能为某个变量长期占用。一般把使用最频繁的变量定义为寄存器变量,如循环控制变量等,形式如下：

```
{
    register int i;
    for(i = 0;i < n;i++)
    {
        …
    }
    …
}
```

(2) 寄存器变量的数量有限制,而且一般为整型或字符型变量。

（3）register 变量不能是全局变量和静态局部变量，只能是 auto 变量。

4.7.5　用 extern 声明外部变量

外部变量（即全局变量）是在函数的外部定义的，它的作用域为从变量定义处开始，到该程序文件的末尾。如果在定义点前的函数要引用该外部变量，则在引用之前用关键字 extern 对该变量进行"外部变量声明"。表示该变量是一个已经定义的外部变量，这样就可以从"声明"处起，合法地使用外部变量。

例 4.13　用 extern 声明外部变量，扩展在程序文件中的作用域。

```
/ *
  程序名称:ex4 - 13.c
  建立日期:2015 - 8 - 20
  程序功能:用 extern 声明外部变量
* /
# include < stdio.h >
# include < stdlib.h >
void gx();
void gy();
int main()
{
    extern int x,y;                        / * 将外部变量的作用域扩展到 main()函数 * /
    printf("1: x = % d,y = % d\n",x,y);
    y = 246;
    gx();
    gy();
    system("pause");
    return 0;
}
void gx()
{
    extern int x,y;                        / * 将外部变量的作用域扩展到 gx()函数 * /
    x = 135;
    printf("2: x = % d,y = % d\n",x,y);
}
int x,y;                                   / * 定义外部变量 * /
void gy()
{
    printf("3: x = % d,y = % d\n",x,y);
}
```

说明：由于外部变量 x、y 是在 main()函数和 gx()函数后面定义的，要在 main()函数和 gx()函数中应用 x、y，则必须用 extern 来声明，扩展其作用范围。

4.8　内部函数和外部函数

由于函数可以被另外的函数甚至文件调用，其本质上是全局的函数。但可以用 static 指定函数不能被其他文件调用。所以根据函数能否被其他源文件调用，可将函数分为内部函数和外部函数。

4.8.1　内部函数

一个函数只能被本程序文件调用,称为内部函数。其格式为:

```
static 类型标识符 函数名(形参列表)
{
    …
}
```

例如:

```
static int max(int a,int b)
{
    …
}
```

使用内部函数,可以使函数的作用域只局限于所在文件,而与其他文件中的同名函数互不干扰。

4.8.2　外部函数

C 语言中,在函数定义的前面加上 extern 关键字而说明的函数,称为外部函数。其格式为:

```
extern 类型标识符 函数名(形参列表)
{
    …
}
```

例如:

```
extern int fun(int x,int y)
{
    …
}
```

这样,函数 fun()就可以被其他文件调用。在 C 语言中,如果定义函数时省略 extern,则隐含为外部函数。

例 4.14　外部函数的使用。

```
/* 文件名:extern.c */
# include < stdio. h >
# include < stdlib. h >
extern int multiply(int,int);          /* 声明外部函数 */
extern int sum(int,int);
int main()
{
    int a,b;
    int result;
    scanf(" % d, % d",&a,&b);
```

```
        result = multiply(a,b);
        printf("两个数的乘积是：%d",result);
        result = sum(a,b);
        printf("两个数的和是：%d\n",result);
        system("pause");
        return 0;
}

/*文件名:file1.c*/
extern int multiply(int a,int b)
{
        int c;
        c = a * b;
        return c;
}
/*文件名:file2.c*/
extern int sum(int a,int b)
{
        int c;
        c = a + b;
        return c;
}
```

整个程序由 3 个文件组成,每个文件包含一个函数。主函数 main()是主控函数,包括声明部分和函数调用部分,另外两个文件是用户自定义函数,并把这两个函数定义为外部函数,即在主函数 main()中用 extern 声明在主调函数中调用的 sum 和 multiply 函数,但它们是在其他文件中定义的外部函数(注：有的编译器可以省略关键字 extern)。

4.9　综合应用

例 4.15　如果一个正整数是素数,它的反位数也是素数,则称这样的数为绝对素数。

分析：首先要判断该数是否为素数,如果是素数,则将原来的数按反位组成一个新的数,再判断这个新的数是否为素数。整个程序由主函数 main()和两个用户自定义函数组成(一个是判断素数,一个是求反位数)。

```
/*
   程序名称:ex4-15.c
   程序功能:判断绝对素数
*/
# include < stdio. h >
# include < stdlib. h >
# include < math. h >
int prime(unsigned int ); /*判断素数的函数声明*/
unsigned int rev(unsigned int); /*求反位数的函数声明*/
int main()
{
        unsigned int n,m;
        scanf("%u",&n);
```

```
        if(prime(n) == 0)
            printf("输入的数 % u 不是素数\n",n);
        else
        {
            m = rev(n);
            if(prime(m)!= 0)
                printf(" % u 是绝对素数!\n",n);
            else
                printf(" % u 不是绝对素数!\n",n);
        }
        system("pause");
        return 0;
    }
    / * 判断素数的函数定义 * /
    int prime(unsigned int x)
    {
        int i,k;
        k = sqrt(1.0 * x);
        for(i = 2;i < = k;i++)
        if(x % i == 0)
                return 0;
            if(i > k)
                return 1;
    }
    / * 求反位数的函数定义 * /
    unsigned int rev(unsigned int y)
    {
        unsigned int z = 0;
        while(y!= 0)
        {
            z = z * 10 + y % 10;
            y = y/10;
        }
        return z;
    }
```

程序运行结果:

① 输入 31 回车

　　31 是绝对素数!

② 输入 29 回车

　　29 不是绝对素数!

例 4.16 求两个正整数的最小公倍数。

分析:例 4.5 用欧几里得方法求两个正整数的最大公约数,将求出的最大公约数除以两个数的乘积,就得到两个数的最小公倍数。

```
    / *
      程序名称:ex4_16.c
      程序功能:求最小公倍数
    * /
```

```
#include<stdio.h>
#include<stdlib.h>
int gcd(int x,int y);                              /*最大公约数函数原型声明*/
int hcd(int x,int y,int z);                        /*最小公倍数函数原型声明*/
int main()
{
    int a,b,g,h;
    scanf("%d %d",&a,&b);
    if(a==0||b==0)
    {
        printf("数据输入错误!\n");
        exit (0);
    }
    g=gcd(a,b);                                    /*求最大公约数*/
    h=hcd(a,b,g);                                  /*求最小公倍数*/
    printf("两个整数的最小公倍数是:%d\n",h);
    system("pause");
    return 0;
}
int gcd(int x,int y)
{
    int r;
    do
    {
        r=x%y;
        x=y;
        y=r;
    }while(r!=0);
    return x;
}
int hcd(int x,int y,int z)
{
    return (x*y/z);
}
```

程序运行结果:

输入 8□12 回车
两个整数的最小公倍数是:24

例 4.17 求数列 $s=1-\dfrac{1}{22}+\dfrac{1}{333}-\dfrac{1}{4444}+\cdots+(-1)^{n+1}\dfrac{1}{n\cdots n}$ 之和。

分析:观察数列可知,第 i 项的分子都是 1,分母是 i,且分母由 i 个 i 组成,因此可用内循环求得分母,再用外循环求出和。由于每一项是正负间隔,因此可设置一个变量 sign,其初值为 1,然后每进行一次外循环就执行一次 sign=-sign 语句。

```
/*
    程序名称:ex4-17.c
    程序功能:求数列之和
*/
#include<stdio.h>
```

```
#include<stdlib.h>
#include<math.h>
double fsum(int n);                              /* 函数原型声明 */
int main()
{
    int n;
    scanf("%d",&n);
    printf("数列的和:%lf\n",fsum(n));
    system("pause");
    return 0;
}
double fsum(int n)
{
    int i,j,sign=1;
    double term,s=0.0;
    for(i=1;i<=n;i++)
    {
        term=0;
        for(j=0;j<i;j++)
            term=term+i*pow(10,j);
        s=s+sign*1/term;
        sign=-sign;
    }
    return s;
}
```

程序运行的结果:

输入 6 回车
数列的和:0.957340

说明:pow(x,y)函数是求 x 的 y 次方的数学函数,因此在程序前面要增加一条文件包含的预处理命令 include<math.h>。

思考:如果不用 pow()函数,fsum()函数该如何编写?

C 语言是由函数组成的,函数是实现模块化编程的手段。因此,在编写函数程序时一定要注意函数的参数(类型、个数)、函数的返回值和函数实现过程。

本 章 小 结

本章主要介绍了 C 语言中函数以下内容。

(1) 函数的概念和函数的分类,从不同角度对函数的分类不同。

(2) 函数的原型声明和函数的定义。函数的原型声明一般在函数的调用之前,而函数的定义可以在函数调用之后。

(3) 函数的参数包括形参和实参。形参只能是变量,而实参可以是变量、常量和表达式。函数在调用时,实参的个数、类型和顺序要与形参保持一致。

(4) 函数的返回值大小由 return 后面的表达式的值决定,返回值的类型由函数定义时的类型决定。

（5）当函数调用时，系统给形参分配存储空间，并把实参的值复制给形参，调用结束后形参所占用的内存被释放。

（6）C语言的函数是平等的关系，它们可以相互调用，main()函数不能被其他函数调用，但不能在一个函数内定义另外的函数。

（7）递归调用是在定义函数时直接或间接调用函数本身。编写递归函数的关键是要推导出递归表达式，而且要使问题越来越简单。递归是解决一些复杂问题的有效手段之一。

（8）变量的数据类型决定了变量占用内存的大小和数据的表示范围，而变量的存储类型决定变量的作用范围和生存周期。局部变量只在函数内部起作用，全局变量在整个程序运行期间都起作用。静态局部变量具有继承性，它的生存期和程序的生存期一样，但只在其他定义的函数内部起作用。

习　题　4

1. 单项选择题

（1）以下正确的函数定义是(　　　)。

```
A. double fun( int x, int y)
   {
       z = x + y;
       return z;
   }
```

```
B. double fun( int x, y)
   {
       int z;
       return z;
   }
```

```
C. fun (x, y)
   {
       int x, y;
       double z;
       z = x + y;
       return z;
   }
```

```
D. double fun ( int x, int y)
   {
       double z;
       z = x + y;
       return z;
   }
```

（2）以下正确的说法是(　　　)。

A. 实参和与其对应的形参各占用独立的存储单元

B. 实参和与其对应的形参共占用一个存储单元

C. 只有当实参和与其对应的形参同名时才共占用相同的存储单元

D. 形参是虚拟的，不占用存储单元

（3）若调用一个非 void 函数，且此函数中没有 return 语句，则正确的说法是(　　　)。

A. 该函数没有返回值　　　　　　　　B. 该函数返回若干个系统默认值

C. 能返回一个用户所希望的函数值　　D. 返回一个不确定的值

（4）以下不正确的说法是(　　　)。

A. 实参可以是常量、变量或表达式

B. 形参可以是常量、变量或表达式

C. 实参可以为任意类型

D. 如果形参和实参的类型不一致，以形参类型为准

(5) C 语言规定,函数返回值的类型是由(　　)决定的。

  A. return 语句中的表达式类型   B. 调用该函数时的主调函数类型

  C. 调用该函数时由系统临时   D. 在定义函数时所指定的函数类型

(6) 已知一个函数的定义如下:

```
double fun(int x, double y)
{ … }
```

则该函数正确的函数原型声明为(　　)。

  A. double fun (int x,double y)   B. fun (int x,double y)

  C. double fun (int　,double　);   D. fun(x,y);

(7) 以下正确的描述是(　　)。

  A. 函数的定义可以嵌套,但函数的调用不可以嵌套

  B. 函数的定义不可以嵌套,但函数的调用可以嵌套

  C. 函数的定义和函数的调用均不可以嵌套

  D. 函数的定义和函数的调用均可以嵌套

(8) C 语言规定,程序中各函数之间(　　)。

  A. 既允许直接递归调用也允许间接递归调用

  B. 允许直接递归调用不允许间接递归调用

  C. 不允许直接递归调用也不允许间接递归调用

  D. 不允许直接递归调用允许间接递归调用

(9) 如果在一个函数的复合语句中定义了一个变量,则该变量(　　)。

  A. 只在该复合语句中有定义   B. 在该函数中有定义

  C. 在本程序范围内有定义   D. 为非法变量

(10) 以下不正确的说法是(　　)。

  A. 在不同函数中可以使用相同名字的变量

  B. 形式参数是局部变量

  C. 在函数内定义的变量只在本函数范围内有定义

  D. 在函数内的复合语句中定义的变量在本函数范围内有定义

(11) 以下不正确的说法是(　　)。

  A. 全局变量、静态变量的初值是在编译时指定的

  B. 静态变量如果没有指定初值,则其初值为 0

  C. 局部变量如果没有指定初值,则其初值不确定

  D. 函数中的静态变量在函数每次调用时,都会重新设置初值

(12) 以下只有在使用时才为该类型变量分配内存的存储类型说明是(　　)。

  A. auto 和 static   B. auto 和 register

  C. register 和 static   D. extern 和 register

(13) 以下叙述中不正确的是(　　)。

  A. 函数中的自动变量可以赋初值,每调用一次,赋一次初值

  B. 在调用函数时,实际参数和对应形参在类型上只需赋值兼容

C. 外部变量的隐含类别是自动存储类别

D. 函数形参可以说明为 register 变量

(14) 以下叙述中正确的是( )。

A. 全局变量的作用域一定比局部变量的作用域范围大

B. 静态类别变量的生存期贯穿于整个程序的运行期间

C. 函数的形参都属于全局变量

D. 未在定义语句中赋初值的 auto 变量和 static 变量的初值都是随机值

2. 填空题

(1) 函数调用语句 fun((a,b),(c,d,e)) 中实参个数为_____。

(2) 在一个函数内部调用另一个函数的调用方式称为_____。在一个函数内部直接或间接调用该函数称为函数_____的调用方式。

(3) C 语言变量按其作用域分为_____和_____。按其生存期分为_____和_____。

(4) C 语言变量的存储类型有_____、_____、_____和_____。

(5) 在一个 C 程序中,若要定义一个只允许本源程序文件中所有函数使用的全局变量,则该变量需要定义的存储类型为_____。

(6) 变量被赋初值可以分为_____和_____两个阶段。

3. 阅读下面程序,指出运行结果

(1) 下面程序执行的结果是_____。

```
# include < stdio. h>
# include < stdlib. h>
int f(int);
int main()
{
    int z;
    z = f(4);
    printf(" % d\n",z);
    system("pause");
    return 0;
}
int f(int x)
{
    if(x == 0 || x == 1)
        return 3;
    else
        return x * x - f(x - 2);
}
```

(2) 下面程序执行的结果是_____。

```
# include < stdio. h>
# include < stdlib. h>
int f(int );
int main()
{
```

```
        int z;
        z = f(5);
        printf("%d\n",z);
        system("pause");
        return 0;
    }
    int f(int n)
    {
        if(n == 1||n == 2)
            return 1;
        else
            return f(n-1)+f(n-2);
    }
```

（3）下面程序的运行结果是_____。

```
#include<stdio.h>
#include<stdlib.h>
int f1(int,int);
int f2(int,int);
int main()
{
    int a = 4,b = 3,c = 5;
    int d,e,f;
    d = f1(a,b);
    d = f1(d,c);
    e = f2(a,b);
    e = f2(e,c);
    f = a+b+c-d-e;
    printf("%d,%d,%d\n",d,f,e);
    system("pause");
    return 0;
}
int f1(int x,int y)
{
    return x>y?x:y;
}
int f2(int x,int y)
{
    return x>y?y:x;
}
```

（4）下面程序的运行结果是_____。

```
#include<stdio.h>
#include<stdlib.h>
int fun1(int);
int fun2(int);
int i = 0;
int main()
{
    int i = 5;
```

```
    fun2(i/2);
    printf("i = % d\n",i);
    fun2(i = i/2);
    printf("i = % d\n",i);
    fun2(i/2);
    printf("i = % d\n",i);
    fun1(i/2);
    printf("i = % d\n",i);
    system("pause");
    return 0;
}
int fun1 (int i)
{
    i = (i % i) * (i * i)/(2 * i) + 4;
    printf("i = % d\n",i);
    return (i);
}
int fun2(int i)
{
    i = i <= 2 ? 5 : 0;
    return (i);
}
```

(5) 下面程序的功能是_____。

```
# include < stdio. h >
# include < stdlib. h >
int func(int);
int main()
{
    int n;
    for(n = 100;n < 1000;n++)
    if(func(n))
        printf(" % d \n",n);
    system("pause");
    return 0;
}
int func (int n)
{
    int i,j,k;
    i = n/100;
    j = n/10 - i * 10;
    k = n % 10;
    if((i * 100 + j * 10 + k) == i * i * i + j * j * j + k * k * k) return 1;
    return 0;
}
```

(6) 若输入的值是-125,下面程序的运行结果是_____。

```
# include < stdio. h >
# include < stdlib. h >
# include < math. h >
```

```
void fun(int);
int main()
{
    int n;
    scanf("%d",&n);
    printf("%d=",n);
    if(n<0)
        printf("-");
    n = fabs(n);
    fun(n);
    system("pause");
    return 0;
}
void fun(int n)
{
    int k,r;
    for (k=2; k<=sqrt(n); k++)
    {
    r = n % k;
    while (!r)
    {
            printf("%d",k); n=n/k;
            if (n>1) printf("*");
            r = n % k;
        }
    }
    if (n!=1)
        printf("%d\n",n);
}
```

(7) 若输入 253,则下面程序运行的结果是_____。

```
# include <stdio.h>
# include <stdlib.h>
long fun(long);
int main()
{
    long x;
    scanf("%ld",&x);
    printf("\n%ld\n",fun(x));
    system("pause");
    return 0;
}
long fun(long data)
{
    long k =1;
    do
    {
        k *= data % 10;
        data/ = 10;
    } while(data);
```

```
        return (k);
}
```

（8）以下程序运行后的输出结果是_____。

```
#include<stdio.h>
#include<stdlib.h>
int fun(int);
int main()
{
    int i,a = 5;
    for(i = 0;i<3;i++)
        printf("%d %d\n",i,fun(a));
    printf("\n");
    system("pause");
    return 0;
}
int fun(int a)
{
    int b = 0;
    static int c = 3;
    b++;
    c++;
    return(a + b + c);
}
```

4. 程序填空题

（1）以下程序的功能是计算函数 $F(x,y,z)=\dfrac{x+y}{x-y}+\dfrac{z+y}{z-y}$，请填空使程序完整。

```
#include<stdio.h>
#include<stdlib.h>
_____;
int main()
{
    Double x,y,z,f;
    scanf("%lf,%lf,%lf",&x,&y,&z);
    f = fun (_____);
    f += fun (_____);
    printf("f = %lf",f);
    system("pause");
    return 0;
}
float fun(float a,float b)
{
    return (a/b);
}
```

（2）以下程序通过函数 SunFun 求 $\displaystyle\sum_{x=0}^{10} f(x)$。这里 $f(x)=x^2+1$，由 F 函数实现，请填空使程序完整。

```
# include < stdio. h >
# include < stdlib. h >
int SunFun(int);
int F(int);
int main( )
{
    printf("The sum = % d\n",SunFun(10) );
    system("pause");
    return 0;
}
int SunFun( int n )
{
    int x, s = 0;
    for (x = 0; x < = n; x++)
        s += F(_____);
    return s;
}
int F( int x )
{
    return (_____);
}
```

（3）函数 fun() 的功能是求数列 $\frac{2}{1},\frac{3}{2},\frac{5}{3},\frac{8}{5},\frac{13}{8},\cdots$ 的前 n 项之和。和通过函数值返回 main() 函数。例如，$n=10$，则输出 16.479905，请填空使程序完整。

```
# include < stdio. h >
# include < stdlib. h >
double fun(int);
int main( )
{
    int n;
    scanf(" % d",&n);
    printf("数列的和是: % lf\n",fun(n));
    system("pause");
    return 0;
}
double fun( int n )
{
    int a, b, c, k;
    double s;
    _____;
    a = 2;
    b = 1;
    for(k = 1; k < = n;k++)
    {
        s = s + (double)a/b;
        c = a;
        _____;
        b = c;
    }
```

```
        return s;
    }
```

5. 编程题

（1）输入正整数，求所有数位上数字之和。

（2）求一元二次方程 $ax^2+bx+c=0$ 的根，用 3 个函数分别求判别式大于 0、等于 0 和小于 0 时的根，并输出结果。主函数中输入系数 a、b、c。

（3）用递归方法求 n 阶勒让德多项式的值，其递推公式为：

$$p_n(x)=\begin{cases}1(n=0)\\x(n=1)\\((2n-1)xp_{n-1}(x)-(n-1)p_{n-2}(x))/n(n>1)\end{cases}$$

（4）计算银行存款余额和利息：假设银行存款季度利息是 5.3%，根据输入的原始数据计算利息和账户余额，并以表格的形式输出每个季度的利息和账户余额。要求写两个函数，一个用来计算利息和余额，一个用来输出。

（5）利用函数求 $s=\dfrac{1}{2^2}+\dfrac{3}{4^2}+\dfrac{5}{6^2}+\cdots+\dfrac{(2n-1)}{(2n)^2}$，直到 $\left|\dfrac{(2n-1)}{(2n)^2}\right|\leqslant 10^{-4}$，并把计算结果作为函数返回值。

（6）设 w 是一个大于 10 的无符号整数，若 w 是 $n(n\geqslant 2)$ 位的整数，函数求出 w 的低 $n-1$ 位的数作为函数的返回值。如 $w=5923$，则函数返回值为 923。

第 5 章　　数　　组

教学目标

(1) 掌握数组数据结构。

(2) 掌握数组的声明和存放,初始化和数组元素的引用方法。

(3) 掌握数组下标的使用方法。

(4) 了解多维数组声明和操作。

(5) 掌握字符串定义及使用方法。

(6) 初步理解排序和查找等基本算法。

数组是一组类型相同的数据对象构成的集合。数组中的数据存储在一个区域内,引用时用同一名字,而且能够作为一个组或者一个整体访问,从而使得程序的书写变得更简单。数组将数据对象组织成连续的存储单元,最低地址对应于数组的第一个元素,最高地址对应于最后一个元素,每一个数组元素都占用一个或若干连续的存储单元。数组可以是一维的,也可以是多维的,C 语言没有对数组的维数做严格的限制。

数据结构(data structure):在同一个名称下存储的相关的数据项的集合。

数组(array):类型相同的数据的集合。

5.1　问　题　引　导

在第 3 章例 3.28 学生成绩统计中,只是求出了课程考试的最高分、最低分和平均分等信息,如果要把每个学生的成绩信息、排名以及课程的统计信息以短信的方式发送给学生家长,程序又该如何设计呢? 一般来说应进行如下操作。

(1) 保存每个学生的考试成绩。

(2) 比较学生的成绩,找出最高分和最低分。

(3) 将所有学生的成绩累加除以学生人数,计算出课程平均分。

(4) 对学生成绩进行排名,还可以知道学生的名次。

(5) 可以输入学生的学号,查询学生成绩。

通过数组的学习和使用,能够得到合适的存储方式和计算方法实现问题的求解过程。

5.2　一　维　数　组

数组是存放两个或两个以上相邻存储单元的集合,每个存储单元中存放相同数据类型的数据。这样的单元称为数组元素。在一个具有相同名称和相同类型的连续存储结构中，要引用某个元素，就要指定数组中的元素的位置号或索引(index)。

直观上，我们将数组看作一个矩形框，数组中的每一个元素在这个矩形框中都占有一个方格。图 5-1 描述了一个由 5 个元素组成的双精度浮点型数组。

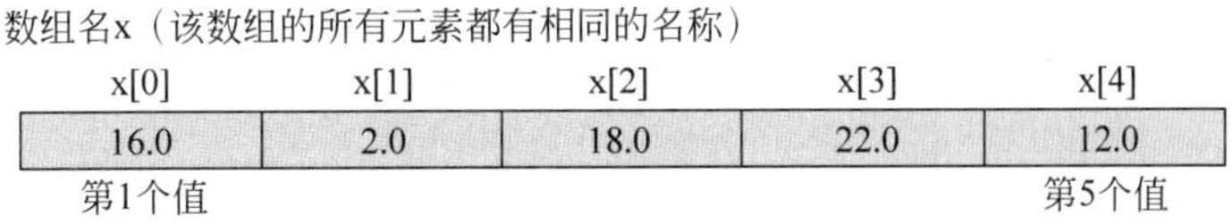

数组名x（该数组的所有元素都有相同的名称）

x[0]	x[1]	x[2]	x[3]	x[4]
16.0	2.0	18.0	22.0	12.0

第1个值　　　　　　　　　　　　　　　　　　　　　第5个值

图 5-1　5 个元素的双精度浮点型数组 x

在 C 语言中，每个数组有以下两个特性。

(1) 数组元素的类型：存储在数组元素中的值的数据类型，简称数组类型。

(2) 数组的大小：数组中能够存放数组元素的个数，也称为数组长度。

在声明数组时，必须反映出数组的这两个特性。

5.2.1　一维数组的定义

一维数组的声明形式如下：

数组元素的类型说明符 数组名称[数组的大小];

在 C 语言中，要使用数组，必须事先声明，以便编译器为它们分配内存空间。在上面的声明中，类型说明符指明数组的类型，也就是数组中每一个元素的数据类型，数组的大小表示数据元素的个数。每个数组元素都有一个指定字节数的存储单元。一维数组的总字节数可按下式计算：

总字节数 = sizeof(数组元素的数据类型) * 数组的大小

其中，sizeof 是计算数据类型在存储空间中占用字节数的运算符。图 5-1 中的数组 x 所占用的存储字节数为：

sizeof(double) * 5

如果 double 类型占用 8 字节存储，则表达式的值为 40。

例 5.1　数组的声明语句及含义。

数组的声明语句及含义如表 5-1 所示。

表 5-1　数组的声明语句及含义

语　　句	说　　明
int a[10];	定义一个长度为 10 的 int 数组 a
double score[50];	定义一个长度为 50 的 double 数组 score
char studentname[20];	定义一个长度为 20 的 char 数组 studentname
int b[100],x[27];	定义了一个长度为 100 的 int 数组 b 和一个长度为 27 的 int 数组 x

由于 C 语言没有字符串类型，则 char 类型的数组可以存放字符串。字符串及字符数组将在字符串一节中详细讨论。

例 5.2 将学生课程考试成绩数据存入数组相应的数组元素中。

```c
/*
   程序名称:ex5_2.c
   程序功能:声明数组,从键盘输入数据存储到数组元素中并输出
*/
#include<stdio.h>
#include<stdlib.h>
int main()
{
    int a[10];
    int i;
    for(i=0;i<10;i++)
        scanf("%d",&a[i]);
    for(i=0; i<10;i++)
        printf("%d",a[i]);
    system("pause");
    return 0;
}
```

程序运行结果:

输入: 80 70 95 54 76 90 85 88 77 69
输出: 80 70 95 54 76 90 85 88 77 69

说明:

(1) 数组的大小(或长度)是一个整型常量(高版本编译器支持变量,本教材按常量处理),通常可以使用符号常量来表示,这样可以方便改变数组的大小。例如:

int a[10];

使用符号常量的形式定义数组的大小:

#define N 10
int a[N];

(2) 数组的命名方式与其他变量一样,遵循 C 语言标识符的命名规则。

(3) 数组元素的起始下标为 0,在图 5-1 中,x[1]是数组的第二个元素,x[4]是数组的最后一个元素。数组的所有单元使用同一个名称 x,每个元素使用下标来区分。在使用数组元素时,必须要注意下标的使用范围。如果下标错误,会产生一个非法的引用。编译器在语法检查时,并不指出下标的越界错误。尽管有时候会输出一个运行错误信息,但大多数时候并不给出错误提示信息。非法下标引发的不正确结果,编程者有时很难查明原因。

数组在存储时要占用内存空间。在数组声明时必须指定元素的类型和元素的个数,这样编译器才可以为数组分配相应的内存空间。

例如,前面定义的 double 型数组 x,其在内存中的存储如图 5-2 所示。

若有数组的定义为:

int a[10];

其存储形式如图 5-3 所示。

索引号	存储地址	元素值	数组元素
0	2000	16.0	x[0]
1	2008	2.0	x[1]
2	2016	18.0	x[2]
3	2024	22.0	x[3]
4	2032	12.0	x[4]

图 5-2　double 型数组 x 的存储

索引号	存储地址	元素值	数组元素
0	2000	1	a[0]
1	2004	2	a[1]
2	2008	3	a[2]
3	2012	4	a[3]
4	2016	5	a[4]
5	2020	6	a[5]
6	2024	7	a[6]
7	2028	8	a[7]
8	2032	9	a[8]
9	2036	10	a[9]

图 5-3　int 型数组 a 的存储

定义字符型数组 char str[5],其存储结构如图 5-4 所示。

索引号	存储地址	元素值	数组元素
0	2000	'H'	str[0]
1	2001	'e'	str[1]
2	2002	'l'	str[2]
3	2003	'l'	str[3]
4	2004	'o'	str[4]

图 5-4　字符型数组 str 的存储

5.2.2　一维数组元素的引用

为了处理存储在数组中的数据,一般使用数组名和一个表示下标的整数来引用每一个元素。例如,数组 x 的第三个元素表示为 x[2],称 x[2] 为下标变量,方括号内的整数是数组的下标(或者称为索引),它的值必须在 0 到数组元素个数(数组长度)减 1 之间。

图 5-5 所示为一个拥有 8 个元素的整型数组 c。数组中的第一个元素称为第 0 个元素(读作 c 零),记为 c[0];c 数组中的第二个元素为 c[1];c 数组中的最后一个元素为 c[7]。

数组的下标表示数组元素的位置,下标必须为整型值。例如,假设 a 等于 2,b 等于 3,则下列语句:

c[a + b] = 0;

含义为将 0 存入数组元素 c[5]中。

表 5-2 列出了一些常用的数组元素的使用方法。

数组名（注意：所有的元素名称都为c）

c[0]	-100
c[1]	81
c[2]	76
c[3]	98
c[4]	10
c[5]	0
c[6]	-5
c[7]	99

图 5-5　8 个元素的数组 c

表 5-2　数组元素的引用

语　　句	说　　明
printf("%.2lf",x[3]);	显示 x[3]的值,其值为 22.00
x[0] = 25.0;	将浮点数 25.0 存入 x[0]中
sum = c[0] + c[1];	将 c[0]和 c[1]的和存储在变量 sum 中
sum += c[2];	将 sum 和 c[2]的和存储在变量 sum 中
c[7] = 100;	将 100 的值存入 c[7]元素中
x[2] + 1 = x[3];	非法的赋值语句,赋值运算符的左边不是变量不能被赋值

一般从数组的第一个元素开始,顺序处理数组的元素。在 C 语言中,使用循环语句可以很容易完成对数组元素的顺序操作。例如,用 for 循环语句,使用计数器作为数组的下标,就可以依次存取每一个数组元素。

例 5.3　保存一个 10 以内整数的所有约数。

分析:一个数的约数的计算过程,是一个不断尝试的过程,约数是从 1 开始的,使用循环变量来表示约数不断增加的过程,若输入的数据 n 能被某一个循环变量整除,则该循环变量即为 n 的一个约数,并将其存入数组中。

```
/*
    程序名称:ex5-3.c
    程序功能:保存一个 10 以内的整数的所有约数
*/
    #include<stdio.h>
    #include<stdlib.h>
    int main()
    {
        int a[5],n;
        int i,j = 0;
        printf("输入一个整数(<10): ");
        scanf("%d",&n);
        for(i=1; i<=n;i++)
            if (n%i==0)                /*计算数据 n 的约数*/
                a[j++] = i;            /*使用循环语句为数组元素赋值*/
        printf("约数为:\n");
        for(i=0; i<j; i++)            /*使用循环访问数组*/
            printf(" %6d",a[i]);
        system("pause");
        return 0;
    }
```

程序运行结果:

输入:输入一个整数(<10):8
输出:约数为:
1　　2　　4　　8

5.2.3　一维数组的初始化

在声明简单变量时,可以进行初始化:

```
int i = 0;
```

C 语言也允许在声明数组时直接初始化。各元素的值(也可以是表达式)顺序排在一对花括号里,并用逗号分隔,填充到数组元素所在的存储空间中。一般来说有以下几种初始化方法。

1. 定义数组时初始化

例如:

```
int b[4] = {1,2,3,4};
```

其中,数组 b 的各个元素值如图 5-6 所示。

2. 部分初始化

```
int a[10]={1,2,3,4,5};
```

b[0]	b[1]	b[2]	b[3]
1	2	3	4

图 5-6　数组 b 初始化后的元素值

定义了一个数组长度为 10 的整型数组 a,其中元素 a[0]~a[4]的值分别是 1,2,3,4,5。而元素 a[5]~a[9]的值都是 0,如图 5-7 所示。

a[0]	a[1]	a[2]	a[3]	a[4]	a[5]	a[6]	a[7]	a[8]	a[9]
1	2	3	4	5	0	0	0	0	0

图 5-7　数组 a 部分初始化后的元素值

```
char letters[26] = { 'A','B'};
```

语句定义了一个长度为 26 的字符数组 letters,图 5-8 所示为在初始化时只为数组中前两个元素赋了初值的情形,其余的元素值为 0,即'\0'字符。

letters[0]	letters[1]	letters[2]	……	letters[25]
'A'	'B'	'\0'	……	'\0'

图 5-8　字符数组 letters 部分初始化后的元素值

3. 根据初值确定数组长度

```
int d[] = { 0,1,2,3,4,5,6,7,8,9 };
```

对于数组 d,定义时并没有指定数组的长度,但系统会根据初始化数组元素的个数自动计算数组的大小,所以数组 d 的长度是 10。

在定义数组 d 时,由于初值个数比较少,很容易得出数组的长度(元素个数)。如果数组元素更多些,一一计数可能比较麻烦。在 C 语言中,可以采用下面的计算方式确定数组的元素个数,如果数组名为 d,则数组的大小可用如下表达式计算:

```
sizeof(d)/sizeof(d[0])
```

上述表达式的含义是,数组 d 的存储空间的大小除以数组中第一个元素占用存储空间的大小。对于数组来说,其每个元素的数据类型都是相同的,所以计算出来的值就是数组的大小。

应特别指出,这种为数组元素指定值的写法只能用在定义数组时,在语句里不能采用这种写法。例如:

```
int d[10];
d = { 0,1,2,3,4,5,6,7,8,9 };               /* 错误的赋值 */
```

例 5.4 将学生的成绩信息保存在数组中并求平均分。

分析：用数组 a 存放最多 30 名学生的某门课程的考试成绩。为了方便起见，将学生的学号表示为 1～30 的整数，需要定义长度为 31 的数组 a，即 int a[31]。当读入一个有效的成绩(成绩一般大于或等于 0，小于或等于 100)时，将其保存在数组 a 中；然后将合法的成绩(不合法的成绩要求重新输入)累加，再除以人数即得平均成绩。

```
/*
  程序名称:ex5-4.c
  程序功能:学生成绩的平均分
*/
# include < stdio. h >
# include < stdlib. h >
int main()
{
    int a[31],i;
    double avg = 0;
    for(i = 1;i < = 30;i++)
    {
        do
        {
            printf("第 % d 个学生的成绩:",i);
            scanf(" % d",&a[i]);
        }while(a[i]< 0||a[i]> 100);
        avg = avg + a[i];
    }
    printf("学生成绩:\n");
    for(i = 1;i < = 30;i++)
        printf(" % d ",a[i]);
    printf("\n 平均成绩:\n");
    printf(" % .2lf\n",avg/30);
    system("pause");
    return 0;
}
```

说明：

(1) 如果初始化的元素个数小于数组的长度，则其余元素初始化为 0 值。

例如，可以用下列声明数组 a 的元素初始化为 0：

```
int a[10] = {0};
```

其显式地将第一个元素初始化为 0，隐式地将其余元素自动初始化为 0，因为初始化值比数组中的元素少。程序员至少要显式地将第一个元素初始化为 0，才能将其余元素自动初始化为 0。

(2) 初始化值超过数组元素个数会产生数组定义的错误。例如：

```
int a[5] = {32,27,64,18,95,14};
```

因为初始化了 6 个值,而数组只能存放 5 个元素。

(3) 若数组中的数据已知,使用初始化能提高程序的执行速度。

(4) 当数组声明时,有 static 关键字修饰时,即使没有初始化,系统也能自动为所有元素初始化为 0 值。

```
static int b[5];
```

5.2.4 利用一维数组解决问题

例 5.5 在 N 个学生成绩中找最高分和最低分。

分析:寻找最大值和最小值,需要比较数组中的所有元素,才能找出最值。

```
/*
  程序名称:ex5-5.c
  程序功能:求最值
*/
#include<stdio.h>
#include<stdlib.h>
#define N 10
int main()
{
    int x[N],i,max,min;
    printf("输入 N 个整数:\n");
    for(i=0;i<N;i++)
        scanf("%d",&x[i]);
    max=min=x[0];          /* 在输入的数据中确定最大、最小值的初值,一般使用第 1 个元素 */
    for(i=1;i<N;i++)
    {
        if(max<x[i]) max=x[i];
        if(min>x[i]) min=x[i];
    }
    printf("最高分是:%d\n",max);
    printf("最低分是:%d\n",min);
    system("pause");
    return 0;
}
```

例 5.6 已知数组 a 中有 n 个互不相等的元素,数组 b 中有 $m(m<n)$ 个互不相等的元素,而数组 c 中包含那些在 a 中但不在 b 中的元素,编程产生数组 c(产生新数组)。

分析:先用数组 a 中的第一个元素和数组 b 中的元素进行比较,如果和 b 中的元素不相同就存入数组 c 中;然后再用 a 中的其他元素和 b 中的元素进行比较,如果不同即放入数组 c;直到数组 a 中的所有元素都比较结束。

```
/*
  程序名称:ex5-6.c
  程序功能:挑选数据
*/
#include<stdio.h>
#include<stdlib.h>
```

```
#define N 8
#define M 5
int main()
{
    int i,j,k = 0,a[N],b[M],c[N];
    for(i = 0;i < N;i++)
        scanf(" % d",&a[i]);
    for(i = 0;i < M;i++)
        scanf(" % d",&b[i]);
    for(i = 0;i < N;i++)
    {
        for(j = 0;j < M;j++)
            if(a[i] == b[j]) break;
        if(j >= M) { c[k] = a[i];k++;}
    }
    for(i = 0;i < k;i++)
        printf(" % 5d",c[i]);
    printf("\n");
    system("pause");
    return 0;
}
```

思考：要求都在两个数组中的数应该如何处理？

例 5.7　对学生成绩按升序（从小到大）输出。

分析：在第 3 章我们对 3 个整数进行从小到大排序,但当数据很多时,这种方法就不适应了,因此必须使用新的排序算法来解决,这里用冒泡排序来实现。冒泡排序的基本思想是两个相邻的数依次比较,将较大的数放在后面。具体做法是：将第一个数和第二个数进行比较,如果前面大,后面小,则交换；然后第二个数和第三个数比较,将较大的数放到后面,直到第 $n-1$ 个数和第 n 个数进行比较,这样就完成了一趟冒泡。这时,最大的数就移到了最后。然后对前 $n-1$ 个数进行第二趟冒泡,这样第二大的数就移到了倒数第二个位置。如此进行直到第 $n-1$ 趟冒泡,就可实现从小到大排序。例如,对序列 49,38,65,97,76,13, 27,56 进行从小到大排序,其冒泡排序过程如下：

第一趟： 49　38　65　97　76　13　27　56

　　　　 38　49　65　97　76　13　27　56

　　　　 38　49　65　76　97　13　27　56

　　　　 38　49　65　76　13　97　27　56

　　　　 38　49　65　76　13　27　97　56

　　　　 38　49　65　76　13　27　56　97

经过第一趟比较后,最大的一个数沉到最后一个位置；

第二趟： 38　49　65　76　13　27　56　97

　　　　 38　49　65　13　76　27　56　97

　　　　 38　49　65　13　27　76　56　97

　　　　 38　49　65　13　27　56　76　97

经过第二趟比较后,次大的一个数沉到倒数第二个位置；

……

同理,最后一趟的序列变成 13   27   38   49   56   65   76   97,排序完成。其流程如图 5-9 所示。

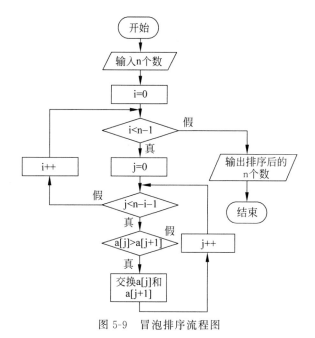

图 5-9   冒泡排序流程图

```
/ *
  程序名称:ex5-7.c
  程序功能:冒泡排序
* /
#include<stdio.h>
#include<stdlib.h>
#define N 8
int main()
{   int a[N],i,j,t;
    for(i=0;i<N;i++)
        scanf("%d",&a[i]);
    printf("\n");
    for(j=0;j<N-1;j++)
        for(i=0;i<N-j-1;i++)
            if(a[i]>a[i+1])
            {
                t=a[i];
                a[i]=a[i+1];
                a[i+1]=t;
            }
    for(i=0;i<N;i++)
        printf("%d ",a[i]);
    system("pause");
    return 0;
}
```

程序运行结果:

输入:49 38 65 97 76 13 27 30
输出:13 27 30 38 49 65 76 97

例 5.8 将一串整数,依次左移一个位置,且原来的第 1 个数移到最后。

分析:首先把下标为 0 的元素值临时保存起来,然后用循环将后面的元素值赋给前面的元素,最后把原来临时保存的下标为 0 的元素值赋给最后一个元素。

```
/*
    程序名称:ex5-8.c
    程序功能:元素移位
*/
#include<stdio.h>
#include<stdlib.h>
#define N 1000
int main()
{
    int i,t,n,a[N];
    scanf("%d",&n);
    for(i=0;i<n;i++)
        scanf("%d",&a[i]);
    t=a[0];
    for(i=0;i<n-1;i++)
        a[i]=a[i+1];
    a[n-1]=t;
    for(i=0;i<n;i++)
        printf(" %d",a[i]);
    printf("\n");
    system("pause");
    return 0;
}
```

程序运行结果:

```
输入:10
        1 2 3 4 5 6 7 8 9 10
输出:2 3 4 5 6 7 8 9 10 1
```

思考:依次右移一个位置,又该如何实现?

5.2.5 一维数组作为函数参数

数组作为函数参数使用,可以用两类不同的使用方法:

(1) 将数组元素作为函数的参数使用;

(2) 将数组名作为函数的参数使用。

下面依次讨论数组作为函数参数的使用方法。

1. 将数组元素作为函数的参数使用

在例 5.7 和例 5.8 中,就是将数组元素 a[i] 作为函数 printf 参数来使用的。实参的值依赖于数组的索引 i 的值。通过如下调用

```
printf("%d",a[i]);
```

输出数组元素 a[i] 中的值。当 i 从 0 到 $N-1$ 递增时,数组元素随着索引的增长,从第一个到最后一个元素的值传递到函数 printf 中并显示出来。

例 5.9 利用数组元素作为函数参数,编写两个数交换的程序。

```
/ *
   程序名称:ex5 - 9.c
   程序功能:数组元素作为函数参数
* /
#include < stdio.h >
#include < stdlib.h >
void swap( int x, int y);
int main()
{
    int a[2];
    scanf(" %d %d",&a[0],&a[1]);
    printf("调用函数之前:\n");
    printf("a[0] = %d,a[1] = %d\n",a[0],a[1]);
    swap(a[0],a[1]);
    printf("调用函数之后:\n");
    printf("a[0] = %d,a[1] = %d\n",a[0],a[1]);
    system("pause");
    return 0;
}
void swap( int x, int y)
{
    int t;
    t = x;
    x = y;
    y = t;
    printf("调用函数内部:\n");
    printf("x = %d,y = %d\n",x,y);
}
```
输入 10□20 回车

运行结果:

调用函数之前:

a[0] = 10,a[1] = 20

调用函数内部:

x = 20,y = 10

调用函数之后:

a[0] = 10,a[1] = 20

从上面的例题可以看出,数组元素作为函数实参和一般变量作为函数参数一样,也是单向值传递,即形参的值发生了改变,而实参的值没有改变。

2. 将数组名作为函数的参数使用

当数组元素作为参数传递时,函数会接收到数组元素的一个副本,因此函数对复制副本的操作不会影响数组元素原来的值。一般称这种参数传递方法为值传递。除了将数组元素作为函数的参数传递,还可以将数组名作为函数的参数,实现对整个数组的传递。那么形参和实参之间的关系就发生了变化。这样的函数可以操作与实参数组一致的数组元素。从数组的存储结构中可知,数组名称与普通变量的名称有着很大的不同。数组名实际上标记了一个连续存储区域的首地址。作为参数传递时,不再是简单的值传递的方式了,而是将数组在内存中的存储地址作为参数来传递,这种参数传递的方式称为传地址。函数操作的是同一个存储区域中的数据,而不是数组自身的副本。因此,在函数中通过语句对一个数组元素进行赋值会改变实参数组的内容。

例 5.10 利用数组作为函数参数,编写两个数交换的程序。

```c
/*
  程序名称:ex5-10.c
  程序功能:数组名作为函数参数
*/
#include<stdio.h>
#include<stdlib.h>
void swap(int x[2]);
int main()
{
    int a[2];
    scanf("%d %d",&a[0],&a[1]);
    printf("调用函数之前:\n");
    printf("a[0]=%d,a[1]=%d\n",a[0],a[1]);
    swap(a);
    printf("调用函数之后:\n");
    printf("a[0]=%d,a[1]=%d\n",a[0],a[1]);
    system("pause");
    return 0;
}
void swap(int x[2])
{
    int t;
    t=x[0];
    x[0]=x[1];
    x[1]=t;
    printf("调用函数内部:\n");
    printf("x[0]=%d,x[1]=%d\n",x[0],x[1]);
}
```

输入 10□20 回车

运行结果:

调用函数之前:

a[0]=10,a[1]=20

调用函数内部:

x[0]=20,x[1]=10

调用函数之后:

a[0]=20,a[1]=10

从例 5.10 可以看出,数组定义形式作为函数形参、数组名作为函数实参和例 5.9 得出的结果是不一样,即形参数组的元素值发生了改变,而实参数组元素值也随之改变。

例 5.11 定义一个函数 init,将数组中所有元素的值更改为指定的 value。

```
void init( int a[],int n, int value )
{
    int i;
    for ( i = 0; i < n; i++)
        a[i] = value;
}
```

在调用函数 init 时,函数的参数由实参数组名、数组的长度和存储到数组中的值组成,如果实参数组 b 是一个长度为 8 的整型数组,需要将数组元素的值指定为 −1,则可以用下面的程序完成:

```
# include < stdio. h >
# include < stdlib. h >
void init(int a[],int,int );
int main()
{
    int b[8],i;
    init(b,8, − 1);              /* 函数调用 */
    for(i = 0;i < 8;i++)
        printf(" % d ",b[i]);
    system("pause");
    return 0;
}
```

参数传递的形式如图 5-10 所示。

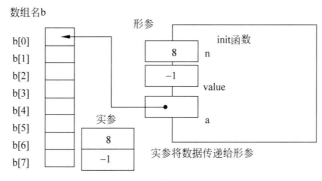

图 5-10　数组作为函数的参数

当实参数组传递给形参时,形参的数组并不分配新的存储单元,而是将形参数组与实参数组共同占用一段存储区域,从而在函数中形参数组的值发生了改变,那么实参数组元素的值也随之改变。在使用形参数组时,要特别留意这个问题。一般情况下,如果不想在函数中改变实参数组的值,可以使用 const 关键字修饰形参数组,这样就可以避免函数在操作数组时发生值更改的意外情形。当然,这种参数传递的方式还是很有效率的,因为节省了大量的存储单元。在第 6 章指针中还会讨论到传地址这种特殊的参数传递形式。

C 语言中提供了 const 关键字,其主要作用就是限定声明的变量值为常量,在程序运行时值不能改动。有时候需要将数组传入函数,但不希望函数体内改变数组元素的值,此时,就可以采用 const 关键字修饰形参数组来实现这样的功能。

例 5.12 定义一个函数 sum,将数组中所有元素值的和返回,即得到一个函数值。

```
int sum(const int a[],int n )
{
    int i,s = 0;
    for ( i = 0; i < n; i++)
        s += a[i];
    return s;
}
```

这里,把函数计算的结果通过 return 返回(只能返回一个值),但 return 语句不能返回整个数组。

例 5.13 用数组表示 **A** 和 **B** 两个向量,定义函数实现将两个向量的和(对应项相加)存入数组 C 中。

```
void sum (int a[],int b[], int n, int c[] )
{
    int i;
    for ( i = 0; i < n; i++)
        c[i] = a[i] + b[i];
}
```

其主函数为:

```
int main()
{
    int x[10],y[10],z[10],i;
    for(i = 0;i < 10;i++)
        scanf(" % d",&x[i]);
    for(i = 0;i < 10;i++)
        scanf(" % d",&y[i]);
    sum(x,y,10,z);
    for(i = 0;i < 10;i++)
        printf(" % d ",z[i]);
    return 0;
}
```

说明:

(1) 数组作为函数的形参的语法为:

元素类型 数组名[]

或

const 元素类型 数组名[]

两种书写方法是等价的,后一种用法将在指针章节中着重讨论。用关键字 const 声明的数组是一个严格的输入参数,元素的值是不能由函数改变的,这一点很重要。如果没有

const,函数可以改变数组元素的值,具体的操作取决函数的功能需要。

（2）数组名后的[ ]不能省略,[ ]的含义是参数是一个数组,是一个集合的名称,而非普通变量名称。当函数被调用时,实参数组将首地址作为参数传递给形参数组。这样,形参数组和实参数组对应同一个存储区域,而非副本。

（3）数组作为参数时,实参中只需写实参数组名,不能再取其地址了。例如:

```
sum(x,y,10,z);
sum(&x,&y,10,&z);              /*错误!x,y,z 已经是数组名*/
```

5.2.6　一维数组应用

例 5.14　短信程序:某班期中 C 语言课程考试有 N 名学生参加,输入每名学生的考试成绩,将班级平均分、最高分、最低分和学生的成绩及其排名显示出来。

分析:输入 N 名学生的考试成绩(0～100),输入的过程中求出成绩的和,通过比较求出最高分和最低分,然后将学生的原始成绩从大到小排序(同时定义一个数组保存序号,这里把序号作为学号,确保排序过程中成绩交换时,序(学)号也交换)。

```
/*
  程序名称:ex5-14.c
  程序功能:学生成绩短信
*/

#include<stdio.h>
#include<stdlib.h>
#define N 10
int max = 0,min = 100;
double avg = 0.0;
void input(int x[],int y[],int n);      /*输入数据,计算平均值分、最高分、最低分*/
void sort(int x[],int y[],int n);       /*排序*/
int main()
{
    int i,a[N],b[N];                    /*数组 a 保存学生成绩,数组 b 保存学号*/
    input(a,b,N);
    sort(a,b,N);
    printf("最高分:%d 最低分:%d 平均分:%.2lf\n",max,min,avg);
    for(i = 0;i<N;i++)
        printf("排名:%d 学号:%d 成绩:%d\n",i+1,b[i],a[i]);
    system("pause");
    return 0;
}
void input(int x[],int y[],int n)
{
    int i;
    for(i = 0;i<n;i++)
    {
        scanf("%d",&x[i]);
        y[i] = i+1;
        avg = avg+x[i];
```

```
            if(max < x[i])
                max = x[i];
            if(min > x[i])
                min = x[i];
        }
        avg = avg/n;
}
void sort(int x[], int y[], int n)
{
    int i,j,t;
    for(i = 0;i < n - 1;i++)
        for(j = 0;j < n - 1 - i;j++)
            if(x[j]< x[j + 1])
            {
                t = x[j];                /* 成绩交换 */
                x[j] = x[j + 1];
                x[j + 1] = t;
                t = y[j];                /* 学号交换 */
                y[j] = y[j + 1];
                y[j + 1] = t;
            }
}
```

程序运行结果：

输入：
58 35 87 90 78 76 99 25 88 66
输出：
最高分:99 最低分:25 平均分:70.20
排名:1 学号:7 成绩:99
排名:2 学号:4 成绩:90
排名:3 学号:9 成绩:88
排名:4 学号:3 成绩:87
排名:5 学号:5 成绩:78
排名:6 学号:6 成绩:76
排名:7 学号:10 成绩:66
排名:8 学号:1 成绩:58
排名:9 学号:2 成绩:35
排名:10 学号:8 成绩:25

例 5.15 将一个数组中的元素首尾依次逆转存储，并输出。

分析：需要注意的是，交换时只需要对一半的元素进行操作，否则结果会还原为原先的顺序。

```
/*
程序名称:ex5 - 15.c
程序功能:数组元素逆转
*/
#include < stdio.h >
#include < stdlib.h >
#define N 10
```

```
void inv (int x[ ],int n);
int main()
{
    int i,a[N] = {8,6,7,1,0,9,3,5,4,2};
    printf("数组元素的原先顺序:\n");
    for (i = 0;i < N;i++)
        printf (" % d ",a[i]);
    printf("\n");
    inv (a,N);
    printf("逆序操作后的顺序:\n");
    for (i = 0;i < N;i++)
        printf(" % d ",a[i]);
    printf("\n");
    system("pause");
    return 0;
}
void inv (int x[ ],int n)
{
    int t,i,j,m = (n - 1)/2;              / * 特别注意,m 的值  * /
    for (i = 0;i < = m;i++)
    {
        j = n - 1 - i;
        t = x[i];x[i] = x[j];x[j] = t;
    }
    return;
}
```

程序运行结果:

输入:数组元素的原先顺序:
    8 6 7 1 0 9 3 5 4 2
输出:逆序操作后的顺序:
    2 4 5 3 9 0 1 7 6 8

例 5.16 期中考试后,某专业两个班先分别对计算机课程的考试成绩进行排序,然后按专业来进行排序,确定整个专业的排序情况。

分析:首先将两个班的成绩进行降序排序,然后将排序后的成绩进行合并,这样合并的效率较高。

```
/ *
程序名称:ex5 - 16.c
程序功能:合并成绩排序
 * /
# include < stdio. h >
# include < stdlib. h >
# define N 5
# define M 4
void sort( int [ ],int);
void merge( int [ ], int [ ], int [ ], int, int);
int main()
{
    int j;
```

```
        int a[N] = {98,64,75,91,55};
        int b[M] = {90,58,84,61};
        int c[N+M];                    /* 合并后的结果数组 */
        printf("a 数组排序前:\n");
        for(j=0;j<N;j++)
            printf(" %5d",a[j]);
        printf("\n");
        printf("b 数组排序前:\n");
        for(j=0;j<M;j++)
            printf(" %5d",b[j]);
        printf("\n");
        sort(a,N);
        printf("a 数组排序后:\n");
        for(j=0;j<N;j++)
            printf(" %5d",a[j]);
        printf("\n");
        sort(b,M);
        printf("b 数组排序后:\n");
        for(j=0;j<M;j++)
            printf(" %5d",b[j]);
        printf("\n");
        merge(a,b,c,N,M);
        printf("合并 a 和 b 后:\n");
        for(j=0;j<N+M;j++)
            printf(" %5d",c[j]);
        printf("\n");
        system("pause");
        return 0;
    }
    void sort(int x[],int k) /* 数组元素排序 */
    {
        int temp;
        int i,j;
        for(i=0;i<k-1;i++)
        {
            for(j=0;j<k-i-1;j++)
            {
                if(x[j]<x[j+1])
                {
                    temp = x[j];
                    x[j] = x[j+1];
                    x[j+1] = temp;
                }
            }
        }
    }
    void merge(int a[],int b[],int c[],int n,int m) /* 合并 a 和 b 数组 */
    {
        int ia = 0, ib = 0, ic = 0;
        while(ia<n && ib<m)
        {
            if(a[ia]<b[ib])
                c[ic++] = b[ib++];
            else
```

```
                    c[ ic++ ] = a[ ia++ ];
        }
        while( ia < n )
        {
                    c[ ic ] = a[ ia ];
                    ia++;
                    ic++;
        }
        while( ib < m )
        {
                    c[ ic ] = b[ ib ];
                    ib++;
                    ic++;
        }
}
```

程序运行结果:

a 数组排序前:
    98   64   75   91   55
b 数组排序前:
    90   58   84   61
a 数组排序后:
    98   91   75   64   55
b 数组排序后:
    90   84   61   58
合并 a 和 b 后:
    98   91   90   84   75   64   61   58   55

5.3　二　维　数　组

可以利用一维数组存储班级学生某一门课程的成绩,但要保存班级学生的多门课程成绩时,若还是采用一维数组来处理,就要定义多个相互独立的一维数组,这样对处理某学生的总分就相对麻烦。可以通过引入二维数组,很容易地解决这个问题。

一维数组中,所有的元素按照顺序依次排列,通常称这种结构为线性结构。线性结构可以直接用于表示和存储数学中的向量、有限序列等数据对象。例如,例 5.13 中利用数组来计算两个向量的和。在实际计算中,有时需要更复杂的结构存储数据来完成相应的计算任务,如表示和处理矩阵(由行和列组成的数阵)。它是一个二维的结构,这种数组在 C 语言中可以用二维数组表示。

5.3.1　二维数组的声明

C 语言提供了很好的方法来定义二维数组和更多维的数组。二维数组的声明语法如下:

数组元素的类型说明符 数组名称 [数组的行数][数组的列数];

下面定义了两个二维数组:

```
double a[3][2];
int b[4][4];
```

数组 *a* 是一个包含三行两列的浮点型数组,若采用矩阵概念,称 *a* 是 3×2 的浮点型矩阵。类似地,*b* 是 4×4 的整型矩阵。

数组 a 的逻辑示意图如图 5-11 所示。

	[0]	[1]
a[0]	a[0][0]	a[0][1]
a[1]	a[1][0]	a[1][1]
a[2]	a[2][0]	a[2][1]

图 5-11 二维数组元素的逻辑示意图

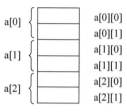

图 5-12 二维数组元素
存储示意图

每个元素的表示方法与一维数组类似,也是通过索引(下标)变量的形式引用的,只是增加了一维索引。在计算机内部,C 语言把 a 表示为一个有 3 个元素的数组,而每个数组元素又是有两个整型数的一维数组。因此,数组 a 的存储空间是占用连续的 6 个整型单元,排列次序如图 5-12 所示。

通常,将二维数组看作一维数组的数组。也就是说,二维数组是由多个一维数组(成员类型相同,成员个数也相同)组成的。

在数组 a 对应的二维图表中,第一个下标的值为行号,第二个下标为列号。这种规定是强制的,就像矩阵的二维概念一样。在对应的存储结构中,C 语言强制规定数组的存储顺序为按行序存储,即前一行中的所有元素存储先于后一行中的元素。

5.3.2 二维数组的初始化

和初始化一维数组一样,可以对二维数组进行初始化的操作。常见的初始化方法有下面几种。

(1) 按行全部初始化:定义数组时每行用一对花括号括起来,元素的初值用逗号分隔。如图 5-13 所示是对数组 a 进行按行全部初始化。

```
int a[3][3] = { { 1,2,3 },{ 4,5,6 },{ 7,8,9 }};
```

(2) 按行部分初始化:定义数组时每行用一对花括号括起来,元素的初值用逗号分隔,但每对花括号内数据个数少于列数,这样其余数组元素值自动赋值为 0。如图 5-14 所示是对数组 a 的部分初始化。

```
int a[3][3] = {{ 1,2 }, { 3,4 }, { 5,6 }};
```

1	2	3
4	5	6
7	8	9

图 5-13 数组 a 的全部初始化

1	2	0
3	4	0
5	6	0

图 5-14 数组 a 的部分初始化

(3) 顺序初始化:定义数组时,所有数据写在一个花括号内,按数组排列的顺序对各元素赋初值。如图 5-15 所示是数组 α 的顺序初始化,其效果和按行全部初始化一样。

```
int a[3][3] = {1,2,3,4,5,6,7,8,9};
```

（4）根据初始化确定行数：在定义数组时对全部元素赋初值，即完全初始化，则第一维的长度（行数）可以不指定，但第二维的长度（列数）不能省略。例如：

1	2	3
4	5	6
7	8	9

图 5-15　数组 a 的顺序初始化

```
int a[3][3] = {{1,2,3},{4,5,6},{7,8,9}};
```

和

```
int a[][3] = {1,2,3,4,5,6,7,8,9};
```

其数组的行数都是 3，每个元素的值完全相同。但有时候在定义数组时没有指定行数，也没有对全部元素赋初值，这时就要根据每行有多少个元素来确定行数。例如：

```
int a[][3] = {1,2,3,4,5,6,7,8,9,10};
```

1	2	3
4	5	6
7	8	9
10	0	0

这时，数组 a 的行数为 4，而不是 3 了，如图 5-16 所示。

（5）全部初值为 0：如果定义数组时，要给所有数组元素赋初值 0，则可以如下定义：

图 5-16　根据初始化确定行数

```
int a[3][3] = {0};
```

例 5.17　二维数组元素的访问和初始化。

```
/*
  程序名称:ex5-17.c
  程序功能:二维数组的访问和初始化
*/
#include<stdio.h>
#include<stdlib.h>
int main()
{
    int a1[3][3] = {{1,2,3},{4,5,6},{7,8,9}};
    int a2[3][3] = {{1,2},{3,4},{5,6}};
    int b1[3][3] = {1,2,3,4,5,6,7,8,9};
    int b2[][3] = {1,2,3,4,5,6,7,8,9};
    int i,j;
    printf( "a1:\n" );
    for(i = 0;i < 3;i++)
    {
        for(j = 0;j < 3;j++)
            printf(" %3d",a1[i][j]);
        printf("\n");
    }
    printf( "\na2:\n" );
    for(i = 0;i < 3;i++)
    {
        for(j = 0;j < 3;j++)
            printf(" %3d",a2[i][j]);
        printf("\n");
    }
```

```
        printf("\nb1:\n");
        for(i = 0;i < 3;i++)
        {
            for(j = 0;j < 3;j++)
                printf(" %3d",b1[i][j]);
            printf("\n");
        }
        printf("\nb2:\n");
        for(i = 0;i < 3;i++)
        {
            for(j = 0;j < 3;j++)
                printf(" %3d",b2[i][j]);
            printf("\n");
        }
        system("pause");
        return 0;
    }
```

程序运行结果：

```
a1:
  1   2   3
  4   5   6
  7   8   9

a2:
  1   2   0
  3   4   0
  5   6   0

b1:
  1   2   3
  4   5   6
  7   8   9

b2:
  1   2   3
  4   5   6
  7   8   9
```

从该例可以看出，C 语言中二维数组的访问要用二重循环，各种初始化都是按行优先存储的。

5.3.3 二维数组应用

通过二维数组的声明形式、存储方式、元素的访问方法以及初始化的学习，下面通过实例来讲述二维数组的应用。

例 5.18 实现矩阵的输入与输出。

```
/*
    程序名称:ex5 - 18.c
```

```
    程序功能:矩阵的输入与输出
*/
#include<stdio.h>
#include<stdlib.h>
#define M 3
#define N 4
int main()
{
    int a[M][N];
    int i,j;
    for( i = 0; i < M; i++)
        for( j = 0; j < N; j++)
            scanf( "%d",&a[i][j] );
    for( i = 0; i < M; i ++){
        for( j = 0; j < N; j++)
            printf( "%4d",a[i][j] );
        printf("\n"); /*输出完一行后要换行*/
    }
    system("pause");
    return 0;
}
```

程序运行结果:

```
输入:1  2  3  4
     3  4  5  6
     4  5  6  7
输出:
     1  2  3  4
     3  4  5  6
     4  5  6  7
```

例 5.19 编写函数实现两个矩阵的加和乘运算以及矩阵的转置运算。

分析:在实际问题中,通常使用二维数组来定义矩阵结构,矩阵的相加即两个维数相同的二维数组的对应项相加,若要实现矩阵的乘积则须定义出满足矩阵运算要求的合适二维数组,即一个 $m \times n$ 的矩阵与 $n \times p$ 的矩阵相乘,得到一个 $m \times p$ 的矩阵。对于 $m \times n$ 的矩阵,转置运算是将该矩阵中元素的行列互换,得到一个 $n \times m$ 的矩阵。

```
/* 实现矩阵的加法 */
void add( int a[M][N], int b[M][N], int c[M][N])
{
    int i,j;
        for( i = 0; i < M; i ++)
            for( j = 0; j < N; j++)
                c[i][j] = a[i][j] + b[i][j];
}
/* 实现矩阵的转置 */
void transpose( int a[M][N],int t[N][M])
{
    int i,j;
```

```
        for( i = 0; i < M; i ++)
            for( j = 0; j < N; j++)
                t[j][i] = a[i][j];
    }
/ * 实现矩阵的乘积 * /
void product( int a[M][N], int b[N][P], int r[M][P])
{
    int i, j;
    int k = 0;
    for(i = 0; i < M; i++)
        for(j = 0; j < P; j++)
            r[i][j] = 0;
    for( i = 0; i < M; i ++)
        for( k = 0; k < P; k++)
            for( j = 0; j < N; j++)
                r[i][k] += a[i][j] * b[j][k];
}
```

以上 3 个函数的调用如下：

```
/ *
   程序名称:ex5 - 19.c
   程序功能:矩阵运算
 * /
# include < stdio. h >
# include < stdlib. h >
# define N 4
# define M 3
int main()
{
    int i, j, x[M][N], y[M][N], z[M][N], s[N][M], t[M][M];
    for(i = 0; i < M; i++)
        for(j = 0; j < N; j++)
            scanf(" % d", &x[i][j]);
    for(i = 0; i < M; i++)
        for(j = 0; j < N; j++)
            scanf(" % d", &y[i][j]);
    add(x, y, z);
    transpose(x, s);
    product(x, s, t);
    for(i = 0; i < M; i++)
    {
        for(j = 0; j < N; j++)
            print(" % d ", z[i][j]);
        printf("\n");
    }
    for(i = 0; i < N; i++)
    {
        for(j = 0; j < M; j++)
            print(" % d ", s[i][j]);
        printf("\n");
```

```
    }
    for(i = 0;i < M;i++)
    {
        for(j = 0;j < M;j++)
            print(" % d ",t[i][j]);
        printf("\n");
    }
    system("pause");
    return 0;
}
```

例 5.20 有 N 个学生,M 门课程,要求计算每个学生的总成绩,并输出总分最高、总分最低的学生成绩信息,统计超过总平均分(含平均分)的人数。

分析:N 个学生 M 门课程可采用 N 行 M 列的二维数组来存储,由于每位学生都有总分,因此可以定义 N 行 M+1 列的二维数组,最后一列保存每个学生的总分,求出总分的同时把每个学生总分累加,以便后面求平均分。再分别求出总分最低和最高的学生所在的行,然后输出总分最高和最低的学生信息以及总平均分以上的人数。

```
/ *
   程序名称:ex5 - 20.c
   程序功能:学生成绩信息统计
* /
# include < stdio. h >
# include < stdlib. h >
# define N 5
# define M 3
void caclsum( int x[ ][M + 1]);
int countavg( int x[ ][M + 1],double);
int main( )
{
    int i,j,a[N][M + 1] = {0},imax,imin,max,min;
    double avg;
    for( i = 0;i < N;i++)
        for( j = 0;j < M;j++)
            scanf(" % d",&a[i][j]);
    caclsum(a);
    max = min = a[0][M];
    imax = imin = 0;
    avg = a[0][M];
    for( i = 1;i < N;i++)
    {
        if(a[i][M] > max)
        {
            max = a[i][M];
            imax = i;
        }
        if(a[i][M] < min)
        {
            min = a[i][M];
            imin = i;
```

```
        }
        avg = avg + a[i][M];
    }
    avg = avg/N;
    printf("学生各科成绩和总分:\n");
    for(i = 0;i < N;i++)
    {
        for(j = 0;j <= M;j++)
            printf(" % 4d",a[i][j]);
        printf("\n");
    }
    printf("总分最高的学生成绩:\n");
    for(j = 0;j <= M;j++)
        printf(" % 4d",a[imax][j]);
    printf("\n总分最低的学生成绩:\n");
    for(j = 0;j <= M;j++)
        printf(" % 4d",a[imin][j]);
    printf("\n总平均分:% .2lf\n",avg);
    printf("总分大于或等于总平均分的人数:% d\n",countavg(a,avg));
    system("pause");
    return 0;
}
void caclsum(int x[][M + 1])
{
    int i,j;
    for(i = 0;i < N;i++)
        for(j = 0;j < M;j++)
            x[i][M] += x[i][j];
}
int countavg(int x[][M + 1],double avg)
{
    int i,j;
    int count = 0;
    for(i = 0;i < N;i++)
        if(x[i][M]> = avg)
            count++;
    return count;
}
```

程序运行结果:

输入:
```
1   2   3
4   5   6
7   8   9
10  11  12
13  14  15
```
输出:
学生各科成绩和总分:
```
    1   2   3   6
    4   5   6  15
```

```
    7   8   9   24
   10  11  12   33
   13  14  15   42
总分最高的学生成绩:
   13  14  15   42
总分最低的学生成绩:
    1   2   3    6
总平均分:24.00
总分大于或等于总平均分的人数:3
```

例 5.21 生成特殊矩阵:对于一个 n 阶方阵,输入 $n=5(n<100)$,得到如下所示的 n 阶拐角矩阵。

$$\begin{bmatrix} 1 & 2 & 3 & 4 & 5 \\ 2 & 2 & 3 & 4 & 5 \\ 3 & 3 & 3 & 4 & 5 \\ 4 & 4 & 4 & 4 & 5 \\ 5 & 5 & 5 & 5 & 5 \end{bmatrix}$$

分析:生成一个特殊矩阵,一般从特殊的下标来找规律,本题定义一个二维数组,从矩阵主对角线(行下标和列下标相同:i==j)出发,分成右上和左下两部分,i<=j 为右上部分(元素值为列号+1),i>j 为左下部分(元素值为行号+1)。

```c
/*
程序名称:ex5-21.c
程序功能:生成特殊矩阵
*/
#include<stdio.h>
#include<stdlib.h>
#define N 100
void fun(int x[][N],int n)
{
    int i,j;
    for(i=0;i<n;i++)
        for(j=0;j<n;j++)
        if(i<=j)
            x[i][j]=j+1;            /*元素值为列号+1*/
        else
            x[i][j]=i+1;            /*元素值为行号+1*/
}
int main()
{
    int n,i,j,a[N][N];
    printf("输入矩阵阶数:");
    scanf("%d",&n);
    fun(a,n);                       /*函数调用*/
    for(i=0;i<n;i++)
    {
        for(j=0;j<n;j++)
            printf("%d ",a[i][j]);
        printf("\n");
```

```
    }
    system("pause");
    return 0;
}
```

运行结果：

```
输入矩阵阶数:5
1   2   3   4   5
2   2   3   4   5
3   3   3   4   5
4   4   4   4   5
5   5   5   5   5
```

说明：使用数组应特别注意的是，数组下标越界的问题。首先，数组的下标以 0 作为起点，其最大下标与数组长度之间相差一个数值。当使用的下标超出了数组声明的范围时，就产生了一个数组元素超出范围引用错误，可是大多数编译器并不对此类错误提示编译错误，很多情况下也不会出现运行错误，但会产生不正确的结果。

5.4 字 符 数 组

C 语言中只有字符变量，没有字符串变量，字符串的应用非常广泛，在 C 语言中用字符类型的数组来存储和处理字符串。字符数组就是用来存储字符数据的数组，如姓名、单词、电话号码等文本数据。C 语言提供了非常强大的处理字符数据功能，这些功能都是从存储字符型数据开始的。

5.4.1 字符数组的定义

字符数组也是数组，其定义方式与其他数组相同。下面是一维字符数组的声明形式：

char 数组名称[长度];

例如：

```
char line[ 80 ];
char text[ 1000 ];
```

上面分别定义了两个字符型数组 line 和 text。数组都用常量表达式指定了长度，即可以存放字符数据的个数，也就是说，系统分配了指定的存储空间来存放字符型数据。

也可以定义二维的字符型数组，如：

char 数组名称[行数][列数];

例如：

```
char name[ 5 ][ 20 ];
```

这个 name 数组可以理解为定义了 5 名同学的姓名，每个姓名的存储字节数不超过 20 个字符。二维字符数组能够存储多个字符串，若是处理多个字符串，则“行数”表示字符串的个数，“列数”表示这些字符串中最长字符串的长度再加 1(即结束符)。

5.4.2 字符数组元素的引用

引用字符数组元素的方式,与其他数组相同,即通过数组名和下标,利用循环实现对数组元素的访问。例如,当我们定义了数组 line 后,可以通过如下方式完成对数组元素的赋值。

```
for ( i = 0; i < 80 && ( line[i] = getchar( ) ) != '\n'; i++)
;                                  /* 空循环体,即什么也不做的循环体 */
```

这个循环将一行(最多 80 个)字符读入数组 line。值得注意的是,代码中使用了严格的条件保证对数组 line 的访问不越界。既保证了数组长度不越界,又能够实现读入回车符作为输入数据的结束标志。

5.4.3 字符数组的初始化

定义字符数组时也可以像其他数组一样进行初始化,主要有以下初始化方法。

1. 用字符实现初始化

```
char str[12] = { 'N','a','n','j','i','n','g'};
```

上面用字符常量初始化了一个长度为 12 的字符数组,仅对前 7 个元素指定了初始值。初始化后的 str 的存储内容如图 5-17 所示。

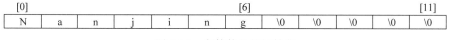

图 5-17　字符数组的初始化

与前面讲述的数值型数组的初始化相似,字符型数组的部分初始化后,对未赋初值的元素使用\0 表示,而不是其他字符。执行 printf("％s",str); 后得到结果为:Nanjing

若对下面定义的字符数组进行初始化:

```
char str[7] - { 'N','a','n','j','i','n','g'};
```

执行 printf("％s",str); 后得到结果为:Nanjing□,这是因为 str[6]后面不是结束符\0,因此在处理时要特别注意。

2. 用字符串对字符数组初始化

```
char str[12] = {"Nanjing"};
```

或者

```
char str[12] = "Nanjing";
```

其在内存中的存储内容如图 5-18 所示。

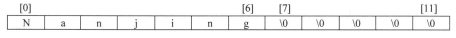

图 5-18　字符串的初始化

3. 根据初值确定字符数组的长度

```
char str1[] = {'N','a','n','j','i','n','g'};
```

```
char str2[] = "Nanjing";
```

则字符数组 str1 的长度为 7,但 str2 数组的长度为 8(这是因为字符串后面有一个结束符\0)。

4. 二维字符数组的初始化

和二维数值型数组赋初值类似,可以按行初始化,也可以用多个字符串进行初始化。例如:

```
char str[][5]={{' ',' ','*'},{' ','*',' ','*'},{'*',' ',' ',' ','*'},{' ','*',' ','*'},{' ','*',' ','*'},{' ','
',' '*'}};
char weekday[7][10] = {"Sunday","Monday","Tuesday","Wednesday","Thursday","Friday",
"Saturday"};
```

str[0]			*	\0	\0
str[1]		*		*	\0
str[2]	*				*
str[3]		*			\0
str[4]			*	\0	\0

图 5-19 二维字符数组初始化

数组 str 的存储形式如图 5-19 所示。

对于字符数据来说,是将对应字符的 ASCII 码值保存在内存中,字符'\0'是字符串的结束符,其 ASCII 码为 0(称为空字符)。要注意空字符与'0'字符或空格字符的区别。字符'0'的 ASCII 编码值为 48,空格字符的 ASCII 码为 32。

5.4.4 字符串的表示

字符串常量,是用双引号对" "括起来的部分。字符型数据指的是一个字符数据或转义字符,用单引号对' '表示。在 C 语言中,二者的区别很大。

1. 字符串的存储

在 C 语言中,字符串的存储是利用字符数组来实现的,编译系统将字符串以字符数组的形式存储,即从内存空间中分配连续的若干存储单元,依次保存字符串中的字符,且每个字符占用一字节。在字符串常量中所有字符之后,增加一个空字符'\0'(ASCII 码值为 0)作为字符串的结束标志。

例如,定义字符数组 str 数组:

```
char str[] = "Nanjing";
```

其存储表示如图 5-20 所示。

图 5-20 字符串 str 的存储

虽然它只有 7 个字符,其内部表示却需要占 8 字节存储,尤其是元素 str[7],存储了一个空字符'\0',以表示字符串的结束。

值得注意的是,当用常量字符串初始化默认长度的字符数组时,数组的长度必为字符串字符个数再加一个存放空字符的字节数。C 语言规定:常量字符串会自动包含一个空字符。

2. 字符串数组

一个字符数组可以存储一个字符串,而字符串数组是一个二维字符数组(可以存储多个字符串),该数组中的每一行都是一个字符串。下面的说明语句声明了一个数组来存放星期名称。每个名称的长度小于 10 个字符:

```
# define DAY 7
# define LEN 10
char weekday[DAY][LEN] = {
    "Sunday","Monday","Tuesday","Wednesday","Thursday","Friday","Saturday" };
```

5.4.5 字符数组的输入与输出

1. 用循环实现字符数组的输入与输出

与数值型数组一样,字符数组也是从索引号为 0 的元素开始访问的。使用循环语句很容易访问到数组中所有元素。通常使用循环计数器作为数组的下标,依次地遍历数组中的所有元素,可用 getchar()或 scanf("%c",&str[i])与循环来实现。

例 5.22 从标准输入设备(键盘)中输入一行英文文字,统计这行文字有多少个英文单词。

分析:一行文字中单词间的分隔符,一般认为是空格。也就是说如果前一个字符是空格,当前位置字符不是空格,就是新单词的开始,这时记录单词数的计数器增加 1。因此,可以设计一个标志来记录前一个位置字符是否为空格字符。如此反复,直到该行结束。

```
/ *
  程序名称:ex5 - 22.c
  程序功能:统计单词数
 * /
# include < stdio.h >
# include < stdlib.h >
int main()
{
    char str[81];
    int i = 0,num = 0,word = 0;
    char c;
    while((str[i++] = getchar())!= '\n');
    str[i] = '\0';
    for(i = 0;(c = str[i])!= '\0';i++)
        if(c == ' ') word = 0;
        else if(word == 0)
        {
            word = 1;
            num++;
        }
    printf("% d\n",num);
    system("pause");
    return 0;
}
```

程序运行结果:

输入: This is a long stentence for testing.
输出: 7

2. 用%s格式实现字符串的输入与输出

在格式控制字符串中,使用%s格式控制,在scanf()和printf()函数中实现对字符串的输入与输出。

```
scanf("%s",str);
printf("%s","hello,world!");
```

和其他接受字符串参数的标准库函数一样,printf()函数通过在字符数组中寻找空字符来标记字符串结束。如果printf()函数被传入一个不包含'\0'的字符数组,会首先将每个数组元素的内容当作字符显示。但会继续将内存中位于数组参数之后的内容当作字符显示,直到遇到空字符或者试图访问没有分配给该程序的内存单元,从而导致运行时错误或显示一些不可预知的内容。所以处理字符串时,必须确保在每个字符串结尾插入空字符。printf()函数格式字符串中的格式符%s可以和最小字段宽度一起使用,如下所示:

```
printf("%8s,%-3s\n","Short","Strings" );
```

屏幕显示结果:

```
□□□Short
Strings
```

第一个字符串占8列宽度以右对齐形式显示,第二个字符串比指定的字段宽度长,因此字段被扩展到刚好容纳该字符串而没有填充空格,并以左对齐形式显示。一般我们更习惯于字符串以左对齐方式输出。

scanf()函数可以用于输入字符串。例5.23中给出了使用scanf()函数和printf()函数执行字符串I/O的简单函数。

例5.23 要求用户输入一个代表课程名称的字符串、表示星期几的整数以及表示该课程上课节次的字符串,输出该课程上课节次对应的课程表。

```c
/*
  程序名称:ex5-23.c
  程序功能:字符串的输入与输出
*/
#include <stdio.h>
#include <stdlib.h>
#define DAY 7
#define LEN 10
char weekday[DAY][ LEN] = { "Sunday","Monday",
        "Tuesday", "Wednesday","Thursday","Friday","Saturday" };

int main()
{
    char course_name[20];
    int days;
    char time[6];
    int i;
    scanf( "%s",course_name );
    scanf( "%d",&days );
    scanf( "%s",time );
    for( i = 0; i < DAY; i++)
```

```
        printf( "%10s",weekday[ i ] );
    printf( "\n%s",time );
    for( i = 0; i < 10 * days; i++)
        printf( " " );
    printf( "%s\n",course_name );
    system("pause");
    return 0;
}
```

程序运行结果:

输入:Math 3 5~6
输出:Sunday   Monday   Tuesday   Wednesday   Thursday   Friday   Saturday
5~6   Math

scanf 函数读入字符串的方法与读入数值型数据的方法类似。当 scanf 函数扫描字符串时,数据间的分隔符可以是空格符、换行符和制表符。从第一个非分隔字符开始,scanf 函数将字符复制到它的字符数组参数的连续内存单元中。如图 5-21 所示,当遇到分隔字符时,停止读入,同时 scanf 函数将空字符'\0'存入数组参数中的字符串末尾处。

图 5-21   执行 scanf()函数

注:scanf()函数会在字符串的结尾处自动添加一个空字符'\0'

由于 scanf 函数是以默认分隔符作为数据结束的标志,对于字符串中确实存在着诸如空格之类的数据时,就会出现如下情形:

```
char str[50];
scanf( "%s",str );
```

当输入:

```
C Programming Language ↵
```

str 中的字符串如图 5-22 所示。

图 5-22   scanf()函数使用%s 格式读入字符串时遇到分隔符结束

3. 用 gets()和 puts()函数实现字符串的输入与输出

C 语言中,可使用 gets()和 puts()函数来实现字符串的输入与输出。

例如:

```
char str[50];
gets( str );
puts( str );
```

使用 gets()函数可以读入具有空格分隔符的字符串到指定的字符数组中。图 5-23 所示为 gets()函数读入字符串的结果。也就是说,gets()函数可以输入带分隔符的字符串,而 scanf()函数用%s 输入字符串时,遇到分隔符就结束了。puts()函数与之类似,输出以'\0'为结束符的字符串。

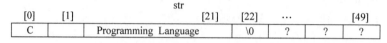

图 5-23　使用 gets()函数读入字符串遇到回车符结束

例 5.24 输入一句英文,输出该句中的最长单词。

分析:一般英文句子中单词之间是用空格(可能有的单词之间不止一个空格)分开的,先将英文句子作为一个字符串输入,从左向右读取字符,并记录字符个数,直到某个单词结束,这样就得到了某个单词的长度;再与前面找出的最长单词进行比较,得到目前为止的最长单词,并记下最长单词中最后一个字符的位置(下标),如此反复,直到字符串结束;然后用最长单词下标减去最长单词的长度得到输出的开始位置,再输出"最长单词"的长度字符,就得到最长单词。

```
/*
  程序名称:ex5-24.c
  程序功能:求最长单词
*/

#include<stdio.h>
#include<stdlib.h>
int main()
{
  char line[1000];
  int maxlen=0,i=0,max=0,end=0;      /* maxlen 为当前单词的长度,max 为最长单词长度,
end 为到目前为止,最长单词的最后一个字符位置(下标) */
  gets(line);
  while(line[i])
  {
    while(line[i]!=' '&&line[i])
    {
      i++;
      maxlen++;
    }
    if(max<maxlen)
    {
      max=maxlen;
      end=i;
    }
    while(line[i]==' ')
    {
      i++;
      maxlen=0;
    }
  }
```

```
    for ( i = end − max; i < end;i++) / * 输出最长单词 * /
        printf( " % c",line[i] );
    printf("\n");
    system("pause");
    return 0;
}
```

5.4.6 常用的字符串处理函数

字符串不是标准数据类型,一般情况下不能直接对字符串进行操作。如果都通过循环对每个字符进行操作,就使字符串的操作比较烦琐。为此,C 语言提供了专门处理字符串的函数,这些函数的原型包含在头文件 string. h 中,下面介绍几个常用的字符串处理函数。

1. 字符串的赋值函数 strcpy()

一般形式:

strcpy(字符数组,字符串);

函数功能:将字符串复制到字符数组中。如果字符串的长度小于数组的长度,其余部分用空字符'\0'填补,返回处理完成的字符串。

说明:不能用赋值符号=对字符串进行复制。字符数组的长度足够大,未使用的部分是空字符'\0'。

例如:

char str[20];
strcpy(str,"C Programming");

则 str 中的数据如图 5-24 所示。

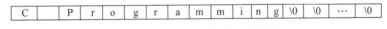

| C | | P | r | o | g | r | a | m | m | i | n | g | \0 | \0 | ··· | \0 |

图 5-24   strcpy()函数执行的结果

2. 字符串的长度

一般形式:

strlen(字符串);

函数功能:返回字符串的有效字符数(除空字符以外的字符个数)。例如:

strlen("Hello"); / * 结果是 5 * /

说明:strlen()和 sizeof()是有区别的,sizeof("Hello")的值是 6。

3. 字符串的连接

一般形式:

strcat(字符数组 1,字符串);

函数功能:把字符串连接到字符数组 1 所表示的字符串的后面,结果放在字符数组 1 中。

说明:字符数组 1 的长度要足够大,以便容纳新的字符串。

例如：

```
char C[40] = "C Programming",str[12];
strcpy( str," Language" );
strcat( C,str );
```

完成上述操作后，字符串 C 中的内容为："C Programming Language"。

4. 字符串的比较

一般形式：

```
strcmp(字符串 1,字符串 2);
```

函数功能：比较两个字符串的大小，返回一个整数值。

说明：比较的过程是对两个字符串自左向右逐个字符按 ASCII 码值大小比较，直到出现不同的字符或遇到结束符'\0'为止。若全部字符相同，则字符串 1 和字符串 2 相等；若出现不相同的字符，则以第一个不相同的字符比较的结果为准。比较的结果由函数值带回：

- 若函数值为 0，则字符串 1 与字符串 2 相等。
- 若函数值大于 0，则字符串 1 大于字符串 2。
- 若函数值小于 0，则字符串 1 小于字符串 2。

例如：

```
char str1[] = "C Programming Language";
char str2[] = "Basic Programming Language";
if ( strcmp(str1,str2) > 0 )
    printf( "str1 字典序中排在 str2 的后面\n" );
else
    printf( "str1 字典序中排在 str2 的前面\n" );
```

上述代码段的执行结果为：str1 字典序中排在 str2 的后面。

附录 E 列出了 C 语言常用的字符串处理函数。

在使用字符串时要注意和数值型数组的区别，特别是在比较和交换中的操作：数值型数据直接通过关系运算符和赋值就能完成的操作，字符串或者字符数组则必须借助于函数才能完成。例如，排序中的比较和交换操作，数值型数据和字符串的操作对比如表 5-3 所示。

表 5-3 交换排序中数值型数据和字符串间的操作对比

交换排序		
	数值型数组	字符型数组
数据定义	int list[M];	char list[M][N];
比较操作	if (list[i] < list[first])	if (strcmp(list[i],list[first]) < 0)
	first = i;	first = i;
元素交换	temp = list[min];	strcpy(temp,list[min]);
	list[min] = list[fill];	strcpy(list[min],list[fill]);
	list[fill] = temp;	strcpy(list[fill],temp);

5.4.7 字符数组应用

下面以一个实例介绍字符数组的应用。

例 5.25 编写一个函数,完成字符串的复制操作,即将一个字符串复制到一个字符数组中。

分析:该问题中有一个假设,即用于存储字符串的目标数组必须有足够的空间,足以存放被复制字符和空字符。函数定义本身很简单,source 字符串的内容不被修改,可以用 const 关键字修饰:

```
void str_copy(char target[],char source[])
{
  int i = 0;
  while( source[i] != '\0'){
    target[i] = source[i];
    i++;
  }
  target[i] = '\0';
}
```

该函数的功能类似于 strcpy()函数。利用 source[i]值为空字符时作为循环的结束条件,需要特别注意的是,循环语句后的赋值语句,为 target[i]赋一个空字符,以表示字符串的结束。

此外,字符串复制的基本操作是赋值运算,所以上述程序常被写成:

```
void str_copy ( char target[],char source[])
{
  int i = 0;
  while ( ( target[i] = source[i] ) != '\0' )
    i++;
}
```

while 循环及后面的代码可以进一步简化为:

```
while (target[i] = source[i]) ++i;
```

因为空字符'\0'的 ASCII 码的值为 0,正好可以作为循环结束条件。

例 5.26 假定输入的字符串中只包含字母和 *。请编写程序将字符串中的前导符 * 全部删除,字符串中间和后面的 * 不删除。例如,字符串中的内容为“**** A * BC * DEF * G ******* ”,删除前导 * 后,字符串中的内容应当是“A * BC * DEF * G ******* ”。

分析:首先需要从字符串开始找到不是 * 的字符,然后从该位置开始,将后面所有字符保存并输出。

```
/ *
  程序名称:ex5 - 26.c
  程序功能:字符串变换
* /
# include < stdio. h >
# include < stdlib. h >
```

```
#define N 80
int main()
{
    int i = 0,k;
    char a[N];
    gets(a);
    while(a[i] == '*')
     i++;
     k = i;
    for(i = 0;a[k]!= 0;i++,k++)
     a[i] = a[k];
    a[i] = '\0';
    printf("%s\n",a);
     system("pause");
    return 0;
}
```

程序运行结果：

输入：****A*BC*DEF*G*******

输出：A*BC*DEF*G*******

5.5 多 维 数 组

5.5.1 多维数组的定义

多维数组的定义与一维或者二维数组的定义类似：必须指明数组的名称、数据类型和数组的长度。下面定义了一个三维数组：

int a1[3][2][4];

也可以用这种形式定义更高维的数组。高维数组的声明形式语法如下：

数组元素的类型说明符 数组名称 [第一维][第二维]…[第 N 维];

例如：用一个数组 table,来描述学校各学院、年级和课程的选课人数。

假设学校有 10 个学院,每个学院的在校生分成 4 个年级,每个年级需要修 50 门课程,那么描述这样一个数据结构,可以存储每一门课程的选课人数。

int table[10][4][50];

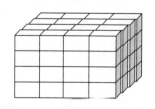

图 5-25   三维数组的逻辑结构

table[2][2][10]数组元素表示的含义为：学院索引号为 2,年级索引号为 2,选修课程索引号为 10 的人数。

其存储结构如图 5-25 所示。利用该结构,可以处理许多问题。如确定一门课程学生的总人数;某个学院 2 年级学生选择课程 2 的人数等问题。

例 5.27   在定义 table 数组中寻找和输出每个学院每

门课程的选修人数。

```
for( course = 0; course < 50; course++)
{
    for( campuse = 0; campuse < 10; compuse++)
    {
        stu_sum = 0;
        for( rank = 0; rank < 4; rank++)
            stu_sum += table[campus][course][rank];
        printf( "Campus % d Course: % d: Students Number: % d",
                campus,course,stu_sum );
    }
}
```

在处理多维数组时存在一个隐患：同一个程序中声明了多个多维数组，那么内存空间很快就会耗尽。因此，在程序中应注意每个数组所需要的内存空间的大小。例如，数组 a1 是一个三维数组，大小为 sizeof(int)×3×2×4，即 96 字节。由于占用大量内存的原因，三维或更多维数组较少使用。

5.5.2　多维数组的初始化

多维数组初始化形式如下：

```
int b[2][2][2] = { 1,2,3,4,5,6,7,8 };
```

数值表是一个由逗号分隔的常量表。数组 b 是由两个 2×2 的数组构成的存储结构。由于数组在计算机内部的存储是线型的，数组 b 的元素存储结构如图 5-26 所示。

b[0][0][0]	b[0][0][1]	b[0][1][0]	b[0][1][1]	b[1][0][0]	b[1][0][1]	b[1][1][0]	b[1][1][1]
1	2	3	4	5	6	7	8

图 5-26　三维数组初始化后元素的存储结构

说明：

（1）对于三维数组，整型常数 1、整型常数 2、整型常数 3 可以分别看作"深"维（或"页"维）、"行"维、"列"维。可以将三维数组看作一个元素为二维数组的一维数组。三维数组在内存中先按页，再按行，最后按列存放。

（2）多维数组在三维空间中不能用形象的图形表示。多维数组在内存中排列顺序的规律是：第一维的下标变化最慢，最右边的下标变化最快。

（3）多维数组的数组元素的引用：数组名[下标 1][下标 2]…[下标 k]。多维数组的数组元素可以在任何相同类型变量可以使用的位置被引用。只是要注意，不要越界。

5.6　变长数组

5.6.1　不指定维长的数组初始化

使用数组初始化的方法建立如下字符数组：

```
char e1[12] = "read error\n";
```

```
char e2[13] = "write error\n";
char e3[18] = "cannot open file\n";
```

如果用手工去计算每一条信息的字符数以确定数组的长度,这是件很麻烦的事。所以在定义数组时,可以利用 C 语言提供的变长数组初始化的方法,让编译系统自动地计算数组的长度。变长数组建立一个不指明长度的、足够大的数组以存放初始化数据。使用这种方法,以上信息可以定义为:

```
char e1[] = "read error\n";
char e2[] = "write error\n";
char e3[] = "cannot open file\n";
```

给定上面的初始化,如下语句:

```
printf( "%s has length %d\n",e2,sizeof( e2 ) );
```

将打印出:

```
write error has length 13
```

除了可以减少麻烦外,通过应用变长数组初始化,程序员还可以修改任何信息,而不必担心随时可能发生的计算错误。

5.6.2 可变长数组及定义

在 C 语言中,数组维数必须用常数表达式来声明。而 C99 扩充了这一局限性,它为数组增加了一个强大的新功能——可变长度(variable length)。在 C99 中,可以声明这样的数组:其长度可以用任何有效的表达式来指定,这就是变长数组(variable-length array)。然而,只有本地数组(即带有块域或原型域的数组)可以是可变长度的数组,并要求表达式的值已确定。以下是变长数组的实例:

```
void f( int dim)
{
    char str[ dim ];                    /* 可变长字符数组 str */
        /* … */
}
```

从数组定义的角度出发,上面的例子违反了数组长度必须是常量的原则。C99 标准对 C 语言进行了很好的扩充,使得上述定义合法化。这仅限于动态结构的数组定义,不能使用在全局数组、外部数组等具有静态特征的数据结构中。通过上面的例子可以看出:数组 str 的大小用 dim 表示,由传递给 f() 的值决定。这样,每调用一次 f() 均可产生不同长度的局部数组 str。

C99 增加可变长数组的支持,使得程序可以灵活地在运行时改变数组的长度,这是一个具有广泛适用性的特性。注意,在 C99 之前标准中,均不支持可变长数组。

5.7 数组应用举例

例 5.28 模拟掷骰子的游戏,验证骰子的 6 个面出现的概率基本相同。

分析:在这样的模拟问题中,通常使用随机数函数,随机生成一组数据。对于骰子来说,其6个面对应的数值为1~6,如何将随机数转换成骰子各面对应的数值,是本例题的关键所在。这里选用%求余运算符将随机数变换到0~5的数,即实现了功能,接下来的任务就是计数了。C语言提供了一组随机数函数,可直接在程序中使用,具体的说明参见附录。

```
/*
   程序名称:ex5-28.c
   程序功能:模拟掷骰子的游戏
*/
# include < stdio.h >
# include < time.h >
# include < stdlib.h >
# define N 60000
int main()
{
    int ludo[6] = {0};
    int i;
    srand(time(NULL));              /* 以现在的系统时间作为随机数的种子来产生随机数 */
    for(i = 0; i < N; i++)
        ludo[rand() % 6]++;         /* 产生随机数的函数 */
    for(i = 0; i < 6; i++)
        printf("第 % d 面的个数 % d,出现概率 % 8.4f\n",i + 1,ludo[i],(double)ludo[i]/N);
    return 0;
}
```

程序运行结果:

第 1 面的个数 9987,出现概率 0.1664
第 2 面的个数 9925,出现概率 0.1654
第 3 面的个数 9885,出现概率 0.1648
第 4 面的个数 10039,出现概率 0.1673
第 5 面的个数 10147,出现概率 0.1691
第 6 面的个数 10017,出现概率 0.1669

例 5.29 统计子串 b 在母串 a 中出现的次数,如果母串为 asd asasdfg asd as zx67 asd mklo,子串为 as,则子串的个数为 6。

分析:母串用 i 作为循环控制变量,子串用 j 作为控制变量。对于每一个 s[i],扫描其后面的字符是否构成子串。若是,则计数加 1;否则 i 移至下一个位置。具体做法是:j 从 i 开始,比较母串与子串中的字符。若 s[i] 及其后续有 strlen(t) 个字符与子串中对应字符相等,则表示 s[i] 即为子串的开始;否则 s[i] 开头的就不是子串。这时,i 移至下一位置继续比较,直到字符串结束。

```
/*
   程序名称:ex5-29.c
   程序功能:查找子串
*/
# include < stdio.h >
# include < string.h >
# include < stdlib.h >
```

```
int count(char [],char []);
int main()
{
    char a[80],b[10];
    int k;
    gets(a);
    gets(b);
    k = count(a,b);
    if(k == 0)
        printf("没有找到!\n");
    else
        printf(" % d\n",k);
        system("pause");
    return 0;
}
int count(char s[],char t[])
{
    int i,j,k,m = 0;
    for(i = 0;s[i]!= '\0';i++)
    {
        k = 0;
        for(j = i;s[j] == t[k]&&k < strlen(t);j++)
            k++;
        if(t[k] == '\0')
            m++;
    }
    return m;
}
```
输入:asd asasdfg asd as zx67 asd mklo
　　　as
输出:6

例 5.30　将一个 $N \times N$ 的矩阵,顺时针旋转 $90°$ 输出。

分析:可以将旋转后的矩阵用另外一个二维数组保存,这样关键就是要寻找两个矩阵行和例的对应关系。下面以 3×3 的矩阵为例来说明:

旋转前:　　　　　　　　　　　　　　　　旋转后:
```
a[0][0]  a[0][1]  a[0][2]        a[2][0]  a[1][0]  a[0][0]
a[1][0]  a[1][1]  a[1][2]        a[2][1]  a[1][1]  a[0][1]
a[2][0]  a[2][1]  a[2][2]        a[2][2]  a[1][2]  a[0][2]
```

用 b 数组来存放旋转 $90°$ 后的 a 数组:
```
b[0][0]  b[0][1]  b[0][2]        a[2][0]  a[1][0]  a[0][0]
b[1][0]  b[1][1]  b[1][2]        a[2][1]  a[1][1]  a[0][1]
b[2][0]  b[2][1]  b[2][2]        a[2][2]  a[1][2]  a[0][2]
```

可以看出:旋转后的矩阵 ***b*** 和原来的矩阵 ***a*** 有这样的对应关系,b[i][j]=a[N-1-j][i]。

```
/*
   程序名称:ex5 - 30.c
   程序功能:矩阵旋转
```

```
*/
#include<stdio.h>
#include<stdlib.h>
#define N 3
int main()
{
    int i,j,a[N][N],b[N][N];
    for(i=0;i<N;i++)
     for(j=0;j<N;j++)
        scanf("%d",&a[i][j]);
    for(i=0;i<N;i++)
     for(j=0;j<N;j++)
        b[i][j]=a[N-1-j][i];
    for(i=0;i<N;i++)
    {
        for(j=0;j<N;j++)
            printf("%4d",b[i][j]);
        printf("\n");
    }
    system("pause");
    return 0;
}
```

运行结果:

输入: 输出:
    1 2 3   7 4 1
    4 5 6   8 5 2
    7 8 9   9 6 3

例 5.31 设有 n 个正整数,将它们连成一排,组成一个最大的多位数。例如,输入 $n=3$ 以及 3 个正整数 13,312,343,则连成的最大数为 34331213。

分析:可以将这些整数看成数字字符串来处理,这样问题就转化为对这些数字字符串降序排序,然后输出即可。

```
/*
   程序名称:ex5-31.c
   程序功能:组成最大数
*/
#include<stdio.h>
#include<string.h>
#include<stdlib.h>
#define N 3
#define M 10
void sort(char x[][M],int);
int main()
{
    int i,j;
    char a[N][M],t[M];
    for(i=0;i<N;i++)
     scanf("%s",a[i]);
```

```
        sort(a,N);
        for(i = 0;i < N;i++)
         printf(" % s",a[i]);
      printf("\n");
      system("pause");
      return 0;
    }
    void sort(char x[][M],int n)
    {
        int i,j;
        char t[M];
        for(i = 0;i < n - 1;i++)
         for(j = 0;j < n - 1 - i;j++)
            if(strcmp(x[j],x[j + 1])< 0)
            {
                strcpy(t,x[j]);
                strcpy(x[j],x[j + 1]);
                strcpy(x[j + 1],t);
            }
    }
```

本 章 小 结

数组是程序设计中最常用也最为重要的数据结构。数组从元素值的角度，可分为数值数组（整型数组、浮点型数组）、字符数组以及后面将要介绍的指针数组、结构体数组等。从数组的维数来看，数组可以分为一维数组、二维数组、更多维的数组。对于不同的问题，需要根据实际需要选择合适的结构存储数据。数组类型说明由类型说明符、数组名、数组长度（数组元素个数）3 部分组成。数组元素又称为下标变量，同一数组的数组元素是连续分配内存的。数组的类型是指数组元素中值的类型。对数组的赋值可以用数组初始化赋值、输入函数动态赋值和赋值语句赋值三种方法实现。对数值数组不能用赋值语句整体赋值、输入或输出，而必须用循环语句逐个对数组元素进行操作。

习 题 5

1. 单项选择题

(1) 对于定义 int a[10]；的正确描述是(　　)。

    A. 定义一个一维数组 a,共有 a[1]到 a[10]10 个数组元素

    B. 定义一个一维数组 a,共有 a(0)到 a(9)10 个数组元素

    C. 定义一个一维数组 a,共有 a[0]到 a[9]10 个数组元素

    D. 定义一个一维数组 a,共有 a(1)到 a(10)10 个数组元素

(2) 以下数组声明合法的是(　　)。

    A. int x(10);　　　　B. int x[10]　　　　C. int x[10];　　　　D. int n,x[n];

(3) 若有定义:

```
double a[] = { 2.1,3.6,9.5};
double b = 6.0;
```

则下列错误的赋值语句是(　　)。

　　A．b = a[2];　　　　　　　　　　　B．b = a + a[2];

　　C．a[1] = b;　　　　　　　　　　　D．b = a[0] + 7;

（4）下列语句中,(　　)定义了一个能存储 20 个字符的数组。

　　A．int　a[21];　　　　B．char b[20];　　　　C．char c[21];　　　　D．int　d[20];

（5）已知函数 isalpha(ch)的功能是判断自变量 ch 是否为字母,若是,则该函数值为 1,否则为 0。以下程序的输出结果是(　　)。

```
#include<stdio.h>
#include<ctype.h>
#include<stdlib.h>
void fun(char str[ ])
{
  int i,j;
  for (i = 0,j = 0;str[i];i++)
    if (!isalpha(str[i])) str[j++] = str[i]; /* isalpha()判断是否是字母的函数 */
  str[j] = '\0';
}
int main()
{
char str[100] = "Current date is Thu 02 - 12 - 2008.";
  fun(str);
  printf("%s\n",str);
  system("pause");
  return 0;
}
```

　　A．02-12-2008　　　　　　　　　　B．02122008

　　C．Current date is Thu　　　　　　　D．Current date is Sat 02-12-2008.

（6）若对数组 a 和数组 b 进行初始化:

```
char a[] = "ABCDEF";
char b[] = {'A','B','C','D','E','F'};
```

则下列叙述正确的是(　　)。

　　A．a 与 b 数组完全相同　　　　　　B．a 与 b 数组长度相同

　　C．a 与 b 数组都存放字符串　　　　D．数组 a 比数组 b 长度长

（7）已知下列程序段:

```
char a[3],b[] = "Hello";
a = b;
printf("%s",a);
```

则(　　)。

　　A．运行后将输出 Hello　　　　　　B．运行后将输出 He

　　C．运行后将输出 Hel　　　　　　　D．编译出错

(8) 下列程序的运行结果为(　　)。

```c
#include<stdio.h>
#include<stdlib.h>
int main()
{
    char a[]="morning";
    int i,j=0;
    for(i=1; i<7; i++)
        if(a[j]<a[i]) j=i;
    a[j]=a[7];
    puts(a);
    system("pause");
    return 0;
}
```

A. mogninr
B. mo
C. morning
D. mornin

(9) 有以下程序：

```c
#include<stdio.h>
#include<stdlib.h>
int main()
{
    int i,t[][3]={9,8,7,6,5,4,3,2,1};
    for(i=0;i<3;i++)
        printf("%d ",t[2-i][i]);
    system("pause");
    return 0;
}
```

程序运行的结果是(　　)。

A. 3 5 7
B. 7 5 3
C. 3 6 9
D. 7 5 1

(10) 下面二维数组定义并初始化中错误的是(　　)。

A. int x[4][3]={{1,2,3},{4,5,6},{7,8,9},{10,11,12}};

B. int x[4][]={{1,2,3},{4,5,6},{7,8,9},{10,11,12}};

C. int x[][3]={{1},{2},{3,4,5}};

D. int x[][3]={1,2,3,4};

(11) 以下程序运行的结果是(　　)。

```c
#include<stdio.h>
#include<string.h>
#include<stdlib.h>
int main()
{
    char str[][20]={"One * World","One * Dream!"};
    printf("%d, %s\n",strlen(str[1]),str[1]);
    system("pause");
    return 0;
}
```

A. 10,One * Dream！ B. 11,One * Dream！

C. 9,One * World D. 10,One * World

2. 填空题

（1）若有 int a[10]；则数组 a 的第一个元素的下标是 _____，最后一个元素是 _____。

（2）写出如下数组变量的声明：

① 一个含有 100 个浮点数的数组 realArray _____。

② 一个含有 16 个字符型数据的数组 strArray _____。

③ 一个最多含有 1000 个整型数据的数组 intArray _____。

（3）在 C 语言中，_____ 确定某一数据所需的存储字节数。

（4）设有数组定义：char array [ ]="China"；则数组 array 所占的空间为 _____。

（5）设有数组定义：char a [12]="Nanjing"；则数组 a 所占的空间为 _____。

（6）字符串"ab\n012\\\""的长度为 _____。

3. 阅读程序，并写出程序的运行结果

（1）从键盘输入：

aa bb <CR>

cc dd <CR>

<CR>表示回车,则下面程序的运行结果是 _____。

```
# include < stdio. h>
# include < stdlib. h>
int main()
{
    char a1[6],a2[6],a3[6],a4[6];
    scanf("% s % s",a1,a2);
    gets(a3); gets(a4);
    puts(a1); puts(a2);
    puts(a3); puts(a4);
    system("pause");
    return 0;
}
```

（2）从键盘输入：

ab <CR>

c <CR>

def <CR>

<CR>表示回车,则下面程序的运行结果是 _____。

```
# include < stdio. h>
# include < stdlib. h>
# define N 6
int main()
{
    char c[N];
    int i = 0;
```

```
for(;i < N;c[i] = getchar(),i++);
for(i = 0;i < N;i++) putchar(c[i]);
system("pause");
return 0;
}
```

(3) 从键盘输入：AhaMA　Aha < CR >(< CR >表示回车)，则下面程序的运行结果是_____。

```
# include < stdio.h >
# include < stdlib.h >
int main()
{
    char s[80],c = 'a';
    int i = 0;
    scanf("%s",s);
    while(s[i]!= '\0')
    {
        if(s[i] == c) s[i] = s[i] - 32;
        else if(s[i] == c - 32) s[i] = s[i] + 32;
        i++;
    }
    puts(s);
    system("pause");
    return 0;
}
```

(4) 从键盘输入 18 时,下面程序的运行结果是_____。

```
//本程序求输入数的二进制数,结果存放在 a 数组中
# include < stdio.h >
# include < stdlib.h >
int main()
{
    int x,y,i,a[8],j,u,v;
    scanf("%d",&x);
    y = x;i = 0;
    do{
        u = y/2;
        a[i] = y % 2;
        i++;y = u;
    }while(y >= 1);
    for(j = i - 1;j >= 0;j-- )
    printf("%d",a[j]);
    system("pause");
    return 0;
}
```

(5) 下面程序是将 k 值按数组中原来的升序找到合适的位置插入,其运行结果是_____。

```
# include < stdio.h >
```

```c
#include<stdlib.h>
int main()
{
    int i=1,n=3,j,k=3;
    int a[5]={1,4,5};
    while(i<=n&&k>a[i])i++;
    for(j=n-1;j>=i;j--)
        a[j+1]=a[j];
    a[i]=k;
    for(i=0;i<=n;i++)
        printf("%3d",a[i]);
    system("pause");
    return 0;
}
```

（6）下面程序的运行结果是_____。

```c
#include<stdio.h>
#include<stdlib.h>
int main()
{
    int i,j;
    int big[8][8],large[25][12];
    for (i = 0; i < 8; i++)
     for (j = 0; j < 8; j++)
        big[i][j] = i * j;
    for (i = 0; i < 25; i++)
     for (j = 0; j < 12; j++)
        large[i][j] = i + j;
    big[2][6] = large[24][10] * 22;
    big[2][2] = 5;
    big[big[2][2]][big[2][2]] = 177;
    for (i = 0; i < 8; i++) {
     for (j = 0; j < 8; j++)
        printf("%5d",big[i][j]);
        printf("\n");
    }
    system("pause");
    return 0;
}
```

（7）下面程序运行的结果是_____。

```c
#include<stdio.h>
#include<string.h>
#include<stdlib.h>
int main()
{
    char s[4][20]={"JAVA","C#","PHP","Objective-C"};
    int i,k=0;
    for(i=1;i<4;i++)
     if(strcmp(s[k],s[i])<0)
```

```c
    k = i;
    puts(s[k]);
    system("pause");
    return 0;
}
```

4. 程序填空题

（1）以下程序用来检查二维数组是否对称（即：对所有 i,j 都有 a[i][j]＝a[j][i]），请填空使程序完整。

```c
#include <stdio.h>
#include <stdlib.h>
int main()
{
    int a[4][4] = {1,2,3,4,2,2,5,6,3,5,3,7,8,6,7,4};
    int i,j,found = 0;
    for(j = 0; j < 4; j++){
      for(i = 0; i < 4; i++)
        if(_____)
        {
          found = _____;
          break;
        }
        if(found) break;
    }
    if(found) printf("不对称\n");
    else printf("对称\n");
    system("pause");
    return 0;
}
```

（2）以下程序用来输入 5 个整数，并将其存放在数组中；再找出最大数与最小数所在的下标位置，将两者对调；然后输出调整后的 5 个数。请填空使程序完整。

```c
#include <stdio.h>
#include <stdlib.h>
int main()
{
    int a[5],t,i,maxi,mini;
    for(i = 0; i < 5; i++)
      scanf("%d",&a[i]);
    mini = maxi = _____;
    for(i = 1; i < 5; i++)
    {
      if(_____)
        mini = i;
      if(a[i]> a[maxi])
        _____;
    }
    printf("最小数的位置是:%3d\n",mini);
    printf("最大数的位置是:%3d\n",maxi);
```

```c
        t = a[maxi];
        _____;
        a[mini] = t;
        printf("调整后的数为: ");
        for(i = 0; i < 5; i++)
          printf(" %d ",a[i]);
        printf("\n");
        system("pause");
        return 0;
}
```

（3）建立函数 arraycopy()，将数组 a[]的内容复制到数组 b[]中。请填空使程序完整。

```c
#include <stdio.h>
#include <stdlib.h>
int arraycopy(_____)
{
        int i = 0;
          while(a[i]!= -999)
          {
            _____;
            i++;
          }
          b[i] = _____;
          return 0;
}
int main()
{
        int a[] = {1,2,3,4,5,6,7,8,9,10, -999};
        int b[100],i = 0;
        _____;
        while(b[i]!= -999)
          printf(" %d ",_____);
        system("pause");
        return 0;
}
```

（4）以下程序将数字字符串转换成数值。请填空使程序完整。

```c
#include <stdio.h>
#include <stdlib.h>
int main()
{
        char ch[] = "600";
        int a,s = 0;
        for(a = 0;_____;a++)
          if(ch[a]>= '0'&&ch[a]<= '9')
            s = 10 * s + ch[a] - '0';
        printf("\n %d",s);
        system("pause");
        return 0;
}
```

5. 编程题

(1) 用循环将 a[3][4] 的第一行与第三行对调。

```
a
    0   2   9   7        27  11   1   3
    5  13   6   8   →    5  13   6   8
   27  11   1   3        0   2   9   7
```

(2) 编程实现如下形式的数字。

```
1 0 0 0 0 0
2 1 0 0 0 0
3 2 1 0 0 0
4 3 2 1 0 0
5 4 3 2 1 0
6 5 4 3 2 1
```

(3) 编程输出 n 阶左上拐矩阵，如 $n=5$ 时有：

```
1 1 1 1 1
1 2 2 2 2
1 2 3 3 3
1 2 3 4 4
1 2 3 4 5
```

(4) 编程输出如下 n 阶蛇形矩阵，如 $n=5$ 时有：

```
15   7   6   2   1
16  14   8   5   3
22  17  13   9   4
23  21  18  12  10
25  24  20  19  11
```

(5) 输入正整数 m 和 k，编写程序：将大于 m 且紧靠 m 的 k 个非素数，保存在数组中，然后输出。

(6) 编写程序，计算具有 NROWS 行和 NCOLS 列的二维数组中指定列的平均值以及数组各行的和的最小值。

(7) 输入一段文字，统计文字中指定字符的个数。

(8) 假定输入的字符串中只包含字母和 * 号。请编写函数 fun()，它的功能是：除了字符串前导的 * 之外，将字符串中其他 * 号全部删除。在编写函数时，不得使用 C 语言提供的字符串函数。例如，若字符串中的内容为 **** A * BC * DEF * G *******，删除后，字符串中的内容则应当是 **** ABCDEFG。

(9) 编写程序，寻找输入字符串中字符 ASCII 码值大的字符，并统计其位置和出现的次数。

第6章 指　针

教学目标

(1) 理解指针和指针变量的基本含义。

(2) 掌握指针的声明和存放,初始化和指针变量的引用方法。

(3) 掌握指针作为函数的参数。

(4) 了解指向数组的指针。

(5) 掌握指向字符串的指针。

(6) 能在程序运行时应用动态分配预留新的存储空间。

　　数据类型是对外界信息的抽象表示,便于计算机处理。之前学习的数据类型既有基本数据类型(整型、浮点型和字符型),也有构造类型(如数组)。除了上述数据类型,C 语言还能处理一类非常特殊的数据——内存地址,这类数据并不能表示出对外界信息的抽象含义,但对计算机来说十分重要。计算机内存有很多存储单元,为了区分这些存储单元,计算机操作系统给每个存储单元分配一个唯一的编号(在机器内部用一个整数来表示),我们把这些编号称为地址。在 C 语言中,变量的值都存储在计算机内存特定的存储单元中。前面章节中,我们通过变量名来获得变量的值,定义变量成功后,编译器会给变量分配存储空间。因此,可以通过这个存储空间来获取变量的值,C 语言中把数据存储的起始地址称为指针。指针为程序员提供了访问由硬件本身提供的功能,因而它的使用非常重要。不理解指针的工作原理就不能很好地理解 C 程序。

　　本章主要讨论的内容是:指针及其在程序中的重要作用,包括变量地址与指针的概念、C 程序里指针的基本定义和使用方法、指针和数组的关系、函数的指针参数、动态存储分配等问题。

6.1　指针与指针变量

　　指针是 C 语言重要特色之一。下面列出它的一些重要特征。

　　(1) 程序中的数据可以足够大,但无论如何增长,数据总是位于计算机的内存中,因此必然会有地址。

　　(2) 利用指针,可以使用地址作为一个变量值的另一种存取方式,这种方式可以提高访问速度。

　　(3) 指针能使程序的不同部分共享数据。如果将某一个数据值的指针从一个函数传递到另一个函数,这两个函数就能使用同一数据。指针的这一应用,我们在数组作为函数的参数中已经有所了解。

（4）利用指针能在程序执行过程中预留新的内存空间。到现在为止,在程序中能使用的内存就是通过声明变量体现的,分配给变量合适的存储空间,例如定义数组时,必须指定数组的长度。然而在很多的应用中,数组的长度可能会变化,例如一个班级同学的学籍信息,可能会增加(减少比较容易处理)。如果程序能在运行时获得新的内存空间,并让指针指向这一内存则更为方便。

一个变量定义成功的本质就是在计算机内存中获得一块存储区域,而变量的类型决定这块存储区域的大小,同时要使用变量还必须给变量赋值,通过变量的名字得到变量的值。当变量获得这块内存区域后,就可以把变量的值存放在该区域,我们就可以通过访问这个区域而得到变量的值。例如:

```
int i;
float k;
```

这时,编译系统给变量 i 和 k 分配内存。假设 i 是从 2000 到 2003 的区域,k 是 2004 到 2007 的区域,如果能直接通过地址 2000 和 2004 分别得到变量 i 和 k 的值,则把 2000 和 2004 称为变量 i 和 k 的值的指针(起始地址),如图 6-1 所示。

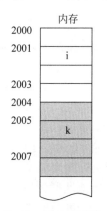

图 6-1　变量的存储

同样,对于数组 int a[10]的存储结构如图 6-2 所示。

现在需要定义一个变量来保存变量的起始地址(指针),通过这个变量来实现对前面所定义的变量 i 或 k 以及数组 a 的元素的存储。又如:

```
int b;
```

这一声明为整型变量 b 在内存的某处保留了一个存储空间。例如,一般整数需要 4 字节的内存空间来存储,假如整型变量 b 被编译程序分配到 1000～1003 的内存单元,如图 6-3 阴影部分所示。能不能用一种类型的变量来保存这些地址呢? C 语言正好声明了一类变量来保存这段内存中的起始地址(指针),并通过这个地址存取 b 的值,这样的变量就称为指针变量。也就是说,可以定义一个指针变量来存储变量 b 在内存的起始地址 1000。

数组a

1000	?	a[0]
1004	?	a[1]
1008	?	a[2]
1012	?	a[3]
1016	?	a[4]
1020	?	a[5]
1024	?	a[6]
1028	?	a[7]
1032	?	a[8]
1036	?	a[9]

数组的指针a →

图 6-2　数组的存储结构

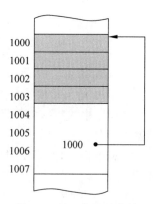

图 6-3　整型指针的存储

C 语言操作指针如同操作无符号整型数一样,将指针存入变量(称为指针变量)中,或者将指针作为函数的参数进行传递。

6.2 指针变量的定义与引用

6.2.1 指针变量的定义

在 C 语言中,变量须遵循先声明(定义)后使用的原则。因此,使用指针变量前,必须先对其进行声明。指针变量的声明语法如下:

基本数据类型说明符 * 标识符名称;

例如:

```
int    * p1;
float  * p2;
char   * p3;
```

分别定义了指向整型、浮点型和字符型变量的指针变量 p1、p2、p3。它们可以分别存储整型变量、单精度浮点变量、字符变量在内存的起始地址(指针)。

如何理解指针变量的数据类型呢?由于指针变量是把变量在内存的起始地址作为它们的值,但变量的地址分配是计算机系统完成的,对于使用计算机的用户来讲并不知道哪些具体的内存是被使用或没有被使用,因此不能像普通变量那样给指针变量赋一个具体的值。不同类型的变量它们占用内存的空间大小不同,因此,指针变量前面的数据类型表示保存的地址是对应数据类型的变量的指针,而不是指指针的类型(如图 6-4 所示)。其实指针的值是一个无符号的整数,但又不能把这个整数直接赋值给指针变量。如图 6-4 中的指针变量 p1、p2、p3,它们的含义为:p1 指针变量存放的是一个存放整型数的起始地址,p2 指针变量存放的是一个存放浮点数的起始地址,p3 指针变量存放的是一个存放字符型数据的起始地址。

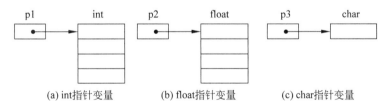

(a) int指针变量　　　(b) float指针变量　　　(c) char指针变量

图 6-4　指针变量间接引用单元示意图

注意,定义指针变量时的 * 号是一个标识符,其含义是指定相应的变量名为指针类型。如果需要定义两个以上的指针变量,应当在每个变量名前都加 * 号。例如:

```
int   * p1,  * p2;
```

这里,定义了两个指针变量。

说明:

(1) 在学习指针时,有时会忘记在每个变量名称前加 * 号。例如:

```
char  * pc,c;
```

这里声明了一个指向字符型数据的指针变量 pc 和一个字符型变量 c,c 不是指针类型的变量。对于指针变量 pc,读作"pc 是一个指向 char 型的指针"。

（2）声明中出现的星号 * 不是运算符,它只是表明被声明的变量是指针变量。

（3）指针变量可以被声明为指向任何数据类型的变量。

6.2.2 指针变量的引用

指针变量的使用方法与普通变量一致,都可以进行赋值和取值操作。例如:

```
int     * p1,m = 3;
double  * p2,f = 4.5;
char    * p3,ch = 'a';
int     * p;
p1 = &m;
p2 = &f;
p3 = &ch;
p = p1;
```

上述赋值语句 p1 = &m 表示将变量 m 的地址赋值给指针变量 p1,此时 p1 就指向 m。运算符 & 的含义是取出变量 m 在内存中的存储指针。其余两条赋值语句与第一条的效果一致,即:p2 指向 f; p3 指向 ch。第四条赋值语句比较特殊,它是将变量 p1 中的指针赋值到 p 变量中,这样指针变量 p 也就指向了 m 存储单元,如图 6-5 所示。

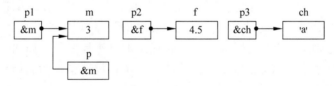

图 6-5　赋值语句的效果

说明:指针变量可以指向任何与之数据类型一致的变量。当定义(声明)指针变量时,指针变量的值是不确定的,从而不能确定它具体的指向。所以,必须为其赋值,指针变量才有意义。

通过引用指针变量,C语言提供了对变量的一种间接访问运算。对指针变量的引用形式为:

＊指针变量

其含义是取出指针变量所指向内存单元中的值。

例 6.1　用指针变量进行输入、输出。

```
/ *
程序名称:ex6 - 1.c
程序功能:指针变量的输入、输出
* /
# include < stdio.h >
# include < stdlib.h >
int main()
```

```
{
    int * p,m;
    scanf( "%d",&m );                /* &:取变量 m 的指针 */
    p = &m;                          /* 指针 p 指向变量 m */
    printf( "%d %d\n",m, * p);       /* p 是对指针所指的变量的引用形式,与此 m 意义相同 */
    printf( "%x",p );                /* 输出指针变量 p 中的指针,指针是以整数形式表示的 */
    system("pause");
    return 0;
}
```

程序运行结果:

输入:3
输出:3 3
22ff40 / * 注:不同计算机可能值不同 * /

上述程序的 scanf("%d",&m)可以修改为

scanf("%d",p); /* p 是变量 m 的地址,可以替换 &m */

当完成赋值语句

p = &m;

我们称指针变量 p 指向变量 m,或者说变量 p 中存储了
变量 m 的地址,如图 6-6 所示。在 scanf 函数中,参数 &m 的
含义与变量 p 中的内容一致,所以互换二者是合法的。

图 6-6　指向 m 的指针变量 p

当然,指针变量可以在声明时或在赋值语句中初始化。
可以被初始化为 0、NULL 或普通变量的地址。

初始化如下:

```
int m = 3;
int * p1 = &m;            /* 用普通整型变量 m 的指针初始化变量 */
double * p2 = 0;          /* p2 指针变量不指向任何浮点数 */
int * p3 = NULL;          /* p3 指针变量不指向任何整型数 */
```

NULL 的指针不指向任何数据,也称为空指针(null pointer)。符号常量 NULL 在头文
件<stdio.h>中定义,表示数值 0。

说明:尽可能使用初始化操作来初始化指针变量,以防止其指向一个未知的或未被初
始化的内存空间。另外,除了 0 以外,不能用其他具体的数字直接赋值给指针变量。

6.3　指针运算符与指针表达式

6.3.1　与指针运算相关的运算符与表达式

在 C 语言中,有两个与指针密切相关的运算符:& 和 * 。
& 运算符:取址运算符,例如,&m 即是变量 m 的地址。
* 运算符:间接访问运算符,例如, * p 表示 p 所指向的内存单元的值或指向的变量
的值。

使用这两个运算符时,务必注意运算对象。

取址运算符 & 的运算对象是一个存储数据的单元,取址表达式的结果是该存储单元的指针(起始地址)。

取址运算符 & 的使用方法如表 6-1 所示。

表 6-1　取址运算符及表达式

变量的定义	类　　型	& 运算符表达式	含　　义
char ch;	char	&ch	取出变量 ch 的指针
double x;	double	&x	取出变量 x 的指针
int i;	int	&i	取出变量 i 的指针
int a[10];	int	&a[1]	取出数组元素 a[1] 的指针
char str[10]	char	str 或 &str[0]	取出数组元素 str[0] 的指针

间接访问运算符 * 是通过指针(内存地址)来访问存储单元中的值的运算符,使用方法如表 6-2 所示。

表 6-2　间接访问运算符及表达式

变量的定义	含　　义
char * pc,ch;	定义指向 char 的指针变量 pc 和 char 变量 ch
pc = &ch;	将变量 ch 的指针赋值给指针变量 pc
printf("%c", * pc);	以字符方式输出间接访问 pc 所指向的指针中的值
double * pd,x;	定义指向 double 的指针变量 pd 和 double 变量 x
pd = &x;	将变量 x 的指针赋值给指针变量 pd
printf("%lf ", * pd);	以浮点数方式输出间接访问 pd 所指向的指针中的值
int * pi,i;	定义指向 int 的指针变量 pi 和 int 变量 i
pi = &i;	将变量 i 的指针赋值给指针变量 pi
printf("%d", * pi);	以整型方式输出间接访问 pi 所指向的指针中的值

间接访问运算符的形式用 * 表示,注意它与乘法运算符的区别。乘法运算符是一个双目运算符,即有乘数和被乘数两个操作数;而间接访问运算符 * 是个单目运算符,只有一个操作数。

说明:

(1) 星号 * 在 C 语言中有 3 种含义:①表示算术运算中的乘法;②表示在变量声明中指针变量的修饰符,表示该变量为指针变量;③表示在表达式中出现的单目运算符,也称间接访问运算符,是通过数据的存储单元的地址来访问数据的运算符。

(2) 在 C 语言中,存储单元中的值的访问方式有两种:一种是通过变量名称访问,在之前的学习中,每个数据都有一个名称与之对应,访问数据都是直接使用变量名或者下标运算符构成的下标表达式,例如:

```
int a[10] = {0},i = 1;
printf( "%d",a[i] );
```

另一种形式是通过指针来访问,利用单元的存储地址间接访问单元的值。

例 6.2　从键盘输入两个整数,用间接访问的形式以由大到小的顺序输出这两个数。

```
*/
#include<stdio.h>
#include<stdlib.h>
int main()
{
    int * pa, * pb,a,b,t;              /*定义指针变量与整型变量*/
    scanf("%d %d",&a,&b);
    pa = &a;                           /*使指针变量指向整型变量*/
    pb = &b;
    if( * pa< * pb)                    /*通过间接访问形式交换两个单元的值*/
    {
        t = * pa;
        * pa = * pb;
        * pb = t;
    }
    printf("a = %d,b = %d\n",a,b);
    printf(" * pa = %d, * pb = %d\n", * pa, * pb);
    system("pause");
    return 0;
}
```

程序运行结果：

输入：3 4
输出：a = 4,b = 3
　　　* pa = 4, * pb = 3

在程序中,当执行赋值操作 pa = &a 和 pb = &b 后,指针变量中的值分别是变量 a 和 b 的起始地址(指针),即指向了变量 a 与 b。这时,通过指针变量间接访问变量 a 和 b,即 * pa 与 * pb,其值和变量 a 与 b 的值相同。

在程序运行过程中,指针与所指的变量之间的关系如图 6-7 所示。

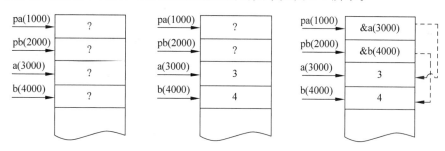

图 6-7　程序运行中指针与变量之间的关系

由图 6-8 可知:当指针被赋值后,其在内存单元的值如图 6-8(a)所示;当数据比较后进行交换,这时,指针变量与所指向的变量的关系如图 6-8(b)所示。在程序的运行过程中,指针变量与所指向的变量其指向始终没变。

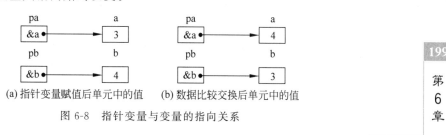

(a)指针变量赋值后单元中的值　　(b)数据比较交换后单元中的值

图 6-8　指针变量与变量的指向关系

例 6.3 从键盘上输入两个整数,按从大到小的顺序输出两个整数的值。

```
/ *
程序名称:ex6 - 3.c
程序功能:利用指针实现两个整数的有序输出
* /
# include < stdio.h >
# include < stdlib.h >
int main()
{
    int * pa, * pb,a,b, * t;         / * 定义指针变量与整型变量 * /
    scanf("% d % d",&a,&b);
    pa = &a;                         / * 使指针变量指向整型变量 * /
    pb = &b;
    if( * pa < * pb) / * 通过间接访问形式交换两个单元的值 * /
    {
        t = pa;
        pa = pb;
        pb = t;
    }
    printf( "% d, % d\n",a,b );
    printf( "% d, % d\n", * pa, * pb );
    system("pause");
    return 0;
}
```

程序运行结果:

```
输入: 3 4
输出: a = 3,b = 4
       * pa = 4, * pb = 3
```

注意例 6.3 与例 6.2 的细微区别,变量 t 的类型发生了变化,在交换时例 6.3 中交换的内容也不是存储单元中的值了,而是指针变量的值(指针)。当然,其运行结果也就不同了。

对于指针变量的输出结果例 6.2 和例 6.3 完全相同,但 a 和 b 的值并没有变化。这是因为程序在运行过程中,实际存放在内存中的数据没有移动,而是将指向该变量的指针交换了指向。其示意如图 6-9 所示。

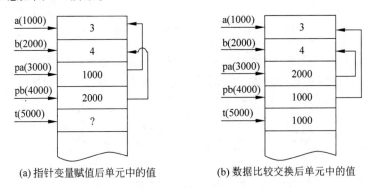

(a)指针变量赋值后单元中的值   (b) 数据比较交换后单元中的值

图 6-9　指针变量实现变量的交换操作

当指针交换指向后,pa 和 pb 由原来指向的变量 a 和 b 改变为指向变量 b 和 a,这样一来,∗pa 就表示变量 b,而 ∗pb 则表示变量 a。

从上述程序及运行结果可知,当指针变量指向其他变量时,就多了一种访问存储单元的方式,即可以利用指针形式对变量赋值和取出变量中的值。例如:

```
p = &a;
```

就可以对变量 a 以指针的形式来访问。指针变量 p 等效于表达式 &a,表达式 ∗p 等效于访问变量 a。

6.3.2 指针变量作函数的参数

指针变量的引入使我们多了一种访问值的方法,但对于指针的真正含义还没有理解透彻。现在讨论一个在 C 程序里必须借助指针解决的问题:函数的指针参数。利用这种参数能写出可以改变函数调用时返回值唯一性的限制。函数的参数可以是简单数据类型,也可以是指针类型。使用指针类型作函数的参数,实际向函数传递的是存储单元的地址。由于被调函数获得了所传递变量的地址,该地址空间的数据在子程序调用结束后被物理地保留下来。

使用 6.31 节中两个整型变量值交换的例子,为此编写函数 swap 实现功能。由于操作中需要改变两个变量,显然不能利用返回值(返回值只有一个)。不仔细考虑也可能认为这个问题很简单,可能写出下面函数:

```
void swap( int x, int y)
{
    int t = x;
        x = y;
        y = t;
    }
```

我们知道在函数参数传递的值传递中,形参只是实参的副本。在函数 swap 中交换的只是形参的值,实参的值没有交换,这样的函数是无法完成交换功能的。如何设计函数实现两个数的交换呢? 下面通过实例说明。

例 6.4 利用指针变量作为函数的参数,设计函数 swap 实现两个整数的交换。

```
/ ∗
程序名称:ex6 - 4.c
程序功能:指针变量作为函数的参数
∗ /
# include < stdio. h >
# include < stdlib. h >
void swap1( int ∗ , int ∗ );        / ∗ 函数声明,形参为指针型数据 ∗ /
int main( )
{
    int ∗ pa, ∗ pb, a, b;
    scanf(" % d % d",&a,&b);
    pa = &a;
    pb = &b;
    swap1(pa,pb);                    / ∗ 函数调用,实参为指针变量 ∗ /
```

```
        printf(" % d, % d\n",a,b);
        printf(" % d, % d\n", * pa, * pb);
        system("pause");
        return 0;
}
/ * 实现将两数值调整为由大到小 * /
void swap1( int * p1,int * p2 )
{
        int t;
        t =  * p1;
         * p1 =  * p2;
         * p2 = t;
}
```

程序运行结果:

输入: 3 4
输出: a = 4, b = 3
　　　 * pa = 4, * pb = 3

　　与 swap 函数不同的是,swap1 函数的参数是两个指针型数据。由于在调用函数 swap1
时,实参是指针变量,与之对应的形参必为指针型数据。当进行参数传递时,实参将自己的
值(假设 pa 的值为 2000,pb 的值为 2004)——指针数据依次传递给形参 p1 和 p2。但此时
参数传递的内容是指针,使得在 swap1 函数中的 p1 和 p2 具有了 pa 和 pb 的值,当然也就指
向了指针变量 pa 和 pb 所指向的内存变量。在函数体中,利用 p1 和 p2 指针变量的间接访
问方式,对其在内存存放的数据进行了交换,从输出结果上,也能看出交换后的效果,如
图 6-10 所示。

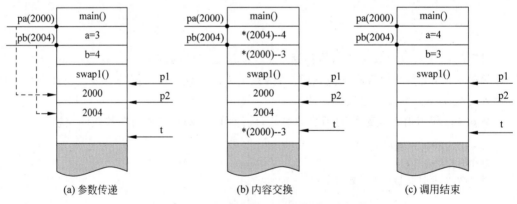

(a) 参数传递　　　　　　　　(b) 内容交换　　　　　　　　(c) 调用结束

图 6-10　指针变量作为函数的参数(值交换)

请考虑下面的函数 swap2,是否也能达到相同的效果呢?

```
void swap2(int * p1,int * p2)
{
    int * t;
        t = p1;
        p1 = p2;
        p2 = t;
```

}

程序运行结果：

输入：3 4
输出：a = 3，b = 4
　　　* pa = 3，* pb = 4

程序运行结束，并未达到预期的结果，输出与输入完全相同。其原因是 swap2 函数内部仅进行了指针相互交换指向，而在内存中存放的数据并未交换，当函数调用结束后，main()函数中指针变量 pa 和 pb 中的指针并未改变，因而结果与输入相同，其过程如图 6-11 所示。

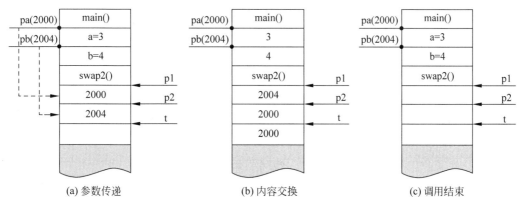

图 6-11　指针变量作为函数的参数（指针交换）

6.3.3　返回指针的函数

函数的返回值可以返回整型、浮点型、字符型等类型的数据，还可以返回地址值（即返回指针值），这样的函数我们称之为指针函数。指针函数定义如下：

类型名 * 函数名(参数表);

例如：int * fun(int x，int y)表示 fun 是具有两个整型参数且返回整型指针的函数，返回的指针值指向一个整型数据。

例 6.5　返回两个数中大数地址的函数。

```
/*
程序名称:ex6 - 5.c
程序功能:返回两个数中大数地址的函数
*/
# include < stdio.h >
# include < stdlib.h >
int * fun( int *，int *);
int main()
{
    int a,b, * p;
    scanf(" % d % d",&a,&b);
    p = fun(&a,&b);               /* 调用 fun,返回大数地址,赋值给指针变量 p */
    printf("max = % d\n", * p);   /* 输出 p 指向的数据 */
```

```
            system("pause");
            return 0;
    }
    int * fun(int * x, int * y)     / * fun 函数返回形参 x,y 中较大数的地址(指针) * /
    {
            int * z;
            if( * x> * y)
              z = x;
            else
              z = y;
            return z;
    }
```

程序运行结果：

输入: 2 18
输出:max = 18

返回的地址值赋值给 main() 函数的指针变量 p,main() 函数输出 p 指向的整型数,即 y 的值。

6.4 指针与数组

存储数据的变量在内存中是有地址的,数组元素在内存中也同样具有地址。对数组来说,这些数组元素是连续分配内存,且数组名是数组在这段连续内存存储区域的首地址。这样指针变量可以用于存储这个首地址(数组的指针),这样指针变量指向该数组,原来通过下标访问数组元素,现在可以通过指向数组的指针就可以实现对数组元素的间接访问。下面分别讲述指针与数组的关系。

6.4.1 指针与一维数组

数组名是数组的首地址,即数组的指针。当声明或者定义一个一维数组时,该数组在内存中被分配一段连续的存储空间,这段存储的首地址用数组名表示。数组名是一个常量(指针运算不太方便),若用一个指针变量存储这个数组的首地址,则该指针变量就指向了这个数组。对于一维数组,既可以使用下标实现对数组元素的引用,也可使用指针变量实现对数组元素的间接访问。例如:

```
int a[10], * p;                 / * 声明数组与指针变量 * /
p = a;
或 p = &a[0];
```

通过定义指针变量 p,将数组 a 的首地址(指针)赋值给指针变量 p,称为指针变量 p 指向数组 a。图 6-12 反映了这种指向关系。

当指针变量 p 指向一维数组后,在 C 语言中,可以用指针的形式间接对数组元素 a[i] 进行访问:

- p+i 与 a+i 表示数组元素 a[i] 的地址,即 &a[i]。对上面定义的数组 a 来说,共有 10 个元素,下标 i 的取值为 0~9,则数组元素的地址可以表示为 p+0~p+9 或

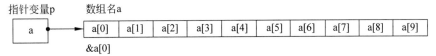

图 6-12 指向数组的指针变量

a+0～a+9,与 &a[0]～&a[9]含义相同。

- 用指针运算符可以间接访问 *(p + i)和 *(a +i),它们等效于 a[i]。
- 指向数组的指针变量也可用数组的下标形式表示为 p[i],其效果相当于 *(p+i)。

例 6.6 定义一个有 10 个元素的数组 a,从键盘输入 10 个数,以数组的不同引用形式输入输出数组各元素。

(1) 下标直接访问形式。

```
/ *
程序名称:ex6-6-1.c
程序功能:以数组的不同引用形式输出数组各元素的值
* /
#include<stdio.h>
#include<stdlib.h>
#define N 10
int main()
{
    int i,a[N], * p = a;
    for ( i = 0; i < N; i++)
        scanf ( "%d",a + i );
    printf("\n");
    for(i = 0; i < N; i++)
        printf(" %4d",a[i] );
    printf( "\n" );
    system("pause");
    return 0;
}
```

程序运行结果:

输入:1 2 3 4 5 6 7 8 9 10
输出:1 2 3 4 5 6 7 8 9 10

(2) 用指针变量和指针运算符访问数组。

```
/ *
程序名称:ex6-6-2.c
程序功能:用指针变量输入输出数组各元素
* /
#include<stdio.h>
#include<stdlib.h>
#define N 10
int main()
{
    int i,a[N], * p = a;
    for (i = 0; i < N; i++)
```

205

```
        scanf ("%d",p+i);
    printf("\n");
    for(i = 0; i < N; i++)
        printf("%4d ", *(a + i) );
    printf ( "\n" );
    system("pause");
    return 0;
}
```

（3）采用数组名表示的地址法输入输出数组各元素。

```
/*
程序名称:ex6-6-3.c
程序功能:用数组名表示的地址法输入输出数组各元素
*/

#include<stdio.h>
#include<stdlib.h>
#define N 10
int main()
{
    int i,a[N];
    for ( i = 0; i < N; i++)
        scanf( "%d",a+i );
    printf("\n");
    for (i = 0; i < N; i++)
        printf( "%4d ", *(a + i) );
    printf( "\n" );
    system("pause");
    return 0;
}
```

程序运行结果：

输入：1 2 3 4 5 6 7 8 9 10
输出：1 2 3 4 5 6 7 8 9 10

（4）用指针表示的下标法输入输出数组各元素。

```
/*
程序名称:ex6-6-4.c
程序功能:用指针表示的下标法输入输出数组各元素
*/
#include<stdio.h>
#include<stdlib.h>
#define N 10
int main()
{
    int i,a[N], *p = a;
    for ( i = 0; i < N; i++)
        scanf( "%d",&p[i] );
    printf("\n");
    for ( i = 0; i < N; i++)
```

```
        printf( "%4d",a[i] );
    printf( "\n" );
    system("pause");
    return 0;
}
```

（5）用指向数组的指针变量移动实现对数组访问。

```
/*
程序名称:ex6-6-5.c
程序功能:利用指针法输入输出数组各元素
*/
#include<stdio.h>
#include<stdlib.h>
#define N 10
int main()
{
    int i,a[N], *p = a;
    for (i = 0; i < N; i++)
        scanf ("%d",p++);
    printf("\n");
    p = a;
    for(i = 0; i < N; i++)
        printf( "%4d", *p++) );
    printf ( "\n" );
    system("pause");
    return 0;
}
```

程序运行结果:

输入: 1 2 3 4 5 6 7 8 9 10
输出: 1 2 3 4 5 6 7 8 9 10

在程序中要注意 *p++ 所表示的含义:表示指针所指向的数组元素的值,然后指针变量 p 再移到下一个元素(指向下一个元素)。这里 p+1 表示指针所指向的变量地址加 1 个变量所占字节数。例题中 printf("%4d", *p++)中, *p++ 所起作用为先输出指针指向的变量的值,然后指针变量加 1。循环结束后,指针变量指向如图 6-13 所示。

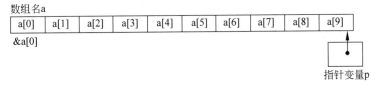

图 6-13　例 6.6 中循环结束后的指针变量

指针变量的值在循环结束后,指向数组的尾部的后面。即指针变量 p 指向数组元素 a[9] 后面的地址单元,但这个单元在数组 a 所分配的连续内存空间之外,它的值我们并不知道,所以指针复位(指向数组起始位置)是非常重要的操作。请比较下面的程序:

```
#include<stdio.h>
```

```
#include<stdlib.h>
#define N 10
int main()
{
    int i,a[N], * p = a;
    for (i = 0; i < N; i++)
        scanf(" % d",p++);
    printf("\n");
    for(i = 0; i < N; i++)
        printf ( " % 4d ", * p++);
    printf ( "\n" );
    system("pause");
    return 0;
}
```

思考：该程序与例 6.6 中的(5)相比,只少了赋值语句 p＝a;程序的运行结果还相同吗?

6.4.2 指针与二维数组

1. 二维数组的地址类型

可以将一个二维数组看成是由若干一维数组组成的,若定义一个二维数组:

```
int a[3][4];
```

则该二维数组有 3 行 4 列,其逻辑结构如图 6-14 所示。

行	数组元素			
第0行	a[0][0]	a[0][1]	a[0][2]	a[0][3]
第1行	a[1][0]	a[1][1]	a[1][2]	a[1][3]
第2行	a[2][0]	a[2][1]	a[2][2]	a[2][3]

图 6-14 3 行 4 列的二维数组逻辑结构

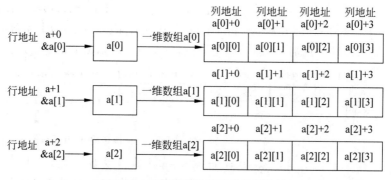

图 6-15 二维数组的行地址和列地址

按图 6-15 的理解,二维数组的地址可分为行地址和列地址两类。将数组 a 看成由 3 个元素 a[0]、a[1]、a[2]组成,其数组名字为 a,它代表第一个元素 a[0]的地址(&a[0])。根据一维数组与指针的关系可以知道:a+1 表示元素 a[1]的地址(&a[1]),同理 a+2 就表示元

素 a[2] 的地址(&a[2]),因此通过这些地址就可以引用各数组元素的值,即:

*(a+0) ⇔ * a ⇔a[0]

*(a+1) ⇔a[1]

*(a+2) ⇔a[2]

由于每一行可以看成是一个一维数组,a[0]、a[1]、a[2]就可以分别看成具有 4 个元素的 3 个一维数组。数组元素 a[0]、a[1]、a[2]分别为数组名,即 a[0]可看成由元素 a[0][0]、a[0][1]、a[0][2]、a[0][3]这 4 个元素组成的一维数组的数组名,因此 a[0]、a[1]、a[2]也是地址(即每一行的第一个元素的地址)。对于代表二维数组 a 的第一行元素 a[0][0]、a[0][1]、a[0][2]、a[0][3]来讲,它们的地址分别是:&a[0][0](a[0]+0)、&a[0][1](a[0]+1)、&a[0][2](a[0]+2)、&a[0][3](a[0]+3),进一步可表示为 *(a+0)+0、*(a+0)+1、*(a+0)+2、*(a+0)+3,其对应的数组元素表示为:*(*(a+0)+0)、*(*(a+0)+1)、*(*(a+0)+2)、*(*(a+0)+3)。

一般地,对于二维数组 a,a[i]是第 i 行数组的数组名,则 a[i]+j 就是第 i 行数组中第 j 个元素的地址。也就是说,二维数组任何一个元素 a[i][j]的地址可以表示为 a[i]+j,元素 a[i][j]可表示为 *(a[i]+j)。即:

二维数组任何一个元素 a[i][j]的地址可以表示为:

&a[i][j]⇔a[i]+j⇔*(a+i)+j

二维数组任何一个元素可以表示为:

a[i][j]⇔*(a[i]+j)⇔*(*(a+i)+j)

事实上,对于 $n \times m$ 数组的数组 a,若有数组元素 a[i][j],可以表示为 *(&a[0][0]+ m*i+j)与之等效的表示方法。

2. 通过二维数组的行指针和列指针访问数组元素

通过对二维数组的行地址和列地址分析可知,二维数组中有两类指针:一类是行指针,另一类是列指针,它们分别对二维数组的行和列进行初始化,因此它们的定义形式是不相同的。

(1) 二维数组行指针的定义。

对于一个有 n 行 m 列的二维数组,其行指针的定义形式如下:

数组的数据类型 (*指针变量名)[m];

例如,数组定义:

int a[3][4];

对应的行指针定义为:

int (*p)[4];

这时,可以使用指针变量 p 来指向二维数组 a 的行。如有 p=a,就表明指针变量 p 指向二维数组的第 0 行;同理 p+1 就指向第 1 行,p+i 就指向第 i 行。

例 6.7 有 3 个学生各学 4 门课,输出某个学生成绩。

```
/*
程序名称:ex6-7.c
程序功能:输出某个学生成绩
*/
# include < stdio. h>
# include < stdlib. h>
# define N 3
# define M 4
int main()
{
    double a[N][M] = {{65,67,79,60},{80,87,90,81},{90,99,100,98}};
    double ( * p)[M];
    int i,k;
    p = a; /* 也可以 p = &a[0] */
    scanf(" % d",&k);
    for(i = 0;i < M;i++)
     printf(" % 6.2lf", * ( * (p + k) + i));
    printf("\n");
    system("pause");
    return 0;
}
```

运行结果:

```
输入:1
输出:80.00 87.00 90.00 81.00
```

(2) 二维数组列指针的定义。

列指针指向的数据类型为二维数组的元素类型,因此列指针和指向同类型的简单变量的指针的定义方法相同,其定义形式如下:

数组元素的数据类型 * 指针变量名;

例如,数组定义:

```
int a[3][4];
```

列指针定义为:

```
int * p;
```

那么 p＝a[0]、p＝ * a、p＝&a[0][0] 都是合法的。因此,定义了列指针 p 并指向数组元素后,可以通过 p 引用二维数组 a 的元素 a[i][j],并将数组 a 看成一个由 $n \times m$ 个元素组成的一维数组,即当 p 指向 a[0][0]后,p+1 就指向 a[0][1],以此类推。

例 6.8 用指针法输入输出二维数组各元素。

分析:利用指针变量访问二维数组,可以把二维数组看作展开的一维数组进行访问。

```
/*
程序名称:ex6-8.c
程序功能:用指针法输入输出二维数组各元素
*/
# include < stdio. h>
```

```
#include< stdlib.h>
#define N 3
#define M 4
int main()
{
    int a[N][M];
    int * p;
    int i,j;
    p = a[0];                        /* 也可以 p = * a 或 p = &a[0][0] */
    for( i = 0; i < N; i++)
        for( j = 0; j < M; j++)
            scanf( " % d",p++);
    printf("\n");
    p = * a;
    for( i = 0; i < N; i++){
        for( j = 0; j < M; j++)
            printf(" % 4d", * p++);
        printf ( "\n" );
    }
    system("pause");
    return 0;
}
```

6.4.3　数组指针作函数参数

在理解了指向一维和二维数组指针变量的定义和正确引用后,现在讲述指针变量作函数。指向一维和二维数组的指针作为函数参数时,对应的形参指针变量必须与实参的指针(或数组)具有相同的性质。

例 6.9　编写函数,利用指针作为函数参数实现求解一维数组中的最大元素。

分析:为了减少一次比较的次数,假设一维数组中下标为 0 的元素是最大值,并定义指针变量指向该元素。为找到最大值,须将后续元素与前面找到的最大值一一比较,若找到比当前最大值更大的元素,就替换当前的最大值,直至全部元素都比较过为止。如下程序中,函数的形参为一维数组,实参是指向一维数组的指针。

```
int max( int x[N],int n) /* 也可以这样写:int max( int x[], int n ) */
{
    int maxv = x[0];
    int i;
    for( i = 1; i < n; i++)
        if ( maxv < x[i] )
            maxv = x[i];
    return maxv;
}
```

调用如下:

```
#include< stdio.h>
#include< stdlib.h>
#define N 10
```

```
int main()
{
    int i,a[N], * p,m;
    p = a;
    for(i = 0;i < N;i++)
     scanf(" % d",&a[i])
    m = max(p);
    printf(" % d\n",m);
    system("pause");
    return 0;
}
```

程序的 main()函数部分,定义数组 a 共有 10 个元素,执行完赋值语句后,指针变量 p 就指向了数组 a。在函数调用中,将 p 作为函数的参数传递给形参数组 x,使得形参数组和实参数组指针指向相同一段存储区域,而不是为形参重新分配一段存储单元,这样参数传递方式既有效率,又有速度。在函数中对数组 x 寻找最大值,也就是在数组 a 中找最值。其内存中虚实结合的示意如图 6-16 所示。

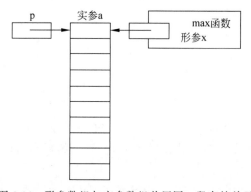

图 6-16 形参数组与实参数组共用同一段存储单元

例 6.10 用指向数组的指针变量实现一维数组元素的由小到大的冒泡排序。编写 3 个函数用于输入数据的 input 函数、数据排序函数 sort 以及数据输出函数 output。

分析:前面已经介绍过排序算法,此例利用指针的形式再次讨论冒泡排序算法。为了将一组 n 个无序的数整理成由小到大的顺序,将其放入一维数组 a[0]、a[1]、…、a[n−1]。冒泡算法如下:

(1) 相邻的数组元素依次进行两两比较,即 a[0]与 a[1]比、a[1]与 a[2]比……a[n−2]与 a[n−1]比,通过交换保证数组的相邻两个元素前者小,后者大。经过此次完全地两两比较,能实现 a[n−1]为数组中最大的。

(2) 余下 $n−1$ 个元素,按照上述原则进行完全两两比较,使 a[n−2]成为余下 $n−1$ 个元素中最大的。

(3) 进行共计 $n−1$ 趟完全的两两比较,使全部数据有序。图 6-17 所示为一趟排序的处理过程。

6 个元素进行 5 次两两比较,得到一个最大元素并将其存入合适的位置。若相邻元素表示为 a[j]和 a[j+1](需要保证 j+1 不越界),用指针变量 p 指向数组,则相邻元素表示也可以用指针表示 * (p+j)和 * (p+j+1)。程序实现如下:

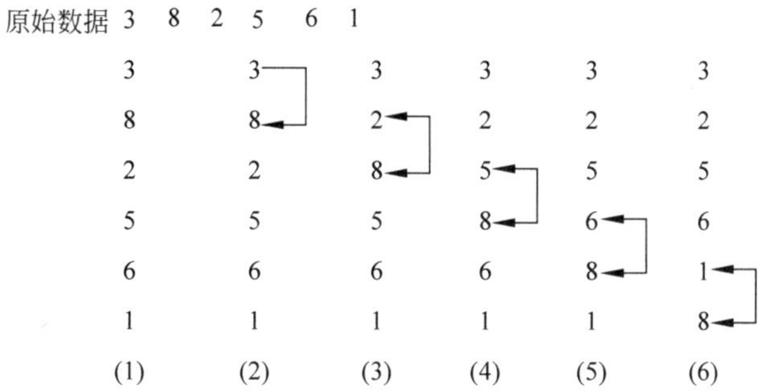

```
          原始数据 3   8   2   5   6   1
                  3         3┐      3      3      3      3
                  8         8◀┘     2◀     2      2      2
                  2         2       8┐     5◀     5      5
                  5         5       5      8◀     6◀     6
                  6         6       6      6      8┐     1◀
                  1         1       1      1      1      8◀┘
                 (1)       (2)     (3)    (4)    (5)    (6)
```

(1)~(6)依次比较相邻元素并按升序交换

图 6-17 冒泡排序第一趟比较元素的交换过程

```c
/*
程序名称:ex6-10.c
程序功能:冒泡排序
*/
#include<stdio.h>
#include<stdlib.h>
#define N 10
void input(int [],int n);
void sort(int [],int n);
void output(int [],int n);
int main()
{
    int a[N];
    input( a,N );
    printf("\n排序前的顺序\n");
    output( a,N );
    sort( a,N );
    printf("\n排序后的顺序\n");
    output( a,N );
    system("pause");
    return 0;
}
void input( int x[],int n)
{
    int i;
    for( i = 0; i < n; i++)
        scanf( "%d",x + i );
}
void output( int x[],int n )
{
    int i;
    for( i = 0; i < n; i++)
        printf( "%5d", *(x + i) );
}
void sort( int x[],int n)
{
    int i,j;
```

```
        int temp;
        for( i = 0; i < n - 1; i++)
            for( j = 0; j < n - 1 - i; j++)
                if ( x[j] < x[j + 1] ){
                    temp = * (x + j);
                     * (x + j) = * (x + j + 1);
                     * (x + j + 1) = temp;
                }
    }
```

程序运行结果：

输入：3 8 2 5 6 1 7 4 9 0
输出：排序前的顺序
　　　3 8 2 5 6 1 7 4 9 0
　　　排序后的顺序
　　　9 8 7 6 5 4 3 2 1 0

由于 C 程序的函数调用采用传值调用，即实参与形参相结合时，实参将值传给形参，所以利用函数处理数组时，如果需要对数组在程序中进行修改，只能传递数组的地址，进行传地址的调用，在内存相同的地址区间进行数据的修改。在实际应用中，如果需要利用子程序对数组进行处理，函数的调用利用指向数组(一维或多维)的指针作参数，无论是实参还是形参共有如表 6-3 所示的 4 种情况。

表 6-3　函数调用过程中实参和形参的对应关系表

形　　参	实　　参
数组定义	数组名
指针变量	数组名
数组定义	指针变量
指针变量	指针变量

在函数调用时，实参与形参的结合要注意所传递的地址具体指向什么对象，是数组的首地址，还是某一数组元素的地址，这一点很重要。

例 6.11　将一个班级中若干学生的不同课程的成绩累计求和，输出某学生的成绩和与总分大于平均分的学生。

分析：定义二维数组存储学生成绩，每个学生的成绩就是二维数组中的一行，每一列表示学生的某门课程的成绩。用二维数组的指针作函数的参数，实现对二维数组的按行相加。

```
/ *
程序名称:ex6 - 11.c
程序功能:班级学生的不同课程的成绩求和
* /
# include < stdio.h >
# include < stdlib.h >
# define M 3
# define N 4
double average(double * p, int n);
void tprint(double ( * pt)[N], int n);
```

```
int main()
{
    double a[M][N],score[M];
    double ave = 0.0;
    int i,j;
    double ( * ptr)[N];               /* 指向二维数组 a 的行指针 */
    ptr = a;                          /* 行指针指向二维数组的第一行,即指向二维数组 */
    for( i = 0; i < M; i++)           /* 二维数组的数据输入 */
        for( j = 0; j < N; j++)
            scanf( "%lf",&a[i][j] );
    for( i = 0; i < M; i++){
        score[i] = average(a[i],N);
        ave += score[i];
    }
    ave /= M;                         /* 总成绩均值 */
    ptr = a;
    for( i = 0; i < M; i++)
        if ( score[i] > ave )
            tprint(ptr + i,N);        /* 打印指定序号的学生成绩 */
    system("pause");
    return 0;
}
double average(double * p,int n)      /* 计算总平均分数并打印 */
{
    double aver = 0, * pend = p + n;
    for(;p < pend;p++)
        aver = aver + ( * p);
    aver = aver/n;
return aver;
}
void tprint(double ( * pt)[N],int n)  /* 打印第 k 个学生的 N 门课程成绩 */
{
    int i,j;
    for(j = 0; j < n; j++)
      printf("%5.1lf", * ( * pt + j));
    printf("\n");
}
```

程序中使用了数组指针的两种形式:一个是 a[i] 表示的行指针,如在 average 函数中的使用形式;另一种通过指向一个长度为 N 的数组的指针变量 ptr(行指针)的形式,如在函数 tprint 中的使用方法。

需要特别注意的是,形参数组与在程序段中定义的数组有很大区别,主要原因是形参数组在参数传递前仅是动态的结构,没有实际的存储单元,只有当实参的值传递到形参后,这个动态结构才有了实际的存储单元,这段单元的首地址用形参名称来标记。

程序运行结果:

输入: 65 75 54 80
      78 90 89 76
      66 76 87 90

输出:
```
78.0 90.0 89.0 76.0
66.0 76.0 87.0 90.0
```

6.4.4　指针与字符串

C 语言允许使用两种方法实现一个字符串的引用:字符数组和字符指针。

第 5 章讲述字符数组时,是将字符串的各个字符(包括结尾标志'\0')依次存放到字符数组中,利用数组名和下标变量对数组元素进行操作,当然也可以利用数组名来实现对存储在数组中的字符串进行整体操作(利用格式化输入输出函数的%s 格式,以及 gets()和 puts()函数)。由于数组名是数组的指针,因此可以定义一个指针来指向字符数组,通过这个指针变量实现对字符串的操作。下面通过实例讲述指针对字符串的处理。

例 6.12　利用字符数组实现字符串的输入和输出。

```
/*
程序名称:ex6-12.c
程序功能:简单字符串的输入和输出
*/
#include<stdio.h>
#include<stdlib.h>
int main()
{
    char str[80];
    gets( str );
    printf( "%s\n",str );
    system("pause");
    return 0;
}
```

程序运行结果:

输入: Wellcome to C Programming World!
输出: Wellcome to C Programming World!

将字符数组名赋给一个指向字符类型的指针变量,让字符类型指针指向字符串在内存的首地址,这样对字符串的处理就可以用指针实现。其定义的方法为:

char str[80], * p = str;

这样,字符数组 str 中存储的字符串就可以用指针变量 p 来处理了。

说明:字符数组与字符串还是有区别的,字符串是字符数组的一种特殊形式,存储时以'\0'结束;所以,存放字符串的字符数组其长度应比字符串多 1。对于存放字符的字符数组,若未加'\0'结束标志,只能按逐个字符输入输出。

例 6.13　字符数组的正确使用方法。

```
/*
程序名称:ex6-13.c
程序功能:字符数组的使用方法'
*/
```

```
#include < stdio.h>
#include < stdlib.h>
int main()
{
    char str[30], * p = str;
    scanf(" % s",str);              /*输入一个不含空格的字符串*/
    while( * p)
     printf(" % c", * p++);         /* 正确输出 */
    printf("\n");
    p = str;
    printf(" % s\n",p);
    puts(str);
    system("pause");
    return 0;
}
```
输入:Welcome
输出:Welcome
     Welcome
     Welcome

例 6.14 编写函数,用指针变量实现两个字符串的复制、合并操作。

```
void strcopy(char * s,char * t)
{
    while (( * s =  * t) != '\0') /* 可以简写为 while ( * s++ =  * t++); * /
    {
        s++; t++;
    }
    * s = '\0'
}
void strcat(char * s,char * t)
{
    while( * s) s++;              /*移动串s到串尾*/
    while( * t)
        * s++ = * t++;           /*将串t接在串s后,实现串的连接*/
    * s = '\0';                  /*在串结尾处写入结束符*/
}
```

需要注意的是,串复制时,串 s 的长度应大于等于串 t;串连接时,串 s 的长度应大于等于串 s 与串 t 的长度之和。以免出现存储的溢出。

字符数组和字符指针都能够实现对字符串的操作,但它们是有区别的:

(1) 存储上的区别:字符数组由若干元素组成,每个元素存放一个字符。字符指针存放的是地址(字符数组的首地址),不是将整个字符串放到字符指针变量中。

(2) 赋值上的区别:对字符数组只能对各个元素赋值,不能将一个常量字符串赋值给字符数组(字符数组初始化例外)。可以将一个常量字符串赋值给字符指针,但含义仅仅是将常量串首地址赋值给字符指针。例如:

非法的赋值:char str[100];   str= "I am a student. ";

合法的赋值:char * pstr;   pstr= "I am a student. ";

(3) 定义上的区别:定义数组后,编译系统分配具体的内存单元(一片连续内存空间),

各个单元有确切的地址。定义一个指针变量,编译系统只分配一个2字节或更多字节存储单元,以存放地址值。也就是说,字符指针变量可以指向一个字符型数据(字符变量或字符数组),但是在对它赋以具体地址前,它的值是随机的(不知道它指向的是什么)。所以字符指针必须初始化才能使用。例如:

合法的定义:char s[10];　　gets(s);

非法的定义:char ＊ ps;　　gets(ps);　　/＊指针没有一个确切的指向＊/

(4) 运算上的区别:指针变量的值允许改变(＋＋,－－,赋值,等等),而字符数组的数组名是常量地址,不允许改变,如 s＋＋ 是错误的,但当 ps＝s 后,ps＋＋、＋＋ps 就是合法的。

6.5　指 针 数 组

前面介绍了指向不同类型变量的指针的定义和使用,不仅可以让指针指向某类变量,并替代该变量在程序中使用;也可以让指针指向一维、二维数组或字符数组,来替代这些数组在程序中使用,这给我们在编程时带来许多方便,这些指针我们称为数组指针。

定义多个同类型的指针时,可以仿照数组的定义形式,这样数组元素全部是指针,它们分别用于指向某类的变量,以替代这些变量在程序中的使用,增加灵活性,我们把这样的数组称为指针数组。指针数组定义形式为:

类型标识　＊　数组名[数组长度];

例如:char ＊ str[4];

由于运算符[ ]的优先级比运算符＊高,所以先是数组形式 str[4],然后才是 char 与 ＊ 的结合,表示数组中有4个元素,每个元素都是一个指向字符数据的指针,即 str[0]、str[1]、str[2]、str[3],4个元素均为指针变量,各自指向字符类型的变量。例如:

int ＊ ptr[5];

该指针数组包含5个指针 ptr[0]、ptr[1]、ptr[2]、ptr[3]、ptr[4],各自指向整型类型的变量。

说明:

(1) 指针数组指的是数组元素都为指针的数组,注意与数组的指针相区别。数组的指针,指的是数组的首地址,与指针数组有很大的区别。

(2) 注意指针数组的声明形式和指向二维数组的行指针的区别。行指针声明形式为:

int (＊ ptr)[4],a[3][4],b[3][3];

说明指针变量 ptr 只能指向一个长度为4的数组,例如:

ptr = a; /＊合法＊/
ptr = b; /＊非法,数组 b 的行指针是一个长度为3的一维数组＊/

从形式上看,是有无括号的区别,但含义完全不同,在使用时要特别注意。

指针数组用得最多的是"字符型指针数组",利用字符型指针数组可以指向多个长度不等的字符串,使字符串处理更加方便、灵活,节省内存空间。如图6-18所示,指针数组的元素均为指针,其存储空间仅是指针所占用的单元,而非数据本身。

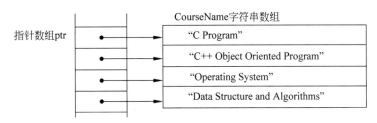

图 6-18　指针数组的元素指向字符串数组中的字符串

使用字符型指针数组指向多个字符串与使用二维字符数组存储多个字符串的比较:

(1) 节省存储空间(二维数组要按最长的串开辟存储空间)。

(2) 便于对多个字符串进行处理,节省处理时间(使用指针数组排序各个串不必移动字符数据,只需改变指针指向的地址)。

例 6.15　针对指针数组的应用。用指针数组的各指针指向字符串数组,并对字符串进行排序。

分析:这里采用选择排序,选择排序的思想是:第 1 趟,在待排序的数组元素 a[0]～a[n-1]中选出最小(或最大)的元素,将它与 a[0]交换;第 2 趟,在待排序元素 a[1]～a[n-1]中选出最小(或最大)的元素,将它与 a[1]交换;以此类推,第 i 趟在待排序元素 a[i-1]～a[n-1]中选出最小(或最大)的元素,将它与 a[i-1]交换,直到全部排序完毕。

```c
/*
程序名称:ex6-15.c
程序功能:指针数组的应用
*/
#include <string.h>
#include <stdio.h>
#include <stdlib.h>
void sort(char * name[],int n);
int main()
{
    char * CourseName[] = { "C Program","C++Object Oriented Program",
        "Operating System","Data Structure and Algorithms"
        };
    int i,n = 4;
    sort(CourseName,n);
    for(i = 0; i < n; i++)
        printf(" %s\n",CourseName[i]);
    system("pause");
    return 0;
}
void sort(char * name[],int n) /* 选择法排序 */
{
    char * temp;
    int i,j,k;
    for(i = 0; i < n - 1; i++)
    {
```

```
                k = i;
                for(j = i + 1; j < n; j++)
                    if(strcmp(name[j],name[k])< 0)k = j;
                if(k != i)
                {
                    temp = name[i];
                    name[i] = name[k];
                    name[k] = temp;
                }
            }
        }
```

程序运行结果：

输出：C Program
     C++Object Oriented Program
     Data Structure and Algorithms
     Operating System

指针数组对于解决这类问题(当然也可以解决其他问题)提供了更加灵活方便的操作。还有一点需要说明,定义一个指针数组后,指针数组各元素的取值(即地址)要注意安全性。如定义指针数组：

```
char * p[3];
```

该数组包含 3 个指针,但指针的指向是不确定的。假设有语句：

```
scanf(" % s",p[i]);              / * 若 p[i]没有指向一个有效的地址空间,非法 * /
```

则在执行程序时会发生错误,导致程序不能继续执行,除非给指针数组元素赋安全的地址值。

6.6　指针的地址分配

我们可以定义指针变量指向任何类型的变量。在上述的处理过程中,指针变量指向的变量通过传递变量的地址来实现。指针变量的取值是内存地址,这个地址应当是安全的,而不是随意的,否则,存入内存单元的值将会使得已存放的信息丢失。若指针的指向是不安全的内存地址,在该地址空间上的数据处理就会产生不正确的结果。为此,在程序的执行过程中,要保证指针操作的安全性,就要为指针变量分配安全地址。在程序执行过程中为指针变量所做的地址分配就称为动态内存分配。当无须指针变量操作时,可以将其所分配的内存归还系统,此过程称为内存单元的释放。

ANSI 标准包含两个最常用的动态分配内存的函数 malloc()和 free(),并在 stdlib. h 中声明,有些 C 编译在 malloc. h 头文件中声明动态分配内存函数。使用时请参照具体的 C 编译版本。函数原型为：

```
void * malloc( size_t size );
void free( void * p );
```

malloc()用以向操作系统申请分配内存大小,注意：size 的值应和要指向的变量类型所占的内存字节数匹配(一为其倍数)；free()用以在使用完毕释放掉由 malloc()分配的内存。

例 6.16 两个字符串的交换。

```
/*
程序名称:ex6 - 16.c
程序功能:两个字符串的交换
*/
# include < stdlib.h>
# include < stdio.h>
# include < string.h>
int main()
{
    char * p1, * p2, * temp;
    p1 = (char * )malloc(30);       /* 指针变量指向动态分配长度为 30 字节的存储空间 */
    p2 = (char * )malloc(20);
    temp = (char * )malloc(30);
    printf("输入 str1:");
    gets( p1 );                     /* 输入字符串 */
    printf("输入 str2:");
    gets(p2);
    printf("str1 ----------- str2\n");
    printf(" % s....... % s\n",p1,p2);
    strcpy(temp,p1);                /* 字符串复制 */
    strcpy(p1,p2);
    strcpy(p2,temp);
    printf("str1 ----------- str2\n");
    printf(" % s....... % s\n",p1,p2);
    free(p1);
    free(p2);
    free(temp);
    system("pause");
    return 0;
}
```

程序运行结果:

```
输入: 输入 str1:Hello
      输入 str2:world
输出: str1 ----------- str2
      Hello.......world
      str1 ----------- str2
      world.......Hello
```

malloc()函数的返回值是一个 void 类型(通用型)的指针,所以在调用时需要将返回值的类型强制转换成所需要的类型。本例中,申请的存储单元的类型为字符型的,使用(char *)强制类型运算,将结果转换成字符型指针。

例 6.17 对已排好序的字符指针数组进行指定字符串的查找。字符串按字典顺序排列,查找算法采用二分法,也称为折半查找算法。

分析:折半查找算法描述如下。

(1)输入 n 个字符串,分别由指针数组的元素指向。按照字典顺序排序,选用例 6.15

中的 sort 函数实现。

(2) 设 low 指向指针数组的低端,high 指向指针数组的高端,mid = (low+high)/2。

(3) 测试 mid 所指的字符串,是否为要找的字符串。

(4) 若按字典顺序,mid 所指的字符串大于要查找的串,表示被查字符串在 low 和 mid 之间;否则,表示被查字符串在 mid 和 high 之间。

(5) 修改 low 式 high 的值,重新计算 mid,继续寻找。

```c
/*
程序名称:ex6-17.c
程序功能:折半查找
*/
#include<string.h>
#include<stdio.h>
#include<stdlib.h>
#define N 4
void sort(char * name[],int n);
char * b_search(char * ptr[],char * str,int n);
int main()
{
    char * p[N], * t;
    int i,j;
    for (i = 0; i < N; i++)
    {
        p[i] = (char * )malloc(20);
        gets(p[i]);
    }
    printf("\n");
    printf("original string:\n");
    for(i = 0; i < N; i++)
        printf(" % s\n",p[i]);
    sort(p,N);
    printf("after sort string:\n");
    for(i = 0; i < N; i++)
        printf(" % s\n",p[i]);
    printf("input search string:\n");
    t = (char * )malloc(20);
    while ( strcmp(gets(t),"End") != 0 )         /* 输入 End 表示结束 */
    {
        t = b_search(p,t,N);
        if (t)
            printf("succesful ----- % s\n",t);
        else
            printf("no succesful!\n");
        printf("input search string:\n");
        t = (char * )malloc(20);
    }
    free(t);
    system("pause");
    return 0;
```

```
}
void sort(char  * name[ ], int n) / * 选择法排序 * /
{
    char  * temp;
    int i, j, k;
    for(i = 0;  i < n − 1;  i++)
    {
        k = i;
        for( j = i + 1;  j < n;  j++)
            if(strcmp(name[ j], name[ k]) < 0)k = j;
        if(k != i)
        {
            temp = name[ i];
            name[ i] = name[ k];
            name[ k] = temp;
        }
    }
}
char  * b_search(char  * ptr[ ], char  * str, int n) / * 折半查找 * /
{
    int hig, low, mid;
    low = 0;
    hig = n − 1;
    while(low < = hig)
    {
        mid = (low + hig)/2;
        if(strcmp(str, ptr[ mid]) < 0)
            hig  =  mid  −  1;
        else if(strcmp(str, ptr[ mid]) > 0)
            low  =  mid  +  1;
        else return(str);
    }
    return 0;
}
```

6.7　指向指针的指针变量

指针变量可以指向简单变量、数组,当然也可以指向指针类型变量。当这种指针变量用于指向指针类型变量时,称为指向指针的指针变量,也称为二重指针。下面用图来描述这种二重指针。指向指针的指针变量定义如下:

类型标识符 ** 指针变量名;

例如:

```
int i = 5, * pi = &i;
float f = 2.8, * pf = &f;
char ch = 'a', * pc = &ch;
int x = 6, * p1 = &x, ** p2 = &p1;
```

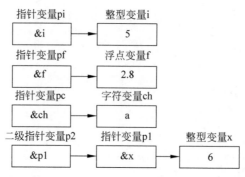

图 6-19　指针变量与指向指针的变量

在图 6-19 中,整型变量 i 的指针是 &i,将其赋值给指针变量 pi,则 pi 指向 i;浮点变量 j 的指针是 &j,将其赋值给指针变量 pf,则 pf 指向 j;字符型变量 ch 的指针是 &ch,将其赋值给指针变量 pc,则 pc 指向 ch;整型变量 x 的地址是 &x,将其赋值给指针变量 p1,则 p1 指向 x,同时,将 p1 的指针 &p1 赋值给 p2,则 p2 指向 p1。这里的 p2 就是上面讲到的指向指针的指针变量,即指针的指针。

例 6.18　利用指向指针的指针变量对二维字符数组的访问。

```c
/*
程序名称:ex6-18.c
程序功能:利用指向指针的指针变量对二维字符数组的访问
*/
#include<stdio.h>
#include<stdlib.h>
int main()
{
    int i;
    char c[][30] = {"C Program","Data Structure",
            "Operating System","DataBase System"};
    char *cp[] = {c[0],c[1],c[2],c[3]};  /* 指针数组 */
    char **cpp;                 /* 指向字符指针的指针变量 */
    cpp = cp;                   /* 将指针数组的首地址传递给指向字符指针的指针变量 */
    for (i = 0; i < 4; i++)          /* 按行输出字符串 */
        printf(" %s\n", *cpp++);
    printf(" - - - - - - - - - - \n");
    for (i = 0; i < 4; i++){         /* 按行输出字符串 */
        cpp = &cp[i];
        printf(" %s\n", *cpp);
    }
    system("pause");
    return 0;
}
```

程序运行结果:

输出: C Program
        Data Structure
        Operating System

```
DataBase System
— — — — — — — — — —
C Program
Data Structure
Operating System
DataBase System
```

6.8　指向函数的指针变量

指针可以指向变量、数组,同样也可以定义指针来指向函数,把这样的指针称为函数的指针,也可称为函数的入口地址(函数的首地址)。C 语言规定函数的首地址就是函数名,所以函数名就是函数的指针。指向函数的指针变量就是保存函数入口地址(函数指针)的变量,称这种变量为指向函数的指针变量,简称函数的指针变量。函数可以通过函数名调用,也可以通过函数指针调用。指向函数的指针变量的定义:

类型 (＊ 函数指针变量名)();

例如:

int (＊ p)();

注意:两组括号()都不能少。int 表示被指向的函数的类型,即被指向的函数的返回值的类型。使用方法有两种:

(1) 指向函数的指针变量的赋值,指向某个函数:函数指针变量名＝函数名;

(2) 利用指向函数的指针变量调用函数:(＊ 函数指针变量名)(实参表)

函数的参数除了可以是变量、指向变量的指针、数组(实际是指向数组的指针)以外,还可以是函数的指针。函数的指针可以作为函数参数,在函数调用时可以将某个函数的首地址传递给被调用的函数,使这个被传递的函数在被调用的函数中调用(看上去好像是将函数传递给一个函数)。函数指针的使用在有些情况下可以增加函数的通用性,特别是在可能调用的函数可变的情况下。

例 6.19　编制一个对两个整数 a,b 的通用处理函数 process,要求根据调用 process 时指出的处理方法计算 a,b 两数中的大数、小数、和。

分析:定义一个指向函数的指针 f,该指针指向的函数有两个整型参数,通过通用计算函数使用函数指针,使得主函数的调用过程变得简化。

```
/ ＊
程序名称:ex6 - 19.c
程序功能:指向函数的指针的使用方法
＊ /
# include < stdio. h >
# include < stdlib. h >
int max( int,int);
int min( int,int);
int add( int,int);
int process( int x,int y,int ( ＊ f)( int,int));
int main()
```

```
{
    int a,b;
    printf("Enter two num to a and b:");
    scanf("%d%d",&a,&b);
    /* 调用通用处理函数 */
    printf("max=%d\n",process(a,b,max));
    printf("min=%d\n",process(a,b,min));
    printf("add=%d\n",process(a,b,add));
    system("pause");
    return 0;
}
int max(int x,int y)                    /* 返回两数之中较大的数 */
{
    return x>y?x:y;
}
int min(int x,int y)                    /* 返回两数之中较小的数 */
{
    return x<y?x:y;
}
int add(int x,int y)                    /* 返回两数的和 */
{
    return x+y;
}

int process(int x,int y,int (*f)(int,int))   /* 函数参数为一个函数指针 */
{
    return (*f)(x,y);
}
```

程序运行结果：

```
输入: Enter two num to a and b:1 2
输出: max=2
      min=1
      add=3
```

说明：

（1）函数 process 处理两个整数，并返回一个整型值。同时，又要求 process 具有通用处理能力（处理求大数、小数、和），所以可以考虑在调用 process 时将相应的处理方法（"处理函数"）传递给 process。

（2）process 函数要接受函数作为参数，即 process 应该有一个函数指针作为形式参数，以接受函数的地址。这样 process 函数的函数原型应该是：

int process(int x,int y,int (*f)(int,int));

（3）process 函数是一个"通用"整数处理函数，它使用函数指针作为其中的一个参数，以实现在同一个函数中调用不同的处理函数。

思考：指向函数的指针变量能不能像指向数组指针变量那样进行＋＋或—运算？

6.9　main()函数的参数

C 语言程序最大的特点是，所有的程序都是由函数组成的。main()称为主函数，是 C

程序运行的入口。其余函数分为有参数或无参数两种,均由 main() 函数或其他函数调用,若调用的是有参数函数,则参数在调用时传递。这也是 C 语言的基本特征。

(1) 编写好的程序如何执行呢?

要启动一个程序,基本方式是在操作系统命令状态下由键盘输入一个命令。"命令行"就是为启动程序在操作系统状态下输入的表示命令的字符行。目前,许多操作系统采用图形用户界面,在要求执行程序时,常常不是通过命令行形式发出命令,而是通过单击图标或菜单项等发出命令。但实际的命令行仍然存在,只是它们隐藏于图标或菜单命令中。例如,Windows 系统可以输入 cmd 进入命令行状态。

在要求执行一个命令时,所提供的命令行里往往不仅是命令名,可能还需要提供另外的信息。例如,在 Windows 命令行窗口里,要检查网络是否通畅,首先要输入如下命令:

```
ping 127.0.0.1
```

可在屏幕上显示如图 6-20 所示的信息。

由此可知,命令行中的信息是以字符序列形式出现,这就是本节要讨论的命令行参数。

(2) C 语言的程序如何实现命令行参数传递机制呢?

处理程序的命令行参数与处理函数的参数相似。因为,写这种程序时需要考虑的是如何处理输入命令行、执行这个程序时所提供的信息。就像在定义函数时,要考虑的是处理函数被调用时提供的参数信息。

图 6-20　执行命令行程序

在前面课程的学习中,对 main() 函数始终作为主调函数处理,也就是说,允许 main() 函数调用其他函数并传递参数。事实上,main() 函数既可以无参数,也可以有参数。对于有参数的形式来说,就必须要向其传递参数。

C 语言实现命令行参数的方法就是在主函数的参数列表中定义合适的参数,实现带参数的命令。前面程序中的 main() 函数都没有参数,表示它们不处理命令行参数。实际上 main() 可以有两个参数,其原型是:

```
int main (int argc,char * argv[]);
```

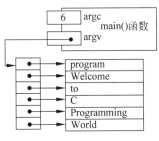

图 6-21　主函数的命令行参数传递

在 C 语言中,常用 argc、argv 作为 main() 两个参数的名称。当然,根据对函数性质的了解,这两个参数也可以用其他任何名称,但它们的类型是确定的。只要在定义 main 函数时写出上面这样类型正确的函数原型,就能保证在程序启动执行时正确得到有关命令行参数的信息,如图 6-21 所示。

当一个用 C 编写的程序被装入内存准备执行时,main() 的两个参数被自动给定初值:argc 的值是启动命令行中的命令行参数的个数;指针 argv 指向一个字符指针数组。该数组共有 argc 个字符指针,分别指向表示各命令行参数的字符串。

若有命令行命令为:

program Welcome to C Programming World

当程序执行进入主函数 main()时,命令行参数如图 6-21 所示。其中 main()的整型参数 argc 为 6,连同可执行文件自身共有 6 个字符串,指针参数 argv 指向一个包含 6 个成员的字符指针数组,这 6 个指针分别指向相应字符串。这些都是在 main()开始执行前自动建立的。这样,在函数 main()里就可以通过 argc 和 argv 参数访问命令行的各个参数了:由 argc 可得到命令行参数的个数,由 argv 可以找到各个命令行参数字符串。

下面通过一个使用命令行参数的简单例子,说明命令行参数的基本使用方法。

例 6.20 主函数的参数。

```
/*
程序名称:ex6-20.c
程序功能:主函数的参数
*/
#include<stdio.h>
#include<stdlib.h>
int main (int argc,char * argv[])
{
    int i;
    for (i = 0; i < argc; ++i)
        printf("Args[%d]: %s\n",i,argv[i]);
    system("pause");
    return 0;
}
```

假定这个程序的源文件是 cpp1.c,编译后的可执行文件是 cpp1.exe。执行下面命令:

输入:cpp1 welcome to Nanjing

输出:

```
Args[0]:cpp1
Args[1]:welcome
Args[2]:to
Args[3]:Nanjing
```

6.10 指针的应用

下面通过实例来说明指针的应用。

例 6.21 输入一个字符串,判断该字符串是否为回文字符串。

分析:所谓回文字符串,就是从左往右读和从右往左读都是一样的。例如,LEVEL 是回文字符串,where 不是回文字符串。由于输入的是任意字符串(可能包含空格),因此采用 gets 函数输入字符串,并将字符串保存在字符数组中。然后定义两个字符指针 p 和 q,其中指针 p 指向字符串的开头一个字符,指针 q 指向字符串最后一个字符,比较 p 和 q 指向的字符,如果不相同,则不是回文字符串。若相同,p 向右(后)移动一个位置,q 向左(前)移动一个位置再比较,直到 p>=q,则该字符串是回文字符串。

```
/ *
程序名称:ex6 - 21.c
程序功能:判断回文字符串
 * /
# include < stdio.h>
# include < stdlib.h>
int fun(char * );
int main()
{
    char str[100];
    gets(str);
    if(fun(str))
        printf("是回文字符串\n");
    else
        printf("不是回文字符串\n");
    system("pause");
    return 0;
}
int fun(char * str)
{
    char * p, * q;
    p = str;
    q = str;
    while( * q)
     q++;
    q = q - 1;
    while(p < q)
    {
        if( * p!= * q)
            return 0;
        else
        {
            p++;
            q -- ;
        }
    }
    return 1;
}
```

程序运行结果:

输入:LEVEL
输出:是回文字符串
输入:This is a book
输出:不是回文字符串

例 6.22 假定输入的字符串中只包含字母和 * 号。编写程序,要求除了字符串前导和尾部的 * 号之外,将串中其他 * 号全部删除。例如,若字符串中的内容为 **** A * BC * DEF * G ****** ,删除后,字符串中的内容应当是 **** ABCDEFG ****** 。

分析:定义 3 个指针 f、q、t,使 f 和 q 指向字符串的开头,t 指向字符串的末尾,分别移动

f 和 t,使它们分别指向字符串前部分第一个非 ∗ 号字符和后部分第一个非 ∗ 号字符,移动指针 q,当 q<f 时,将前导 ∗ 号保存起来。然后再移动 q,遇到非 ∗ 号字符也保存起来,直到 q==t(这时把中间部分的 ∗ 号删除了)。再移动 q,直到字符串结束,把后面部分的 ∗ 号保存起来。

```c
/*
程序名称:ex6-22.c
程序功能:删除字符串中间的 * 号
*/
#include<stdio.h>
#include<stdlib.h>
void fun(char * );
int main()
{
    char s[81];
    printf("输入一个字符串:\n");
    gets(s);
    fun(s);
    printf("删除中间的 * 号后的字符串:\n");
    puts(s);
    system("pause");
    return 0;
}
void fun(char * a)
{
    int i = 0;
    char * t = a, * f = a, * q = a;
    while( * t)
        t++;
    t--;                    /* t 指向字符串最后一个字符 */
    while( * t == ' * ')    /* t 从后向前指向字符串第一个非 * 号字符 */
        t--;
    while( * f == ' * ')    /* f 从前向后指向字符串第一个非 * 号字符 */
        f++;
    while (q<= f)           /* 将前导的 * 号字符保存起来 */
    {
        a[i] = * q;
        q++;
        i++;
    }
    while (q<t)             /* 将中间的 * 号字符删除,非 * 号字符保存起来 */
    {
        if( * q!= ' * ')
         {
             a[i] = * q;
             i++;
         }
        q++;
    }
    while ( * q)            /* 将后面的 * 号字符保存起来,直到字符串结束 */
```

```
    {
        a[i] = * q;
        i++;
        q++;
    }
    a[i] = '\0';
}
```
输入：＊＊＊＊A＊BC＊DEF＊G＊＊＊＊＊＊
输出：＊＊＊＊ABCDEFG＊＊＊＊＊＊

本 章 小 结

本章讨论了指针的概念和指针与数组的关系。我们可以这样认为，数组名是一个静态的指针，而指针变量中的指针是一个动态的量，二者之间关系紧密，有时可以相互代替，充分体现了语言的灵活性，也需要读者特别重视这一点。本章有很多重要的概念，也是需要重点理解，如地址值（指针值）、指针（指针变量）、指针的类型、取地址运算、间接运算、函数的返回值指针、指针参数、空指针、NULL、指针运算、数组写法和指针写法、字符指针和字符数组、指针数组、命令行、命令行参数、多维数组作为参数、数组元素位置的计算等。为了方便理解比较复杂的概念，通过列表的形式加以总结，如表 6-4 所示。

表 6-4　常用指针数据定义

定　义	含　义
int i;	定义整型变量 i
int * p = &i;	p 为指向整型数据 i 的指针变量
int a[n];	定义含 n 个元素的整型数组 a，此时 n 为常量（下同）
int * p[n];	n 个指向整型数据的指针变量组成的指针数组 p
int(* p)[n];	p 为指向含 n 个元素的一维整型数组的指针变量
int f();	f 为返回整型数的函数
int * p();	p 为返回指针的函数，该指针指向一个整型数据
int(* p)();	p 为指向函数的指针变量，该函数返回整型数
int ** p;	p 为指针变量，它指向一个指向整型数据的指针变量

习　题　6

1. 单项选择题

（1）变量的指针,其含义是指该变量的（　　）。

　　A. 值　　　　　　　B. 起始地址　　　　C. 名　　　　　　　D. 一个标志

（2）已有定义 int k=2;int * ptr1,* ptr2;,且 ptr1 和 ptr2 均已指向变量 k,下面不能正确执行的赋值语句是（　　）。

　　A. k= * ptr1＋ * ptr2　　　　　　　B. ptr2=k

　　C. ptr1=ptr2　　　　　　　　　　　D. k= * ptr1 * (* ptr2)

（3）若有说明 int * p,m=5,n;,以下程序段正确的是（　　）。

A.　p＝&n;　　　　　　　　　B.　p ＝ &n;
scanf("%d",&p);　　　　　　　scanf("%d", * p);
C.　scanf("%d",&n);　　　　　D.　p ＝ &n;
* p＝n;　　　　　　　　　　* p ＝ m;

(4) 已有变量定义和函数调用语句 int a＝25; print_value(&a);,下面函数的输出结果是(　　)。

```
void print_value(int * x)
{ printf("%d\n",++ * x); }
```

A.　23　　　　　　B.　24　　　　　　C.　25　　　　　　D.　26

(5) 若有说明：int * p1, * p2,m＝5,n;以下均是正确赋值语句的选项是(　　)。

A.　p1＝&m; p2＝&p1;　　　　　　　B.　p1＝&m; p2＝&n; * p1＝p2;
C.　p1＝&m; p2＝p1;　　　　　　　　D.　p1＝m; * p1＝ * p2;

(6) 下面判断正确的是(　　)。

A.　char * a＝"china"; 等价于 char * a; * a＝"china";
B.　char str[10]＝{ "china"}; 等价于 char str[10]; str[ ]＝{ "china"; }
C.　char * s＝"china"; 等价于 char * s; s＝"china";
D.　char c[4]＝ "abc",d[4]＝ "abc"; 等价于 char c[4]＝d[4]＝ "abc";

(7) 下面能正确进行字符串赋值操作的是(　　)。

A.　char s[5]＝{ "ABCDE"};
B.　char s[5]＝{'A','B','C','D','E'};
C.　char * s; s＝"ABCDE";
D.　char * s; scanf("%s",s);

(8) 下面程序段的运行结果是(　　)。

```
char * s = "abcde";
s += 2; printf("%s",s);
```

A.　cde　　　　　　B.　字符'c'　　　　C.　字符'c'的地址　　D.　不确定

(9) 设 p1 和 p2 是指向同一个字符串的指针变量,c 为字符变量,则以下能正确执行并有意义的赋值语句是(　　)。

A.　c＝ * p1＋ * p2　　　　　　　　B.　p2＝c
C.　p1＝p2　　　　　　　　　　　　D.　c＝ * p1 * (* p2)

(10) 设有程序段 char s[ ]＝ "china"; char * p; p＝s;,则下面叙述正确的是(　　)。

A.　s 和 p 完全相同
B.　数组 s 中的内容和指针变量 p 中的内容相等
C.　s 数组长度和 p 所指向的字符串长度相等
D.　* p 与 s[0]相等

(11) 下面程序段的运行结果是(　　)。

```
char a[ ] = "language", * p;
p = a;
```

```
while ( * p!= 'u') { printf("%c", * p - 32); p++; }
```

      A. LANGUAGE   B. language   C. LANG   D. langUAGE

（12）若已定义 char s[10];,则在下面表达式中不表示 s[1]的地址是（　　）。

      A. s+1   B. ++s   C. &s[0]+1   D. &s[1]

（13）若有定义 int (* p)[4];,则标识符 p（　　）。

      A. 是一个指向整型变量的指针

      B. 是一个指针数组名

      C. 是一个指针,它指向一个含有 4 个整型元素的一维数组

      D. 定义不合法

（14）若要对 a 进行自增运算,则 a 应具有下面的说明（　　）。

      A. int a[3][2];   B. char * a[ ]={ "12","ab"};

      C. char (* a) [3]   D. int b[10], * a=b;

（15）若有定义 int w[3][5];,则以下不能正确表示该数组元素的表达式是（　　）。

      A. * (&w[0][0]+1)   B. * (* w+3)

      C. * (* (w+1))   D. * (w+1)[4]

（16）已有函数 max(a,b),为了让函数指针变量 p 指向函数 max,正确的赋值方法是（　　）。

      A. p=max;   B. p=max(a,b);

      C. * p=max;   D. * p=max(a,b);

（17）以下叙述正确的是（　　）。

      A. C 语言允许 main()函数带形参,且形参个数和形参名均可由用户指定

      B. C 语言允许 main()函数带形参,形参名只能是 argc 和 argv

      C. 当 main()函数带有形参时,传给形参的值只能从命令行中得到

      D. 若有说明 int main(int argc,char ** argv),则 argc 的值必须大于 1

2. 填空题

（1）在 C 程序中,指针变量能够赋_____值或_____值。

（2）在 C 语言中,数组名是一个不可改变的_____,不能对它进行赋值运算。

（3）若有定义语句 int a[4]={0,1,2,3}, * p; p=&a[1];,则++(* p)的值是_____。

（4）若有定义语句 int a[2][3]={2,4,6,8,10,12};,则 * (&a[0][0]+2 * 2+1)的值是_____, * (a[1]+2)的值是_____。

（5）若有程序段:

```
int * p[3],a[6],i;
for (i = 0; i <3; i++) p[i] = &a[2 * i];
```

则 * p[0]引用的是 a 数组元素_____, * (p[1]+1)引用的是 a 数组元素_____。

3. 程序阅读题

（1）下面程序的运行结果是_____。

```
#include< stdio.h>
```

```
#include<stdlib.h>
int fun(char *,char,int );
int main()
{
char c[6];
    int i;
    for (i=1; i<=5; i++) *(c+i) = 'A'+i+1;
    printf("%d\n",fun(c,'E',5));
    system("pause");
    return 0;
}
int fun(char *s,char a,int n)
{
    int j;
    *s=a; j=n;
    while (*s<s[j]) j--;
    return j;
}
```

(2) 下面程序的运行结果是_____。

```
#include<stdio.h>
#include<stdlib.h>
int fun (char *);
int main()
{
    char *a="abcdef";
    printf("%d\n",fun(a));
    system("pause");
    return 0;
}
int fun (char *s)
{
    char *p=s;
    while (*p) p++;
    return (p-s);
}
```

(3) 下面程序的运行结果是_____。

```
#include<stdio.h>
#include<stdlib.h>
void sub(char *,int,int );
int main()
{ char s[12];
    int i;
    for (i=0; i<12; i++) s[i] = 'A'+i+32;
    sub(s,7,11);
    for (i=0; i<12; i++) printf ("%c",s[i]);
    printf("\n");
    system("pause");
    return 0;
```

```
}
void sub(char * a, int t1, int t2)
{   char ch;
    while (t1 < t2)
    {
        ch = * (a + t1);
        * (a + t1) = * (a + t2);
        * (a + t2) = ch;
        t1++;
        t2 -- ;
    }
}
```

（4）当运行以下程序时，输入___6✓___的程序运行结果是_____。

```
# include < stdio. h >
# include < stdio. h >
void sub(char * , char );
int main()
{
    char s[ ] = "97531",c;
    c = getchar();
    fun(s,c);
    puts(s);
    system("pause");
    return 0;
}
void sub(char * a, char b)
{
    while ( * (a++)!= '\0');
    while ( * (a - 1)< b)
        * (a -- ) = * (a - 1);
    * (a -- ) = b;
}
```

（5）当运行以下程序时，输入 9,5✓ 的程序运行结果是_____。

```
# include < stdio. h >
# include < stdlib. h >
void swap(int * p1, int * p2);
int main()
{
    int a, b;
    int * pa, * pb;
    scanf(" % d, % d",&a, &b);
    pa = &a; pb = &b;
    swap(pa, pb);
    printf("\n % d, % d\n",a, b);
    system("pause");
    return 0;
}
void swap(int * p1, int * p2)
```

```
{
    int p;
    p = * p1;
    * p1 = * p2;
    * p2 = p;
}
```

（6）下面程序的功能是_____。

```
# include < stdio. h >
# include < stdlib. h >
void inv( int  * , int );
int main( )
{
    int i,a[10] = {3,7,9,11,0,6,7,5,4,2};
    inv(a,10);
    for(i = 0;i < 10;i++)
        printf(" % d,",a[i]);
    printf("\n");
    system("pause");
    return 0;
}
void inv( int  * x, int n)
{
    int t, * p, * i, * j,m = (n - 1)/2;
    i = x;
    j = x + n - 1;
    p = x + m;
    for(;i < = p;i++,j-- )
    {
        t = * i;
        * i = * j;
        * j = t;
    }
}
```

（7）下面程序运行的结果是_____。

```
# include < stdio. h >
# include < stdlib. h >
void copy_string( char  * , char  * );
int main( )
{
    char a[30] = "I am a teacher. ";
    char b[30] = "You are a student. ";
    printf("string_a = % s\nstring_b = % s\n",a,b);
    copy_string(a,b);
    printf("\nstring_a = % s\nstring_b = % s\n",a,b);
    system("pause");
    return 0;
}
void copy_string( char  * from, char  * to)
```

```
{
    for(; * from!= '\0';from++,to++)
    * to = * from;
    * to = '\0';
}
```

4. 程序填空题

（1）下面函数的功能是将一个整数字符串转换为一个整数。例如，将"1234"转换为
1234，请填空使程序完整。

```
int chnum(char * p)
{
    int num = 0,k,len,j;
    len = strlen(p);
    for (;_____; p++)
    {
        k = _____; j = ( -- len);
        while (_____) k = k * 10;
        num = num + k;
    }
    return (num);
}
```

（2）下面函数的功能是统计子串 substr 在母串 str 中出现的次数，请填空使程序完整。

```
int count(char * str,char * substr)
{
    int i,j,k,num = 0;
    for ( i = 0;_____; i++)
        for (_____,k = 0; substr[k] == str[j]; k++,j++)
            if (substr [_____] == '\0')
            {
                num++;
                break;
            }
        return (num);
}
```

（3）下面函数的功能是用递归法将一个整数存放到一个字符数组中，按逆序存放。例
如将 483 存放成"384"，请填空使程序完整。

```
void convert(char * a,int n)
{
    int i;
    if ((i = n/10)!= 0) convert(_____,i);
    * a = _____;
}
```

（4）下面函数的功能是用递归法求数组中的最大值及下标值，请填空使程序完整。

```
void findmax(int * a,int n,int i,int * pk)
{
```

```
        if (i < n)
        {
            if (a[i]>a[ * pk]) _____;
            findmax(_____);
        }
    }
```

(5) 下面函数的功能是将两个字符串 s1 和 s2 连接起来。请填空使程序完整。

```
void conj(char * s1,char * s2)
{
    char * p = s1;
    while ( * s1)_____;
    while ( * s2)
    {
         * s1 = _____;
        s1++,s2++;
    }
     * s1 = '\0';
}
```

5. 编程题

(1) 定义 3 个整数及指向整数的指针,仅用指针方法按由小到大的顺序输出。

(2) 输入 10 个整数,将其中最小的数与第一个数对换,把最大的数与最后一个数对换。写 3 个函数:①输入 10 个数;②进行处理;③输出 10 个数。所有函数的参数均用指针。

(3) 编写一个求字符串的函数(参数用指针),在主函数中输入字符串,并输出其长度。

(4) 编写一个函数(参数用指针)将一个 $M \times N$ 矩阵转置。

(5) 编写函数原型为 int strcmp(char * s1,char * s2); 的函数,该函数可以实现两个字符串的比较。

(6) 规定输入的字符串中只包含字母和 * 号。用函数调用方式编程实现:使字符串中前导的 * 号不多于 n 个,若多于 n 个,则删除多余的 * 号;若少于或等于 n 个,则不做任何操作,字符串中间和前面的 * 号不删除。例如,字符串内容为 ******A * BC * DEF *****,n 为 4,则处理后的字符串应为 ****A * BC * DEF *****。若 n 为 8,则处理后的字符串为 ******A * BC * DEF *****。

(7) 假定输入的字符串中只包含字母和 * 号。编写函数 fun(),它的功能是:除了字符串前导的 * 号之外,将串中其他 * 号全部删除。在编写函数时,不得使用 C 语言提供的字符串函数。例如,若字符串中的内容为 ****A * BC * DEF * G *******,删除后,字符串中的内容则应当是 ****ABCDEFG。

第7章 预处理命令

教学目标

(1) 了解预编译命令的含义。

(2) 掌握宏定义的两种方法。

(3) 了解文件包含的预编译命令。

(4) 初步了解条件编译命令。

在编写 C 语言程序时,可以在 C 源程序中插入传给编译程序的各种指令,例如前面章节的程序中用 ♯ include 把文件嵌入源程序中,以及用 ♯ define 定义符号常量等,这些指令被称为预处理器指令(也称为预编译命令),它们扩充了程序设计环境,增强了程序的可移植性,在高级的 C 语言程序中经常使用这类命令。

7.1 概   述

所谓预处理是指,在进行编译前对源程序预先添加和替换一些信息,以便编译程序能够正常工作。预处理是 C 语言的一项重要功能,它由预处理器完成。对一个源文件进行编译时,系统将自动引用预处理程序对源程序中的预处理部分进行处理,处理完毕自动进入对源程序的编译。

C 语言提供了多种预处理功能,如宏定义、文件包含、条件编译等。合理地使用预处理功能编写的程序便于阅读、修改、移植和调试,也有利于模块化程序设计。本章介绍常用的几种预处理命令。

7.2 宏 定 义

在 C 语言源程序中允许用一个标识符来表示一个字符串,称为"宏"(Macro)。被定义为"宏"的标识符称为"宏"名。在进行预处理时,对程序中所有出现的"宏"名,都用宏定义中的字符串去代换,这个过程称为宏代换或宏展开。

宏定义是由源程序中的宏定义命令完成的。宏代换是由预处理程序自动完成的。在 C 语言中,"宏"分为有参数和无参数两种。下面分别讨论这两种"宏"的定义和调用。

7.2.1 无参宏定义

无参宏的宏名后不带参数。其定义的一般形式为:

♯define 宏名 宏定义串

在 C 语言中,以#开头的均为预处理命令。define 为宏定义命令。宏名为标识符。宏定义部分可以是常数、表达式、格式串等。

在前面介绍过的符号常量的定义就是一种无参宏定义。此外,常对程序中反复使用的表达式进行宏定义。

例如:

```
#define M (y * y)
...
T = M;
```

对源程序进行编译时,将先由预处理程序进行宏代换,即用(y * y)表达式去替换所有的宏名 M,然后再进行编译。赋值表达式经过宏替换后即为:

```
T = (y * y);
```

例 7.1　不带参数的宏定义。

```
/ *
程序名称:ex7 - 1.c
程序功能:不带参数的宏定义的使用
* /
#include < stdio.h >
#include < stdlib.h >
#define M (y * y + 3 * y)
int main()
{
    int s,y;
    printf("输入一个整数: ");
    scanf("%d",&y);
    s = 3 * M + 4 * M + 5 * M;
    printf("s = %d\n",s);
    system("pause");
    return 0;
}
```

程序运行结果:

```
输入: 输入一个整数: 2
输出: s = 120
```

例 7.1 的程序中宏定义用 M 来替代表达式(y * y+3 * y),在 s=3 * M+4 * M+5 * M 中调用了宏。进行预处理时,宏展开后该语句变为:

```
s = 3 * (y * y + 3 * y) + 4 * (y * y + 3 * y) + 5 * (y * y + 3 * y);
```

但要注意的是,在宏定义中表达式(y * y+3 * y)两边的括号不能少,否则会发生错误。如进行以下定义后:

```
#difine M y * y + 3 * y
```

在宏展开时将得到下述语句:

```
s = 3 * y * y + 3 * y + 4 * y * y + 3 * y + 5 * y * y + 3 * y;
```

这相当于

3y2 + 3y + 4y2 + 3y + 5y2 + 3y;

显然,与原题意要求不符,计算结果当然是错误的。因此,在作宏定义时,必须注意括号的使用,应保证在宏代换之后不发生错误。

说明:

(1) 宏定义是用宏名来表示一个符号串,在宏展开时用该串取代宏名,这只是一种简单的代换,符号串中可以含任何字符,可以是常数,也可以是表达式,预处理程序对它不作任何检查。如有错误,只能在编译已被宏展开后的源程序时发现。

(2) 宏定义不是说明或语句,在行末不加分号,若加上分号则连分号一起替换。

(3) 宏定义必须写在函数之外,其作用域为宏定义命令起到源程序结束。如要终止其作用域可使用 #undef 命令。例如:

```
#define PI 3.14159
int main(){...}
#undef PI
int f1(){...}
```

表示 PI 只在 main() 函数中有效,在 f1() 函数中无效。

宏定义允许嵌套,在宏定义的串中可以使用已经定义的宏名。但须遵循先定义宏,再使用宏的原则。在宏展开时由预处理程序依次替换。

例如:

```
#define     ONE      1
#define     TWO      ONE + ONE
#define     THREE    ONE + TWO
```

对语句:

```
printf("%f",THREE);
```

在宏代换后变为:

```
printf("%f",1 + 1 + 1);
```

如果串长于一行,可在行尾用反斜线\续行,如下所示:

```
#define LONG_STRING "this is a very long\
    string that is used as an example"
```

习惯上宏名用大写字母表示,以便于与变量区别,但也允许用小写字母。

例 7.2 使用宏,定义格式控制输出。

```
/ *
程序名称:ex7 - 2.c
程序功能:使用宏实现格式控制输出
* /
#include< stdio.h >
#include< stdlib.h >
#define Print printf
#define Format " %10s %8d %8.2lf\n"
```

```
int main()
{
    int a = 1308001,c = 1308002;
    double b = 621,d = 612;
    Print(Format,"Wangyi",a,b);
    Print(Format,"Liwei",c,d);
    system("pause");
    return 0;
}
```

程序运行结果：

```
输出：  Wangyi    1308001    621.00
        Liwei     1308002    612.00
```

7.2.2 带参宏定义

C 语言允许宏带有参数。对带参数的宏,在调用中,不仅要宏展开,还要代换参数。带参宏定义的一般形式为：

#define 宏名(参数表) 宏定义串

在定义部分可以含有多个参数。带参宏调用的一般形式为：

宏名(实参表);

例如：

```
#define M(y) y * y + 3 * y          /* 宏定义 */
    ...
k = M(5);                           /* 宏调用 */
...
```

在宏调用时,用实参 5 去代替形参 y,经预处理宏展开后的语句为：

k = 5 * 5 + 3 * 5

例 7.3 带参数的宏的定义及调用。

```
/*
程序名称:ex7 - 3.c
程序功能:带参宏定义和调用
*/
#include<stdio.h>
#include<stdlib.h>
#define ABS(a) (a)<0? - (a):(a)
int main()
{
    printf("abs( - 1) = %d\nabs(1) = %d\n",ABS( - 1),ABS(1));
    system("pause");
    return 0;
}
```

程序运行结果：

输出：abs(−1) = 1
        abs(1) = 1

程序中的 define 行进行带参宏定义,用宏名 ABS 表示条件表达式 a<0? −a：a,参数 a 出现在条件表达式中。

如果宏定义串中 a 周围的括号被去掉,即

```
#define ABS(a) a<0? −a:a
```

则表达式 ABS(10−20) 将转换为

```
10 − 20 < 0?  − 10 − 20 : 10 − 20
```

宏替换后,结果是错误的。所以须特别注意宏定义中参数的括号问题。

使用类函数宏代换实函数的一个主要优点是提高了代码的速度,因为消除了调用开销。然而,如果类函数宏的尺寸非常大,则由此带来的损失却是因复制代码而增加了程序的规模。

说明：带参宏定义中,宏名和形参表之间不能有空格出现。例如,把

```
#define MAX(a,b) (a>b)?a:b
```

写为

```
#define MAX (a,b) (a>b)?a:b
```

将被认为是无参宏定义,宏名 MAX 代表字符串(a,b) (a>b)? a：b。宏展开时,宏调用语句

```
max = MAX(x,y);
```

将变为

```
max = (a,b)(a>b)?a:b(x,y);
```

这显然是错误的。

例 7.4 比较宏定义中括号的使用方法。

分析：在宏定义中,括号的作用很大,在 ABS 宏中,已经做了一些介绍,现在比较不同的宏参数形式,突出有参宏的括号使用方法。

```
/ *
程序名称:ex7 − 4.c
程序功能:比较宏定义中括号的使用方法
* /
#include < stdio.h >
#include < stdlib.h >
#define SQ1(y) (y) * (y)
#define SQ2(y) y * y
#define SQ3(y) ((y) * (y))
int main()
{
    int a,sq;
    printf("input a number: ");
    scanf("%d",&a);
    sq = SQ1(a + 1);
    printf("SQ1: sq = %d\n",sq); / * (a + 1) * (a + 1) * /
    sq = SQ2(a + 1);
```

```
printf("SQ2: sq = % d\n",sq); /* a+1*a+1*/
sq = SQ3(a+1);
printf("SQ3: sq = % d\n",sq); /*((a+1)*(a+1))*/
sq = 160/SQ1(a+1);
printf("SQ1: sq = % d\n",sq); /* 160/(a+1)*(a+1)*/
sq = 160/SQ2(a+1);
printf("SQ2: sq = % d\n",sq); /* 160/a+1*a+1*/
sq = 160/SQ3(a+1);
printf("SQ3: sq = % d\n",sq); /* 160/((a+1)*(a+1))*/
system("pause");
return 0;
}
```

程序运行结果：

输入：input a number: 3
输出：SQ1: sq = 16
　　　SQ2: sq = 7
　　　SQ3: sq = 16
　　　SQ1: sq = 160
　　　SQ2: sq = 57
　　　SQ3: sq = 10

在宏替换中，不管有无参数，宏名总是原封不动地被替换成定义串。若定义串中带有括号，进行替换时这些括号会原样出现在替换结果中，即宏定义串中的括号不是运算符，仅表示括号符号。例如，例 7.4 中，对于 SQ2、SQ3 的宏来说，若替换方式为：

```
sq = 160/SQ2(a+1); sq = 160/SQ3(a+1);
```

将参数 a+1 分别传入宏 SQ2 和 SQ3 中，有无括号的替换对结果的影响很大。SQ2 被替换成 $160/a+1*a+1$；而 SQ3 替换后可表示为 $160/((a+1)*(a+1))$。

7.3　include 命令

include 命令(文件包含命令)在 C 预处理程序中有很重要的功能。程序中的 ♯include 指令要求编译程序读入另一个源文件。被文件包含命令行的一般形式为：

♯ include <文件名>

或者

♯ include "文件名"

在每个程序前，都有此命令包含库函数的头文件。例如：

♯ include < stdio.h>
♯ include "myself.h"

在程序设计中，文件包含是很有用的。一个大的程序可以分为多个模块，由多个程序员分别编程。有些公用的符号常量或宏定义等可单独组成一个文件，在其他文件的开头用包含命令包含该文件即可使用。这样，可避免在每个文件开头都去书写那些公用量，从而节省时间,并减少出错。

说明:

(1) 包含命令中的文件名可以用双引号或尖括号括起来。例如,以下写法都符合 C 语言语法:

```
#include "stdio.h"
#include <stdio.h>
```

这两种形式有区别:使用尖括号表示在包含文件夹中查找(包含文件夹一般在安装 C 语言编程环境时指定,常在安装文件夹的 include 文件夹),而不去用户自己设定的文件夹查找。

使用双引号则表示首先在当前的源文件夹中查找,若未找到再到包含文件夹中查找。用户编程时可根据自己文件所在的文件夹来选择某一种命令形式。

一般地,系统库文件使用尖括号;若要包含用户自定义的文件,则使用双引号。

(2) 一条 include 命令只能指定一个被包含文件,若有多个文件要包含,则须用多条 include 命令。

(3) 文件包含允许嵌套,即在一个被包含的文件中又可以包含另一个文件。允许的最大嵌套深度随编译程序不同而不同。C89 规定最少应能处理 8 层嵌套包含,C99 规定最少应能处理 15 层嵌套包含。

7.4 条 件 编 译

一般情况下,C 语言程序的所有行都会被编译,但有时只对其中一部分满足一定条件的程序进行编译,这就是预处理程序的条件编译功能。按不同的条件去编译不同的程序部分,会产生不同的目标代码文件,这对于程序的移植和调试是很有用的。下面讲述常见的条件编译形式。

(1) 第一种形式:

```
#if 常量表达式
    程序段 1
#else
    程序段 2
#endif
```

它的功能是,如果常量表达式的值非 0,则对程序段 1 进行编译;否则对程序段 2 进行编译。如果没有程序段 2(它为空),本格式中的 #else 可以没有,即可以写为:

```
#if 常量表达式
  程序段
#endif
```

上述形式还有另外一种扩展形式,如:

```
#if 表达式 1
  语句块 1
#elif 表达式 2
```

　　　　语句块 2

```
＃elif 表达式 n
　语句块 n
＃endif
```

其含义和 if else if 的条件语句功能相似,可实现多重编译操作选择。

　　例 7.5　条件编译 ＃if～＃elif～＃else～＃endif 的用法。

```
/ *
程序名称:ex7 - 5.c
程序功能:条件编译 ＃if～＃elif～＃else～＃endif 的用法
* /
＃include < stdio.h >
＃include < stdlib.h >
＃define NUM 50
int main()
{
    int i = 0;
    ＃if NUM > 50
        i++;
    ＃elif NUM == 50
        i = i + 50;
    ＃else
        i -- ;
    ＃endif
    printf(" % d\n",i);
    system("pause");
    return 0;
}
```

　　程序运行结果：

　　输出:50

　　程序的编译过程取决于 NUM 定义的大小,当 NUM>50 时,使用 ＃if 部分编译,而 ＃elif 是 NUM==50 的部分编译,＃else 是对 NUM<50 的部分编译,反之亦然。

　　有 ＃if 命令时,程序只有满足条件的那一部分进行编译,不满足条件的部分不进行编译。读者可上机试操作。

　　例 7.6　利用条件编译,计算面积。

　　分析:有时根据条件编成程序时,无须使用条件语句,因为当条件事先设定好后,不满足条件的部分是不会被执行的,但从程序设计的角度看,还必须实现。若用条件语句将会对整个源程序进行编译,生成的目标代码程序很长;而采用条件编译,则根据条件只编译其中的程序段 1 或程序段 2,生成的目标程序较短。如果条件选择的程序段很长,采用条件编译的方法则十分必要。

```
/ *
程序名称:ex7 - 6.c
程序功能:利用条件编译,计算面积
```

```
*/
#include<stdio.h>
#include<stdlib.h>
#define R 1
int main()
{
    double r,s;
    printf ("输入一个数: ");
    scanf(" % lf",&r);
    #if R
        s = 3.14159 * r * r;
        printf("圆的面积是: % lf\n",s);
    #else
        s = r * r;
        printf("正方形的面积是: % lf\n",s);
    #endif
    system("pause");
    return 0;
}
```

程序运行结果:

输入:输入一个数:5
输出:圆的面积是:78.539749

程序中定义了 R,且其值为 1,则#if R 是真,计算的是圆的面积并输出。若#define R 0,则计算并输出的就是正方形的面积。

（2）第二种形式:

```
#ifdef 标识符
    程序段 1
#else
    程序段 2
#endif
```

它的功能是,如果标识符被#define 命令定义过,则对程序段 1 进行编译,否则对程序段 2 进行编译。如果是#ifndef,则与前面的功能正好相反。

```
/*
程序名称:ex7 - 6.c
程序功能:利用条件编译,计算面积
*/
#include<stdio.h>
#include<stdlib.h>
#define STR "This is first C program!"
int main()
{
    #ifdef STR
        printf("Hello world!\n");
    #else
        printf("This is not first C program!\n");
    #endif
```

```
        system("pause");
        return 0;
    }
```

程序运行结果：

输出:Hello world!

因为定义了标识符 STR,则执行了♯ifdef 后面的语句。如果把♯define STR 这句注释掉,则程序输出结果是 This is not first C program!。

还有一些预处理命令,如♯line、♯program,本书不再讲述,有兴趣的读者可以阅读一些相关的参考文献。

本 章 小 结

本章主要介绍了以下内容。

(1) 预处理功能是 C 语言特有的功能,它是在对源程序正式编译前由预处理程序完成的。程序员在程序中用预处理命令来调用这些功能。

(2) 宏定义是用一个标识符来表示一个字符串,这个字符串可以是常量、变量或表达式。在宏调用中将用该字符串代换宏名。

(3) 宏定义可以带有参数,宏调用时以实参代换形参,而不是"值传送"。

(4) 为了避免宏代换时发生错误,宏定义中的字符串应加括号,字符串中出现的形式参数两边也应加括号。

(5) 文件包含是预处理的一个重要功能,它可用来把多个源文件连接成一个源文件进行编译,结果将生成一个目标文件。

(6) 条件编译允许只编译源程序中满足条件的程序段,使生成的目标程序较短,从而减少了内存的开销并提高了程序的效率。

(7) 使用预处理功能便于程序的修改、阅读、移植和调试,也便于实现模块化程序设计。

习 题 7

1. 单项选择题

(1) 以下叙述中不正确的是(　　)。

　　A. 预处理命令行都必须以♯开始

　　B. 在程序中凡是以♯开始的语句行都是预处理命令行

　　C. C 程序在执行过程中对预处理命令行进行处理

　　D. 预处理命令行可以出现在 C 程序中的任意一行上

(2) 以下叙述中正确的是(　　)。

　　A. 在程序的一行上可以出现多个有效的预处理命令行

　　B. 使用带参数的宏时,参数的类型应与宏定义时的一致

C. 宏替换不占用运行时间，只占用编译时间

D. C 语言的编译预处理就是对源程序进行初步的语法检查

（3）以下有关宏替换的叙述中不正确的是（　　）。

A. 宏替换不占用运行时间　　　　　　B. 宏名无类型

C. 宏替换只是字符替换　　　　　　　D. 宏名必须用大写字母表示

（4）在"文件包含"预处理命令形式中，当♯include 后面的文件名用""括起时，寻找被包含文件的方式是（　　）。

A. 直接按系统设定的标准方式搜索目录

B. 先在源程序所在目录中搜索，再按系统设定的标准方式搜索

C. 仅搜索源程序所在目录

D. 仅搜索当前目录

（5）在"文件包含"预处理命令形式中，当♯include 后的文件名用< >括起时，寻找被包含文件的方式是（　　）。

A. 直接按系统设定的标准方式搜索目录

B. 先在源程序所在目录中搜索，再按系统设定的标准方式搜索

C. 仅搜索源程序所在目录

D. 仅搜索当前目录

（6）在宏定义♯define PI 3.1415926 中，用宏名 PI 代替一个（　　）。

A. 单精度数　　　　B. 双精度数　　　　C. 常量　　　　D. 字符串

（7）以下程序的运行结果是（　　）。

```
♯include < stdio. h>
♯include < stdlib. h>
♯define ADD(x) x + x
int main()
{
    int m = 1,n = 2,k = 3,sum;
    sum = ADD(m + n) * k;
    printf(" % d\n",sum);
    system("pause");
    return 0;
}
```

A. 9　　　　　　　B. 10　　　　　　　C. 12　　　　　　　D. 18

（8）以下程序的运行结果是（　　）。

```
♯include < stdio. h>
♯include < stdlib. h>
♯define MIN(x,y) (x)>(y) ? (x) : (y)
int main()
{
    int i = 10,j = 15,k;
    k = 10 * MIN(i,j);
    printf("%d\n",k);
    system("pause");
```

```
    return 0;
}
```

A. 10   B. 15   C. 100   D. 150

(9) 以下程序的运行结果是(　　)。

```c
#include<stdio.h>
#include<stdlib.h>
#define X 5
#define Y X+1
#define Z Y*X/2
int main()
{
    int a = Y;
    printf("%d\n",Z);
    printf("%d\n", --a);
    system("pause");
    return 0;
}
```

A. 7
   6
        B. 12
   6
        C. 12
   5
        D. 7
   5

(10) 若有定义

```c
#define N 2
#define Y(n) ((N+1)*n)
```

则执行语句 z=2*(N+Y(5)); 后,z 的值为(　　)。

A. 语句有错误   B. 34   C. 70   D. 无确定值

(11) 若有定义 #define MOD(x,y) x%y,则执行下面语句后的输出为(　　)。

```c
int z,a = 15;
double b = 100;
z = MOD(b,a);
printf("%d\n",z++);
```

A. 11   B. 10   C. 6   D. 有语法错误

(12) 在任何情况下计算平方数都不会引起二义性的宏定义是(　　)。

A. #define POWER(x) x*x   B. #define POWER(x) (x)*(x)

C. #define POWER(x) (x*x)   D. #define POWER(x) ((x)*(x))

(13) 以下程序的运行结果是(　　)。

```c
#include<stdio.h>
#include<stdlib.h>
#define DOUBLE(r) r*r
int main()
{
    int x = 1,y = 2,t;
    t = DOUBLE(x+y);
    printf ("%d\n",t);
    system("pause");
```

```
    return 0;
}
```

      A. 5   B. 6   C. 7   D. 8

2. 判断题

（1）宏替换时先求出实参表达式的值，然后代入形参运算求值。（　　　）

（2）宏替换不存在类型问题，它的参数也是无类型的。（　　　）

（3）在 C 语言标准库头文件中，包含许多系统函数的原型声明，因此只要程序中使用了这些函数，则应包含这些头文件，以便编译系统能对这些函数调用进行检查。（　　　）

（4）.H 头文件只能由编译系统提供。（　　　）

（5）♯include 命令可以包含一个含有函数定义的 C 语言源程序文件。（　　　）

（6）使用♯include＜文件名＞命令的形式比使用♯include"文件名"的形式更节省编译时间。（　　　）

（7）♯include "C:\\USER\\F1.H"是正确包含命令，表示文件 F1.H 存放在 C 盘的 USER 目录下。（　　　）

（8）♯include ＜…＞命令中的文件名是不能包括路径的。（　　　）

（9）可以使用条件编译命令来选择某部分程序是否被编译。（　　　）

（10）在软件开发中，常用条件编译命令来形成程序的调试版本或正式版本。（　　　）

第8章

结构体与共用体

教学目标

（1）理解结构体及结构体类型的定义。

（2）掌握结构体成员的引用。

（3）掌握结构体数组的声明和使用方法。

（4）了解动态链式结构——链表的基本操作。

（5）掌握枚举类型。

（6）了解共用体数据类型和基本的位运算。

8.1 问题引导

在前面的课程中，我们学习了一些基本数据类型（整型、实型、字符型）的定义和应用，还学习了数组（一维、二维）的定义和应用，这些数据类型的特点是：当定义某一特定数据类型时，就限定该类型变量的存储空间和取值范围。对于同类型的多个变量，可以定义数组，这样可以对下标进行循环来访问数组元素。前面用数组处理学生的成绩时，只是保存了成绩，而对学生的信息和课程信息（如学号、姓名、课程名等）并没有涉及，处理成绩时，就显得很不方便。

问题的提出：高考阅卷结束后，要对考生各门课程的成绩进行求和，并对考生的总分进行排名，以便确定分数线和录取名单。每个考生的信息包括准考证号码、考生姓名、各科成绩（如语文、数学、英语等），要对考生各科成绩求和，并按总成绩从高到低输出考生信息。

从上面的问题可以看出，考生的各科成绩是数值型（整型或浮点型），而考生姓名和准考证号码为字符型。另外，也会遇到一些需要填写的登记表，如住宿表，通常会登记上姓名、性别、身份证号码等项目；在通信地址表中我们会写下姓名、邮编、通信地址、电话号码、E-mail 等项目。对于这些相互有关系，但数据类型又不相同的信息的处理，如果用一个数组就没有办法解决，即使使用多个不同类型的数组可以解决，但程序代码显得非常烦琐。C 语言中采用一种构造数据类型（结构体类型）来处理类似这样的问题，结构体类型能把类型不同的数据组合在一起（即不同数据类型的集合）。

8.2 结构体的声明和结构体变量定义

8.2.1 结构体的声明

在上述各种登记表中，让我们仔细观察一下人员信息登记表（InfoTable）、成绩表

（ScoreTable）。

人员信息登记表由表 8-1 所示的属性构成。

表 8-1　InfoTable 表的属性

姓名(字符串)	性别(字符)	职业(字符串)	年龄(整型)	身份证号码(长整型或字符串)

成绩表、各门课程的成绩均为浮点型数据，由表 8-2 所示的属性构成。

表 8-2　ScoreTable 表的属性

班级(字符串)	学号(长整型)	姓名(字符串)	语文(浮点型)	数学(浮点型)	英语(浮点型)

这些表格用 C 语言提供的基本类型的描述如下。

人员信息登记表：

```
struct InfoTable
{
    char name[20];          /* 姓名 */
    char sex;               /* 性别 */
    char job[40];           /* 职业 */
    int age;                /* 年龄 */
    char number[18];        /* 身份证号码 */
}
```

成绩表：

```
struct ScoreTable
{
    char grade[20];         /* 班级 */
    long number;            /* 学号 */
    char name[20];          /* 姓名 */
    double chinese;         /* 语文 */
    double math;            /* 数学 */
    double english;         /* 英语 */
}
```

这一系列对不同登记表的数据结构的描述类型称为结构体类型。不同的问题有不同的数据成员，也就是说有不同描述的结构体类型。也可以理解为结构体类型根据所针对的问题其成员是不同的，可以有任意多的结构体类型描述。由此可见，结构体是一种复杂的数据类型，是数目不固定、类型不同的若干有序变量的集合。

下面给出 C 语言对结构体类型的定义形式：

```
struct 结构体名
{
    成员项表列
};
```

有了结构体类型，就可以定义结构体变量，以对不同变量的各成员进行引用。

8.2.2　结构体变量的声明

在 C 语言中,任何数据都是先有类型后定义属于该类型的变量。对于结构体类型的数据来说,C 语言并没有提供合适的数据类型存放上述表格信息,所以,首先定义出结构体数据类型,然后再用该类型定义结构体变量,与之前学习的数据类型的区别在于:C 语言系统已经对类型做出了定义,如整型、字符型和浮点型;而结构体类型描述的信息很灵活,且无法给出固定形式的数据类型定义,所以,将结构体类型称为构造型的数据类型。

结构体变量的定义与其他类型的变量定义一样,但由于结构体类型需要针对问题事先自行定义,所以结构体变量的定义形式就增加了灵活性。其定义形式有三种,分别介绍如下。

(1) 先定义结构体类型,再定义结构体变量。

```
struct student              /* 定义学生结构体类型 */
{
    char name[20];          /* 学生姓名 */
    char sex;               /* 性别 */
    long num;               /* 学号 */
    double score[3];        /* 三科考试成绩 */
};
/* 定义结构体变量 */
struct student stu1,stu2;
```

利用这种定义形式,可以在程序的任何地方,在先定义后使用的原则下,定义属于该结构体类型的变量。

(2) 定义结构体类型,同时定义结构体变量。

```
struct student
{
  char name[20];
  char sex;
  long num;
  double score[3];
} stu1,stu2; /* 定义该结构体变量 */
```

将变量直接定义在结构体类型的定义后,采用这样的定义方法,在书写上比较紧凑。在某些情况下,对程序的理解有些帮助,但对要多处定义结构体变量不方便。

(3) 通过定义无名结构体类型来定义结构体变量。

```
struct
{
  char name[20];
  char sex;
  long num;
  double score[3];
} stu1,stu2; /* 定义该结构体变量 */
```

由于该定义方法无法记录该结构体类型,所以除直接定义外,不能再定义该结构体的其他变量。这样的定义,使得程序的扩展性受到很大的限制,建议少用这种方式定义结构体变量。其变量的结构如图 8-1 所示。

.name	?????????????...			?	20字节
.sex				?	1字节
.num				?	4字节
.score	?	?		?	24字节

图 8-1　结构体变量 student1

　　结构体变量作为一个数据整体,存储了所有成员域中的数据,变量的存储空间就是由各个成员的变量存储空间组成的。例如,上面 student1 的存储空间的大小为 49 字节(不同的操作系统得到的结果可能不一样,还有考虑对齐形式,有时得到的结果也可能不一样)。

　　但很多情形下,并不针对一种具体系统设计程序,为了保证程序在不同的系统下都能得到合理的结果,通常通过 sizeof 运算符,计算出结构体变量的总存储单元。例如:

```
printf(" % d",sizeof(student1));
```

　　从结构体类型的定义看,结构体类型具有很好的扩展性。其成员域部分的定义只须满足 C 语言中数据类型定义形式即可,使得结构体类型能够描述复杂数据类型。例如,需要描述学生的基本信息,除了姓名、学号、性别等属性,还要定义出生年月的信息。一般地,将出生年月作为一个完整的部分加以处理,则结构体类型可以定义为:

```
struct student
{
    char name[20];
    char sex;
    long num;
    struct date
    {
        int year;
        int month;
        int day;
    }birthday; / * 结构体成员域中有一个结构体类型的变量 birthday * /
}
```

这个结构体类型也可以定义为:

```
struct date
{
    int year;
    int month;
    int day;
}
struct student
{
    char name[20];
    char sex;
    long num;
    struct date birthday;
}
```

第
8
章

结构体与共用体

在定义组合型的结构体类型时,一定要遵循先定义后使用的原则。也就是说,当一个结构体中的成员域是一个结构体变量时,则该成员域中的结构体类型必须在之前先定义,否则编译系统将给出数据类型未定义的错误。

8.2.3 结构体成员的引用

结构体类型定义了一个表格的结构,说明表格的每一项的数据类型,一个结构体变量就是表格中的某一行的数据。怎样正确地引用该结构体变量的成员呢? C 语言中定义了成员访问运算符“.”,即结构体变量是通过此运算符访问结构体成员的。成员访问运算符的使用形式为:

<结构体变量名>.<成员名>

若定义的结构体类型及结构体变量如下:

```
struct student
{
  char name[20];
  char sex;
  long num;
  double score[3];
} stu;
```

则结构体变量 stu 各成员的引用形式为:

```
stu.name
stu.sex
stu.num
stu.score[0]
stu.score[1]
stu.score[2]
```

其结构体变量的各成员与相应的简单类型变量使用方法完全相同。

成员访问运算符具有最高的优先级,并采用自左向右的结合方式。下面是使用成员访问运算符的几个例子:

```
strcpy(stu.name,"zhangsan");
stu.sex = 'F';
stu.num = 1308001;
stu.score[0] = 98.5;
stu.score[1] = 97.0;
stu.score[2] = 95.0
```

访问结构体变量的成员相当于访问一个具有相应类型的变量,对这个成员能做什么操作,完全由该成员的类型决定。此外,与其他数据对象一样,程序里也可以用 & 取得结构体变量的地址。

由于结构体变量汇集了各类不同数据类型的成员,所以结构体变量的初始化就略显复杂。

结构体变量的定义和初始化为:

```
struct student                    /* 定义 student 结构体类型 */
{
  char name[20];                   /* 学生姓名 */
  char sex;                        /* 性别 */
  long num;                        /* 学号 */
  double score[3];                 /* 三科考试成绩 */
};
struct student stu = {"Wangyi",'M',1308001,98.5,97.0,95.0};
```

元素用{}括起,每个数据成员根据其自身的初始化形式初始化。上述对结构体变量的
3 种定义形式均可在定义时初始化。结构体变量完成初始化后,即各成员的值分别为:

stu.name 的值为 "Wangyi"
stu.sex 的值为 'M'
stu.num 的值为 1308001
stu.score[0] 的值为 98.5
stu.score[1] 的值为 97.0
stu.score[2] 的值为 95.0

其存储在内存的情况如图 8-2 所示。

Wangyi\0 \0 \0 \0 \0 \0 \0... \0		
M		
1308001		
98.5	97.0	95.0

图 8-2　stu 在内存中的存储

对于结构体,也可以通过 C 语言提供的输入输出函数完成对结构体变量成员的输入输
出。由于结构体变量成员的数据类型通常不一样,对该结构体变量成员的输出也必须采用
与各成员类型对应的格式字符进行输出,而不能将结构体变量以整体的形式输入输出。

例 8.1　结构体数据的输入与输出。

从键盘上输入数据,存入结构体变量中,并输出。

```
/*
程序名称:ex8-1.c
程序功能:结构体数据的输入与输出
*/
#include<stdio.h>
#include<stdlib.h>
struct student
{
    char name[20];              /* 学生姓名 */
    char sex;                   /* 性别 */
    long num;                   /* 学号 */
    double score[3];            /* 三科考试成绩 */
};
int main()
{
    struct student stu;
    int i;
```

结构体与共用体

```
scanf("% s % c % ld",stu.name,&stu.sex,&stu.num);
for(i = 0; i < 3; i++)
    scanf("% f",&stu.score[i]);
printf("\n *********************************************** \n");
printf("Name Sex Num Score1 Score2 Score3 \n");
printf("% - 8s % - 2c % 8ld",stu.name,stu.sex,stu.num);
for(i = 0; i < 3;i++)
    printf("% 8.2lf",stu.score[i]);
printf("\n");
system("pause");
return 0;
}
```

程序运行结果:

输入: Wangyi M 1308001L
　　 98.5 97 95
输出: ***
　　 Name Sex Num Score1 Score2 Score3
　　 Wangyi M 1308001 98.50 97.00 95.00

8.2.4 结构体变量的赋值

一个结构体变量在使用时,如果没有使用成员运算符,那么是指整个结构体变量。通过赋值语句

```
stu1 = stu2;
```

可以将一个结构体变量赋值给另一个同类型的结构体变量,这样可以得到该结构体类型值的一个副本。在后面的内容中,我们还可以学习到结构体类型的变量作为函数参数使用的方法。

注意:结构体变量这种特殊的赋值运算形式,将结构体变量整体作为操作对象。但是,除赋值操作的本质是由赋值符号完成的操作外,其他操作却不能通过整体去使用结构体变量。例如,通过 scanf()函数输入结构体变量的值,就须对结构体变量的各个成员分别读入数据;两个结构体变量不能进行直接比较运算,只能比较对应的成员。C 语言规定不能对结构体变量直接做相等与不等比较,如:

```
stu1 == stu2;
```

或者

```
stu1 < stu2;
```

这些表达式都是非法的,只能使用各个成员分别完成此类操作。

8.3 结构体数组和结构体指针

在 8.2 节中,介绍了结构体变量的定义及使用方法。作为一个结构体变量,可以理解为表格中的一行数据。可是单个的结构体变量在解决实际问题时作用不大,一般是以结构体

类型数组形式出现的,即构成完整的表格,才便于进行数据的分析与加工操作。

8.3.1 结构体数组的定义和数组元素的引用

结构体类型数组的定义形式为:

struct 结构体类型名 数组名[数组长度];

例如:

```
struct student
{
    char name[20];
    long num;
    double score[3];
};
struct student stu[30];          /* 定义了一个能保存 30 个学生信息的结构体数组 */
```

8.3.2 结构体数组元素的赋值及引用

结构体数组元素的引用与普通数组一样,都可以通过下标变量来访问结构体数组元素。但对于每个元素来说,若要访问数组元素的每个成员,就必须遵循成员访问运算符的要求,使用成员访问表达式对每个成员进行访问。对于上述的结构体数组而言,其数组元素各成员的引用形式为:

```
stu[0].name, stu[0].num, stu[0].score[i];
stu[1].name, stu[1].num, stu[1].score[i];
   ⋮
stu[29].name,stu[29].num,stu[29].score[i];
```

例 8.2 设一个班级有 30 个学生,填写如下登记表:除姓名、学号外,还有三科成绩。编程实现对表格的计算,求出班级学生的单科平均分,求出每个学生的三科总成绩,并按总成绩由高分到低分输出。

分析:题目要求的内容多,我们可以将问题进行如下分解。

(1)学生基本信息结构体类型数组元素的输入并实现总分的计算。

(2)按学生的总分排序。

(3)按表格要求输出。

(4)定义 main()函数,调用各函数。

根据上述任务,分步骤实现功能。

(1)根据具体情况定义结构体类型:每个学生都有一个总分,所以在定义学生基本信息时,将总分作为一个成员,以便操作。

(2)输入学生的基本信息并计算总分。

(3)利用冒泡排序对总分排序。

(4)计算班级每门课的平均分,并输出。

```
/*
程序名称:ex8 - 2.c
```

```
   程序功能:学生成绩处理
*/
# include < stdio. h >
# include < stdlib. h >
# define N 30
struct student                /* 定义结构体 */
{
    char name[20];            /* 学生姓名 */
    long num;                 /* 学号 */
    double score[3];          /* 三科考试成绩 */
    double sum;               /* 总成绩 */
};
int main()
{
    int i,j;
    double aver[3] = {0};     /* 保存三门课程的平均分 */
    struct student stu[N],temp;
    for(i = 0;i < N;i++)
    {
        scanf("%s %ld %lf %lf %lf",stu[i].name,&stu[i].num,&stu[i].score[0],&stu[i].
score[1],&stu[i].score[2]);
        stu[i].sum = (stu[i].score[0] + stu[i].score[1] + stu[i].score[2]);
    }
    for(i = 0;i < N - 1;i++)
        for(j = 0;j < N - 1 - i;j++)
            if (stu[j].sum < stu[j + 1].sum )
            {
                temp = stu[j]; /* 使用结构体变量的赋值操作实现元素的交换 */
                stu[j] = stu[j + 1];
                stu[j + 1] = temp;
            }
    printf(" ********************************************** \n");
    printf("姓名 学号 课程 1 课程 2 课程 3 总分\n");
    for(i = 0;i < N;i++)
printf(" %8s %8ld %8.2lf %8.2lf %8.2lf %8.2lf\n",stu[i].name,stu[i].num,
stu[i].score[0],stu[i].score[1],stu[i].score[2],stu[i].sum);
    printf(" ********************************************** \n");
    for(i = 0;i < 3;i++)
        for(j = 0;j < N;j++)
        {
            aver[i] += stu[j].score[i];
        }
    for(i = 0;i < 3;i++)
        printf("课程 %d 的平均分:%8.2lf\n",i + 1,aver[i]/N);
    system("pause");
    return 0;
}
```

8.3.3 指向结构体变量的指针

通过第 6 章的学习,我们可以定义指针变量指向任一与指针变量类型一致的变量存储区域,同样可以定义指针变量来指向结构体变量,则可以通过指针变量来引用结构体变量。

例如,定义如下的 student 结构体:

```
struct student
{
    char name[20];
    long num;
    float score[3];
};
```

定义指向结构体变量的指针变量:

```
struct student stu, * p1, * p2;
```

定义指针变量 p1、p2,分别指向结构体变量,如图 8-3 所示的指针指向结构体存储单元。

例如:

```
p1 = &stu;                    /* 将结构体变量的地址赋值到指针变量 */
p2 = (struct student * )malloc(sizeof(struct student));
                    /* 动态申请一个存放结构体类型数据的存储空间 */
```

图 8-3　指向结构体变量的指针

C 语言还提供了一个利用指针形式间接访问成员的运算符,这个间接成员访问运算符表示为->(减号后面紧跟一个大于符号)来表示。其引用形式为:

```
指针变量 ->成员;
```

例 8.3　对指向结构体变量的指针的正确使用。输入一个结构体变量的成员,并输出。

在例 8.1 中,使用直接成员访问运算符实现了对结构体变量的输入与输出,本例中,将使用结构体指针变量和间接访问运算符实现结构体变量的输入与输出。

```
/*
程序名称:ex8-3.c
程序功能:结构体指针变量的成员引用方式
*/
#include<stdio.h>
#include<stdlib.h>
struct student
{
    char name[20];          /* 学生姓名 */
    char sex;               /* 性别 */
    long num;               /* 学号 */
    double score[3];        /* 三科考试成绩 */
};
int main()
{
```

```
struct student stu, * p = &stu;          /*指针变量指向一个 student 类型的变量*/
int i;
scanf("% s  % c",p->name,&p->sex);
scanf("% ld",&p->num);
for(i = 0;i < 3;i++)
scanf("% lf",&p->score[i]);
printf("\n****************************************** \n");
printf("姓名 性别 学号 课程 1 课程 2 课程 3\n");
printf("% - 8s% - 2c% 10ld",p->name,p->sex,p->num);
for(i = 0;i < 3;i++)
printf("% 8.2lf",p->score[i]);
printf("\n");
system("pause");
return 0;
}
```

程序运行结果:

输入: Wangyi F 202012001 95.5 97 96
输出:

```
******************************************
姓名 性别 学号     课程 1 课程 2 课程 3
Wangyi F 202012001 95.50  97.00   96.00
```

程序中使用指向结构体类型变量 stu 的指针 p 引用结构体变量的成员。

注意事项:通过指向结构体的指针变量访问结构体变量的成员有两种访问形式:

(1) (* 结构体指针变量名)成员名。

应理解 * 结构体指针变量名＝所指向的结构体变量名,要注意.运算符优先级比 * 运算符高。

(2) 结构体指针变量名->成员名

其中,"->"是指向成员运算符,简洁、直观,因而被普遍使用。

例如:可以使用(* p).num 或 p-> num 访问 p 指向的结构体的 num 成员。

8.3.4 结构体数组和结构体指针的应用

指向结构体的指针变量可以访问结构体成员,同样可以定义指向结构体数组的指针变量,通过这个指针变量可以指向结构体数组元素,进而访问结构体成员,和前面指向数组的指针(数组指针)一样,该指针可以指向结构体数组的首地址。

例 8.4 用结构体指针访问结构体变量及结构体数组。

```
/*
程序名称:ex8 - 4.c
程序功能:用结构体指针访问结构体变量及结构体数组
*/
# include < stdio. h >
# include < stdlib. h >
struct student                 /*结构体类型定义*/
{
    int num;
```

```
        char name[20];
        char sex;
        int age;
        double score;
    };
    int main()
    {
        struct student stu[3] = {{11302,"Wang",'F',20,98},
                                 {11303,"Liu",'M',19,90},
                                 {11304,"Song",'M',19,95}};
        struct student stu1 = {11301,"Zhang",'F',19,86}, * p, * q;
        int i;
        p = &stu1;
        /*访问结构体变量*/
        printf("%s,%c,%5.1lf\n",stu1.name,(*p).sex,p->score);
        q = stu;                 /*q指向结构体数组的元素*/
        for(i = 0;i < 3;i++,q++) /*循环访问结构体数组的元素(下标变量)*/
            printf("%s,%c,%5.1lf\n",q->name,q->sex,q->score);
        system("pause");
        return 0;
    }
```

程序运行结果:

```
输出: Zhang,F,86.0
      Wang,F,98.0
      Liu,M,90.0
      Song,M,95.0
```

8.4 结构体与函数

在 C 语言中变量和数组可以作为函数参数,结构体变量和结构体数组也可以作函数参数进行传递。由于结构体中是对成员进行操作,因此进行参数传递时是将实参结构体变量的成员值"复制"给形参结构体变量的成员,当结构体内含有较多成员时,这种传递方式的效率较低,为了提高参数传递效率,常用指向结构变量的指针。一般来说,使用结构体作为函数参数有 3 种形式:结构体变量作为函数参数;指向结构体变量的指针变量作为函数参数(结构体数组作为函数参数的本质是结构体指针变量作为函数参数);结构体变量的成员作为函数参数(这种方式和前面的变量作为函数参数是一样的,这里不再讲述)。

8.4.1 结构体变量作为函数参数

使用结构体变量作为函数参数,是将实参结构体变量的成员的值传递给形参成员,是单向的"值传递"。

例 8.5 计算两个复数的加法。

分析:由数学知识可知,两个复数相加是对应的实部与实部相加,虚部与虚部相加,结果仍然是复数。下面定义了一个描述复数类型的结构体 complex:

```
/*
程序名称:ex8-5.c
程序功能:结构体变量作为函数参数
*/
#include<stdio.h>
#include<stdlib.h>
struct complex
{
    double real;
    double imag;
};
void add(struct complex,struct complex);
int main()
{
    struct complex c1,c2;
    scanf("%lf %lf",&c1.real,&c1.imag);        /* 输入 C1 的实部和虚部 */
    scanf("%lf %lf",&c2.real,&c2.imag);        /* 输入 C2 的实部和虚部 */
    add(c1,c2);
    system("pause");
    return 0;
}
void add(struct complex c1,struct complex c2)
{
    struct complex c;
    c.real = c1.real + c2.real;
    c.imag = c1.imag + c2.imag;
    printf("%lf + i%lf\n",c.real,c.imag);
}
```

程序执行结果:

```
输入: 1.5 2.5
      2 3
输出:3.500000 + i5.500000
```

8.4.2　结构体数组和指向结构体的指针变量作为函数参数

和数组和指针作为函数参数类似,结构体数组和结构体指向结构体的指针变量作为函数参数,是将实参结构体数组或结构体变量的起始地址(指针)传递给形参结构体数组或指针变量,这样可以提高参数的传递效率。下面将例 8.2 用函数形式重新编写。

例 8.6　利用函数调用形式编写例 8.2 问题的程序。

```
/*
程序名称:ex8-6.c
程序功能:结构体数组或指针作为函数参数
*/
#include<stdio.h>
#include<stdlib.h>
#define N 30
struct student                                   /* 定义结构体 */
```

```
{
    char name[20];                              /* 学生姓名 */
    long num;                                   /* 学号 */
    double score[3];                            /* 三科考试成绩 */
    double sum;                                 /* 总成绩 */
};
void input(struct student [ ],int);            /* 学生信息输入并计算总分 */
void sort(struct student [ ],int);             /* 学生总分排序 */
void show(struct student * ,int);              /* 学生信息输出 */
void show_avg(struct student * ,int);          /* 课程平均分输出 */
int main()
{
    struct student stu[N];
    input(stu,N);
    sort(stu,N);
    show(stu,N);
    show_avg(stu,N);
    system("pause");
    return 0;
}
void input(struct student stu[ ],int n)
{
    int i;
    for(i = 0;i < n;i++)
    {
    scanf(" % s % ld % lf % lf % lf",stu[i].name,&stu[i].num,&stu[i].score[0],&stu[i].score
[1],&stu[i].score[2]);
        stu[i].sum = (stu[i].score[0] + stu[i].score[1] + stu[i].score[2]);
    }
}
void sort(struct student stu[ ],int n)
{
    int i,j;
    struct student temp;
    for(i = 0;i < n - 1;i++)
        for(j = 0;j < n - 1 - i;j++)
            if (stu[j].sum < stu[j + 1].sum )
            {
            temp = stu[j];                      /* 使用结构体变量的赋值操作实现元素的交换 */
            stu[j] = stu[j + 1];
            stu[j + 1] = temp;
            }
}
void show(struct student * pstu,int n)
{
    int i;
    printf(" ********************************************* \n");
    printf("姓名 学号 课程 1 课程 2 课程 3 总分\n");
    for(i = 0;i < n;i++)
    printf(" % 8s % 8ld % 8.2lf % 8.2lf % 8.2lf % 8.2lf\n",pstu[i].name,pstu[i].num,pstu[i].
score[0],pstu[i].score[1],pstu[i].score[2],pstu[i].sum);
```

```
}
void show_avg(struct student * pstu, int n)
{
    int i,j;
    double aver[3] = {0};                        /* 保存三门课程的平均分 */
    printf("************************************************\n");
    for(i = 0;i < 3;i++)
        for(j = 0;j < n;j++)
        {
        aver[i] += (pstu + j) -> score[i];       /* 也可以这样写 ( * (pstu + j)).score[i] */
        }
    for(i = 0;i < 3;i++)
        printf("课程 % d 的平均分: % 8.2lf\n",i + 1,aver[i]/n);
}
```

从上面的函数调用可知,结构体指针变量作为函数参数和结构体数组作为函数参数本质是一样的。

8.4.3　函数的返回值是结构体类型

结构体类型变量不仅可以作为函数的参数使用,函数的返回值也可以是结构体类型数据。

例 8.7　设一个班级有 30 个学生,学生信息包括姓名、学号外、三科成绩。利用函数的返回值找出总分最高分和最低的学生的信息。

分析: 要找最高分和最低分的学生信息,不可能都通过函数的返回值得到,必须有一个信息通过函数参数的改变得到,另一个通过函数的返回值得到。本题用最高分的学生信息通过函数 max() 的返回值获得,而最低分学生信息通过指针变量作为函数参数,将其值传回主调函数。

```
/ *
程序名称:ex8 - 7.c
程序功能:找出最高分的学生
*/
# include < stdio. h >
# define N 30
struct student
{
    char name[20];                        /* 学生姓名 */
    long num;                             /* 学号 */
    double score[3];                      /* 三科考试成绩 */
    double sum;                           /* 总成绩 */
};
struct student max(struct student [ ],struct student * ,int );
void inputdata(struct student stu[ ],int );
int main()
{
    struct student st[N],maxst,minst;
    inputdata(st,N);
    maxst = max(st,&minst,N);
```

```c
        printf("最高分学生信息:\n");
        printf("%s %ld %.2lf %.2lf %.2lf %.2lf\n",maxst.name,maxst.num,
            maxst.score[0],maxst.score[1],maxst.score[2],maxst.sum);
        printf("最低分学生信息:\n");
        printf("%s %ld %.2lf %.2lf %.2lf %.2lf\n",minst.name,minst.num,
            minst.score[0],minst.score[1],minst.score[2],minst.sum);
        return 0;
}
void inputdata(struct student stu[],int n)
{
    int i,j;
    for(i = 0; i < n; i++)
    {
        scanf("%s %ld %lf %lf %lf",stu[i].name,&stu[i].num,
            &stu[i].score[0],&stu[i].score[1],&stu[i].score[2]);
        stu[i].sum = (stu[i].score[0] + stu[i].score[1] + stu[i].score[2]);
    }
}
struct student max(struct student stu[],struct student * s,int n)
{
        struct student t;
        int i;
        float m,p;
        m = p = stu[0].sum;
        for(i = 1;i < n;i++)
        {
            if(m < stu[i].sum)
            {
                m = stu[i].sum;
                t = stu[i];
            }
            if(p > stu[i].sum)
            {
                p = stu[i].sum;
                * s = stu[i];
            }
        }
        return t;
}
```

8.5 链表及其应用

　　数组作为存放同类数据的集合,在我们进行程序设计时带来了很大的方便,增加了灵活性。但数组也同样存在一些弊病。例如,数组的大小在定义时要事先规定,不能在程序中进行调整;另外,数组要求连续分配存储空间,一旦数组较大时,内存中可能没有那么大的连续空闲的内存分配给数组,这样在编译时会出现错误,导致定义数组不成功。另一方面,在定义数组时是根据可能的最大需求定义数组大小,实际使用时会造成一定存储空间的浪费。因此,在进行程序设计时,希望构造动态的存储结构,随时可以调整存储区域的大小,以满足

267

第
8
章

结构体与共用体

不同问题的需要。链表就是这样的动态存储结构。它在程序的执行过程中根据需要随时向系统申请存储空间,绝不构成对存储区的浪费,而且还可以不连续存储,其数据之间的相互关系需要使用者自行维护。

8.5.1 链表结点的定义

用动态存储的方法可以很好地解决存储大小不固定以及不连续存储的问题。有一个数据就分配相应的一段内存,无须预先确定数据的准确个数。当删除一个数据,只需释放该数据占用的存储空间,从而节约宝贵的内存资源。我们把这样的数据存储区域叫作结点。而使用动态分配时,每个结点之间可以是不连续的(结点内是连续的)。结点之间的联系可以用指针实现,在结点结构中定义一个成员项用来存放下一结点的首地址,这个用于存放地址的成员,称为指针域,这样的结点是由不同的数据类型组成的,只能用结构体类型来表示。其一般形式为:

```
struct Node
{
    数据域;
    指针域;
};
```

例如,定义一个保存学生基本信息的结点类型,可以这样定义:

```
struct Node
{
    char name[20];
    long num;
    char sex;
    struct Node * next;
};
```

在定义 C 语言结构体类型时,可以选择在保留字 struct 之后包含一个指向结构体自身的指针成员,如上面使用 struct Node * 类型声明一个成员 next,用于表示结点的 next 成员指向同样类型的另一个结点。

下面语句声明了 3 个结点指针变量并初始化两个结点的数据成员:

```
struct Node * pnode1, * pnode2, * pnode3;
pnode1 = (struct Node * )malloc(sizeof(struct Node));
strcpy(pnode1 -> name,"Tom");
pnode1 -> num = 1308001;
pnode1 -> sex = 'M';
pnode1 -> next = NULL;                    / * NULL: 表示为空的指针 * /
pnode2 = (struct Node * )malloc(sizeof(struct Node));
strcpy(pnode2 -> name,"Jerry");
pnode2 -> num = 1308002;
pnode2 -> sex = 'F';
pnode2 -> next = NULL;
```

若进行如下操作:

```
pnode3 = pnode2;
```

结点关系如图 8-4 所示。

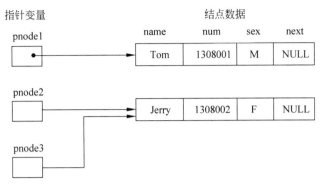

图 8-4　指向结点的指针

通常,使用==和!=两个关系运算符比较两个指针表达式。对于 struct Node * 类型的变量 pnode1、pnode2 和 pnode3,下列的表达式都为真。

```
pnode1!= pnode2
pnode1!= pnode3
pnode2 == pnode3
```

若存在一组结点类型的数据,可在第一个结点的指针域内存入第二个结点的首地址,在第二个结点的指针域内又存放第三个结点的首地址,如此串联下去直到最后一个结点。最后一个结点因无后续结点连接,其指针域被赋值为 NULL 或者 0。这种结构称为"链表"。

图 8-5 所示为一简单链表。

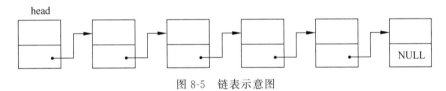

图 8-5　链表示意图

图 8-5 中的 head 是链表的起始结点(也称为头结点),它和其他结点一样都有两个域,一个是数据域,存放结点实际的数据,如学号 num、姓名 name、性别 sex 和成绩 score 等。另一个域为指针域,存放下一结点的指针(首地址)。链表中的每一个结点都是同一种结构类型(注:有的书上把 head 作为头结点,只包含指针域,没有数据域,但本书中的 head 结点既有数据域也有指针域)。

例如,一个存放学生学号和成绩的结点应为以下结构:

```
struct stu
{
    int num;
    int score;
    struct stu * next;
};
```

前两个成员项组成数据域,后一个成员项 next 构成指针域,它是一个指向 stu 类型结构体的指针变量。

对链表的主要操作有以下几种。

（1）建立链表。

（2）结构体元素的查找与输出。

（3）插入一个结点。

（4）删除一个结点。

可以看出，链表的操作主要是由结点的连接和断开操作实现的。

首先，实现两个结点的连接操作。

假设，有 3 个结点指针分别是 p1、p2、p3，指向 3 个不同的结点数据，如图 8-6 所示。现在，要将 p1、p2 和 p3 这 3 个结点连在一起，形成一个链式结构，如图 8-7 所示。

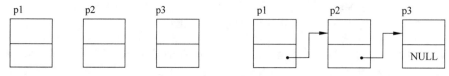

图 8-6　3 个结点指针孤立的结点　　　　图 8-7　3 个结点指针链接成链式结构

将 p1 的指针域指向 p2 结点，p2 的指针域指向 p3 结点。通过结点间的指向操作就可以实现链接。其操作代码如下：

```
p1 -> next = p2;            /* 将 p2 结点接在 p1 的指针域 */
p2 -> next = p3;            /* 将 p3 结点接在 p2 的指针域 */
p3 -> next = NULL;          /* p3 结点后没有需要链接的结点,用 NULL 结束 */
```

若要从链表中删除一个结点，首先需要定位要删除的结点位置，然后再将该结点从链表上断开。假设，要删除图 8-7 中的结点 p2，其操作代码为：

```
p1 -> next = p3;
free(p2);
```

断开操作比较危险。一般应遵循的原则是，先将结点的指针接在合适的位置上，再将被删除的结点断开或释放，过程如图 8-8 所示。

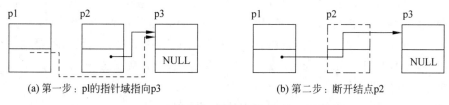

(a) 第一步：p1的指针域指向p3　　　　(b) 第二步：断开结点p2

图 8-8　删除结点 p2

若要在链表中插入一个结点，首先需要定位要插入结点的位置，然后再将要插入的结点的指针指向插入位置后面的结点，要插入结点的前面一个结点的指针指向被插入的结点。如图 8-9 中的要插入结点 p2，其操作代码为：

```
p2 -> next = p3; /* 也可以 p2 -> next = p1 -> next; */
p1 -> next = p2
```

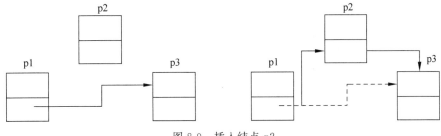

图 8-9   插入结点 p2

8.5.2   链表的建立

在链表结点的定义中,除一般的数据成员外,还有一个指向与结点类型完全相同的指针。在链表结点的数据结构中,非常特殊的一点就是结构体内的指针域的数据类型使用了未定义成功的数据类型。这是在 C 语言中唯一规定可以先使用后定义的数据结构。

链表的创建过程有以下几步。

(1) 定义链表的数据结构。

(2) 定义头结点指针,置指针域为空,表示创建了一个空表。

(3) 申请一个结点存储单元。

(4) 将新结点的指针成员赋值为空。若是空表,将新结点接到表头;若是非空表,将新结点接到表尾。

(5) 判断一下是否有后续结点要接入链表,若有转到(3),否则结束。

链表的输出过程有以下几步。

(1) 找到表头。

(2) 若是非空表,输出结点的值成员,是空表则退出。

(3) 跟踪链表的增长,即找到下一个结点的地址。

(4) 转到(2)。

例 8.8   创建一个学生学号及姓名的链表,即结点包括学生学号、姓名及指向下一个结点的指针(学号为非正就结束)。

```
/*
程序名称:ex8-8.c
程序功能:创建学生信息的链表
*/
#include<stdio.h>
#include<stdlib.h>
#include<string.h>
struct Node
{
    long int num;
    char name[20];
    struct Node * next;
};
struct Node * Create(struct Node * );
void print(struct Node * );
```

```
int main()
{
    struct Node * head = NULL, * p;
    head = Create(head);
    if ( head == NULL )
    {
        printf("建立链表错误!\n");
        exit(0);
    }
    printf("建立的链表是:\n");
    print(head);
    system("pause");
    return 0;
}
struct Node * Create(struct Node * head)
{
    struct Node * newnode;
    struct Node * q;
    newnode = (struct Node * )malloc(sizeof(struct Node));
    scanf("%ld %s",&newnode -> num, newnode -> name);
    newnode -> next = NULL;
    q = newnode;
    head = newnode;
    while(newnode -> num > 0)
    {
        newnode -> next = NULL;
        q -> next = newnode;
        q = q -> next;
        newnode = (struct Node * )malloc(sizeof(struct Node));
        scanf("%ld %s",&newnode -> num, newnode -> name);
    }
    free(newnode);              /* 删除最后一个学号不为正的结点 */
    return head;
}
void print(struct Node * head)
{
    struct Node * p = head;
    while(p)
    {
        printf("%10ld %10s\n",p -> num,p -> name);
        p = p -> next;
    }
}
```

程序运行结果:

输入:

```
    1001    aaa
    1002    bbb
    1003    ccc
    0       ddd
```

输出：
建立的链表是：
```
1001    aaa
1002    bbb
1003    ccc
```

8.5.3 链表的插入

要在排好序的数组中插入某个元素，须将插入点后面的元素依次向后移动一个位置，如果数组元素较多，元素移动的位置也比较多，这样会导致程序效率变低。如果使用链表，只须找到插入点，将要插入的结点的指针域指向插入点后面的结点，原来前面一个结点的指针域指向要插入的结点即可。这样，就避免大量的结点移动，从而提高程序效率。

为了插入方便，先将例8.8建立的链表按照学号从小到大进行排序，然后再插入结点。

例8.9 将例8.8建立的链表按学生学号从小到大排序（这里用冒泡排序）。

```
void Nodesort(struct Node * head)              /* 冒泡排序 */
{
    struct Node * p, * q;
    long int t1;
    char t2[20];
    for (p = head; p!= NULL; p = p－>next)
        for (q = p－>next; q!= NULL; q = q－>next)
            if (p－>num > q－>num)              //根据学号从小到大排序
            {
                t1 = p－>num;
                p－>num = q－>num;
                q－>num = t1;
                strcpy(t2,p－>name);
                strcpy(p－>name,q－>name);
                strcpy(q－>name,t2);
            }
}
```

例8.10 在例8.8创建的链表中经过排序后（例8.9），插入一个指定学生的结点，若学生已存在，输出其信息，否则将其插入链表中。

```
struct Node * Insert(struct Node * head,struct Node * node)/* 假定都是按学号升序排列 */
{
    struct Node * p = head;                    /* 通过指针 p 的移动来寻找插入点 */
    struct Node * prep = p;                    /* 指针 prep 是指向 p 的前面一个结点 */
    if( head == NULL || node == NULL )
        return head;
    while( p－>next != NULL )
    {
        if ( p－>num < node－>num )
        {
            prep = p;
            p = p－>next;
        }
```

结构体与共用体

```
        else if ( p->num == node->num )
        {
            printf("%s 已经存在!\n",node->name);
            return head;
        }
        else
            break;
    }
    if ( head == p )                    /*如果插入点在链表的头部,需要改动 head 指针*/
    {
        node->next = p;
        head = node;
    }
    else
    {
        node->next = prep->next;
        prep->next = node;
    }
    return head;
}
```

8.5.4 链表的删除

例 8.11 在例 8.8 创建的链表中删除指定学生学号的结点,将其从链表中删除。若不存在,输出删除不成功的提示信息。

```
struct Node * Delete_node(struct Node * head,long num)
{
    struct Node * p = head;
    struct Node * prep = p;
    if( head == NULL )
        return head;
    while( p != NULL )
    {
        if ( p->num != num )
        {
            prep = p;
            p = p->next;
        }
        else break;
    }
    if ( head == p )  /*删除点恰在 head 指针处,须修改 head 指针*/
        head = p->next;
    else if ( p->next != NULL)
        prep->next = p->next;
    else              /*删除点恰在最后一结点,直接将前一个结点的 next 域置空 */
        prep->next = NULL;
    if ( p == NULL )
        printf("不存在这样的结点!\n");
    else
```

```
        free(p);
    return head;
}
```

将上述建立链表函数 Create()、按学号从小到大排序函数 Nodesort()、插入结点函数
Insert()、删除结点函数 Delete()在主函数中调用,得到如下参考程序:

```
# include < stdio. h >
# include < stdlib. h >
# include < string. h >
struct Node
{
    long int num;
    char name[20];
    struct Node * next;
};
struct Node * Create(struct Node * );
void Nodesort(struct Node * );
struct Node * Insert(struct Node * , struct Node * );
struct Node * Delete(struct Node * , long int);
void print(struct Node * );
int main()
{
    struct Node * head = NULL, * p;
    struct Node * insnode;             /* 要插入的结点 */
    long int delnum;                   /* 要删除的结点的学号 */
    head = Create(head);
    if ( head == NULL )
    {
        printf("建立链表错误!\n");
        exit(0);
    }
    printf("建立的链表是:\n");
    print(head);
    Nodesort(head);                    /* 结点按学号从小到大排序 */
    printf("排序后的链表是:\n");
    print(head);
    printf("输入要插入结点的学号和姓名:\n");
    insnode = (struct Node * )malloc(sizeof(struct Node));
    scanf(" % ld % s", &insnode -> num, insnode -> name);
    head = Insert(head, insnode);
    printf("插入结点后的链表是:\n");
    print(head);
    printf("输入要删除结点的学号:\n");
    scanf(" % ld", &delnum);
    head = Delete(head, delnum);
    printf("删除结点后的链表是:\n");
    print(head);
    system("pause");
    return 0;
}
```

第
8
章

结构体与共用体

上述程序执行的结果是:

输入:

1001 aaaa

1005 eeee

1003 cccc

1006 ffff

1008 hhhh

0 ssss

输出:

建立的链表是:

      1001   aaaa

      1005   eeee

      1003   cccc

      1006   ffff

      1008   hhhh

排序后的链表是:

      1001   aaaa

      1003   cccc

      1005   eeee

      1006   ffff

      1008   hhhh

输入要插入结点的学号和姓名:

1004 dddd

插入结点后的链表是:

      1001   aaaa

      1003   cccc

      1004   dddd

      1005   eeee

      1006   ffff

      1008   hhhh

输入要删除结点的学号:

1006

删除结点后的链表是:

      1001   aaaa

      1003   cccc

      1004   dddd

      1005   eeee

      1008   hhhh

8.6 共 用 体

共用体(也叫联合体)也是一种构造数据类型,用在比较复杂的程序中。一个共用体可由类型不同(也可以相同)的成员的构成,和结构体类似,每个成员也有一个名字。共用体与结构体的差异在于它们成员的存储方式不同。在一个结构体(变量)里,结构体的各成员顺序排列存储,每个成员都有自己独立的存储位置。而共用体的所有成员共享同一片存储区,也就是说,一个共用体变量在每个时刻里只能保存它的某一个成员的值。

8.6.1 共用体的定义

所谓共用体类型,是指将不同类型的数据项组织成一个整体,它们在内存中占用同一段存储单元。其定义形式为:

```
union 共用体名
{
    成员表列
};
```

和结构体类型相似,定义共用体变量也有 3 种形式。

(1) 先声明共用体类型,再定义共用体变量。例如:

```
union data
{
    int a;
    float b;
    double c;
    char d;
};
union data obj;
```

(2) 声明共用体类型的同时,定义共用体变量。例如:

```
union data
{
    int a;
    float b;
    double c;
    char d;
}obj;
```

(3) 声明无名共用体类型定义共用体变量。例如:

```
union
{
    int a;
    float b;
    double c;
    char d;
}obj;
```

以上 3 种形式都可以用来定义共用体变量,语法上都正确。一般情况下,用第一种形式会更加方便。

例 8.12 结构体和共用体的存储空间对比。

```
/ *
程序名称:ex8－12.c
程序功能:结构体和共用体的存储空间对比
* /
# include< stdio. h>
# include< stdlib. h>
```

结构体与共用体

```
union data/* 共用体*/
{
    int a; float b;
    double c; char d;
}obj;
struct stud /* 结构体*/
{
    int a; float b;
    double c; char d;
}stu;
int main()
{
    printf(" % d, % d",sizeof(struct stud),sizeof(union data));
    system("pause");
    return 0;
}
```

程序运行结果：

输出：17,8

对共用体的成员的引用与对结构体成员的引用相同。由于共用体各成员共用同一段内存空间，使用时，根据需要使用其中的某一个成员。图 8-10 中特别说明了共用体的特点，方便程序设计人员在同一内存区对不同数据类型的交替使用，增加灵活性，节省内存。

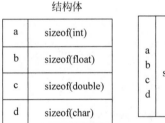 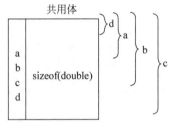

图 8-10　结构体类型与共用体类型占用存储空间的比较

8.6.2　共用体变量的引用

可以引用共用体变量的成员，其用法与结构体完全相同。

例 8.13　共用体变量的使用。

```
/*
程序名称:ex8-13.c
程序功能:共用体变量的使用
*/
# include < stdio. h >
# include < stdlib. h >
union data
{
    int a;
    float b;
```

```
        double c;
        char d;
    }obj;
    int main()
    {
        obj.a = 6;
        printf(" % d\n",obj.a);
        obj.c = 67.2;
        printf( " % 5.1lf\n",obj.c );
        obj.d = 'W';
        obj.b = 34.2;
        printf( " % 5.1lf, % c\n",obj.b,obj.d );
        printf("\n");
        system("pause");
        return 0;
    }
```

程序运行结果:

```
输出: 6
      67.2
      34.2,?
```

其成员引用为 obj.a、obj.b、obj.c、obj.d。

但是要注意的是,不能同时引用 4 个成员,在某一时刻,只能使用其中一个成员。

程序最后一行的输出是无法预料的。其原因是,共用体使用覆盖技术实现内存共享。即当 obj.d = 'W'后再执行 obj.b = 34.2,成员 d 的内容被改变,于是成员 d 就失去了存在的意义,从而被成员 b 所覆盖,当然就无法输出成员 d 的值。

对共用体的成员的引用与对结构体成员的引用相同。由于共用体各成员共用同一段内存空间,使用时,根据需要使用其中的某一个成员。从图中特别说明了共用体的特点,方便程序设计人员在同一内存区对不同数据类型的交替使用,增加灵活性,节省内存。

8.6.3 共用体的应用

使用共用体可以存储逻辑相关但情形不同的变量,使其共享内存,从而可以节省内存外,还可以避免因误操作引起逻辑上的冲突。例如,在保存学生和老师的信息中,如果是学生则输出班级,如果是老师则输出职称。

例 8.14 利用共用体处理学生和老师信息。

```
/ *
程序名称:ex8 - 14.c
程序功能:利用共用体处理相关信息
* /
# include < stdio.h >
# include < stdlib.h >
# define N 3
union title
{
    char myclass[10];
```

C 语言程序设计教程(第 3 版)

```
        char myposition[10];
    };
    struct people
    {
        int num;
        char name[10];
        char tp;
        union title job;
    };
    int main()
    {
        int i;
        struct people person[N];
        printf("输入个人信息:\n");
        for(i = 0;i < N;i++)
        {
            printf("输入第 % d 个人的信息:",i + 1);
            scanf(" % d % s % c",&person[i].num,person[i].name,&person[i].tp);
            if(person[i].tp == 's')
                scanf(" % s",person[i].job.myclass);
            else if(person[i].tp == 't')
                scanf(" % s",person[i].job.myposition);
        }
        printf(" 编号 姓名 类型 班级/职称\n");
        for(i = 0;i < N;i++)
        {
            if(person[i].tp == 's')
        printf(" % 6d % 10s % 6c % 10s\n",person[i].num,person[i].name,person[i].tp,person[i].
job.myclass);
            else if(person[i].tp == 't')
        printf(" % 6d % 10s % 6c % 10s\n",person[i].num,person[i].name,person[i].tp,person[i].
job.myposition);
        }
        system("pause");
        return 0;
    }
```

程序运行结果:

```
输入个人信息:
输入第 1 个人的信息:1001 张三 s 计科 1 班
输入第 2 个人的信息:2001 李四 t 教授
输入第 3 个人的信息:1002 王二 s 网工 2 班
编号    姓名    类型    班级/职称
1001    张三     s      计科 1 班
2001    李四     t      教授
1002    王二     s      网工 2 班
```

8.7 枚 举 类 型

8.7.1 枚举类型的定义和枚举变量的说明

枚举(enumeration)是一系列命名的整型常量。生活中枚举的例子很多,例如,一个星期内有七天,一年有十二个月,有七种基本颜色(红、黄、蓝、绿、紫、橙、白)。在"枚举"类型的定义中列举出所有可能的取值,若被说明为该"枚举"类型的变量,其取值不能超过定义值的范围。另外,枚举类型是一种基本数据类型,而不是一种构造类型,因为它不能再分解为任何基本类型。

枚举的定义很像结构体,关键字为 enum。枚举定义的一般形式是:

enum 枚举名{ 枚举值表 };

在枚举值表中应罗列出所有可用值,这些值也称为枚举元素。

例如:

enum Weekday{ sun,mon,tue,wed,thu,fri,sat }

该枚举名为 Weekday,枚举值共有 7 个,即一周中的七天。凡被说明为 Weekday 类型变量的取值只能是七天中的某一天。如同结构体和共用体一样,枚举变量也可用不同的方式说明,即先定义后说明,同时定义说明或直接说明。

设有变量 a,b,c 被说明为上述的 Weekday,可采用下述任一种方式:

enum Weekday { sun,mon,tue,wed,thu,fri,sat };
enum Weekday a,b,c;

或者

enum Weekday { sun,mon,tue,wed,thu,fri,sat }a,b,c;

或者

enum { sun,mon,tue,wed,thu,fri,sat }a,b,c;

8.7.2　枚举类型变量的赋值和使用

枚举类型在使用中有以下规定:

枚举值是常量,不是变量。不能在程序中用赋值语句再对它赋值。例如,对枚举 Weekday 的元素再作以下赋值:

sun = 5;
sun = mon;

都是错误的。

枚举元素本身由系统定义了一个表示序号的数值,从 0 开始顺序定义为 0,1,2,……。例如,在 Weekday 中,sun 值为 0,mon 值为 1,……,sat 值为 6。

例 8.15　枚举变量的赋值与引用。

```
/ *
   程序名称:ex8 - 15.c
   程序功能:枚举变量的赋值与引用
* /
# include < stdlib.h >
# include < stdio.h >
enum Weekday { sun,mon,tue,wed,thu,fri,sat } a,b,c;
```

```
int main()
{
    a = sun;
    b = mon;
    c = tue;
    printf(" % d, % d, % d",a,b,c);
    system("pause");
    return 0;
}
```

说明：只能把枚举值赋予枚举变量，不能把元素的数值直接赋予枚举变量。例如：

```
a = sun;
b = mon;
```

是正确的。而

```
a = 0;
b = 1;
```

是错误的。如一定要把数值赋予枚举变量，则必须用强制类型转换。例如：

```
a = (enum Weekday)2;
```

其意义是将顺序号为 2 的枚举元素赋予枚举变量 a，相当于

```
a = tue;
```

还应该说明的是，枚举元素不是字符常量也不是字符串常量，使用时不要加单、双引号。

8.8 类型定义符 typedef

C 语言不仅提供了丰富的数据类型，而且允许由用户自己定义类型说明符，即允许由用户为数据类型取"别名"。类型定义符 typedef 即可用来完成此功能。例如，有整型量 a,b，其说明如下：

```
int a,b;
```

其中，int 是整型变量的类型说明符。int 的完整写法为 integer，为了增加程序的可读性，可把整型说明符用 typedef 定义，其格式为：

```
typedef 原类型名 新类型名
```

其中，原类型名中含有定义部分，新类型名一般用大写表示，以便于区别。例如：

```
typedef int INTEGER;
```

这以后就可用 INTEGER 来代替 int 作整型变量的类型说明了。例如：

```
INTEGER a,b;
```

它等效于

```
int a,b;
```

用 typedef 定义数组、指针、结构体等类型将带来很大的方便,不仅使程序书写简单而且使意义更为明确,因而增强了可读性。例如:

```
typedef char NAME[20];
```

表示 NAME 是字符数组类型,数组长度为 20。然后可用 NAME 说明变量。例如:

```
NAME a1,a2,s1,s2;
```

完全等效于

```
char a1[20],a2[20],s1[20],s2[20];
```

又如:

```
typedef struct student
{
    char name[20];
    int age;
    char sex;
} STU;
```

定义 STU 表示 student 的结构体类型,然后可用 STU 来说明结构体变量:

```
STU st1,st2;
```

若没有用 typedef,则上述定义的 STU 就是一个结构体类型的变量,而不是类型说明符了,在使用过程中要特别注意。有时也可用宏定义来代替 typedef 的功能,但是宏定义是由预处理完成的,而 typedef 则是在编译时完成的,后者更为灵活方便。

8.9 位　　段

有些信息在存储时,并不需要占用一个完整的字节,而只需占几个或一个二进制位。例如,在存放一个开关量时,只有 0 和 1 两种状态,用一位二进制位即可。为了节省存储空间,并使处理简便,C 语言又提供了一种数据结构,称为"位域"或"位段"。

所谓"位段"是把一字节中的二进制位划分为几个不同的区域,并说明每个区域的位数。每个域有一个域名,允许在程序中按域名进行操作。这样就可以把几个不同的对象用一字节的二进制位域来表示。

8.9.1　位域的定义和位域变量的说明

位域定义与结构体定义相仿,其形式为:

```
struct 位域结构名
{
      类型说明符 位域名:位域长度;
};
```

例如:

```
struct bitsec
```

```
{
    int a:6;
    int b:2;
    int c:8;
};
```

位域变量的说明与结构体变量说明的方式相同,可采用"先定义后说明""同时定义说明"或者"直接说明"3 种方式。例如:

```
struct bitsec
{
    int a:6;
    int b:2;
    int c:8;
}data;
```

说明:data 为 bitsec 变量,共占 2 字节。其中,位域 a 占 8 位,位域 b 占 2 位,位域 c 占 6 位。

说明:

(1) 一个位域必须存储在同一字节中,不能跨两字节。如果一字节所剩空间不够存放另一位域时,应从下一单元起存放该位域,也可以有意使某位域从下一单元开始。例如:

```
struct bitsec
{
    unsigned a:4;
    unsigned :0;            /* 空域,不使用的部分 */
    unsigned b:4;           /* 从下一单元开始存放 */
    unsigned c:4;
}
```

在这个位域定义中,a 占第一字节的 4 位,后 4 位填 0 表示不使用,b 从第二字节开始,占用 4 位,c 占用 4 位。

(2) 由于位域不允许跨两个字节,因此位域的长度不能大于一个字节的长度,也就是说不能超过 8 位二进制位。

(3) 位域可以无位域名,这时它只用来作填充或调整位置。无名的位域是不能使用的。例如:

```
struct k
{
    int a:1;
    int :2;                 /* 该 2 位不能使用 */
    int b:3;
    int c:2;
};
```

从以上分析可以看出,位域在本质上是一种结构体类型,其成员是按二进制位分配的。

8.9.2 位域的使用

位域的使用和结构体成员的使用相同,其一般形式为:

位域变量名.位域名

位域允许用各种格式输出。

例 8.16 位段的格式化输出。

```
/*
  程序名称:ex8-15.c
  程序功能:位段的格式化输出
*/
#include <stdio.h>
#include <stdlib.h>
struct bs
{
  unsigned a:1;
  unsigned b:3;
  unsigned c:4;
} bit, *pbit;
int main()
{
    bit.a = 1;
    bit.b = 7;
    bit.c = 15;
    printf("%d, %d, %d\n",bit.a,bit.b,bit.c);
    pbit = &bit;
    pbit -> a = 0;
    pbit -> b& = 3;
    pbit -> c| = 1;
    printf("%d, %d, %d\n",pbit->a,pbit->b,pbit->c);
    system("pause");
    return 0;
}
```

上例程序中定义了位域结构 bs,3 个位域为 a,b,c。说明了 bs 类型的变量 bit 和指向 bs 类型的指针变量 pbit。这表示位域也可以使用指针。程序中:

```
bit.a = 1;
bit.b = 7;
bit.c = 15;
```

分别给 3 个位域赋值(应注意赋值不能超过该位域的允许范围)。程序接着以整型量格式输出 3 个位域的内容。值得注意的是,程序中的语句

```
pbit -> b& = 3;
pbit -> c| = 1;
```

分别使用了复合的位运算符 &= 和|=,它们的作用相当于

```
pbit -> b = pbit -> b & 3;
pbit -> b = pbit -> b | 3;
```

位域 b 中原有值为 7,与 3 做按位与运算的结果为 3(111&011=011,十进制值为 3)。位域 c 的二进制值 1111 结果与 011 做或运算得到的结果为 15。

第 8 章

结构体与共用体

8.10 结构体的综合应用

例 8.17 学生成绩信息包括学号、姓名、考试课程、平时成绩、期中成绩、期末成绩、总评成绩和等级(优:90~100、良:80~89、中:70~79、及格:60~69、不及格:<60)。建立一个描述学生某科成绩的数据类型,其中总评成绩=平时成绩×20%+期中成绩×20%+期末成绩×60%。要求输入学生的平时成绩、期中成绩、期末成绩。分别用函数实现下面功能:

(1)计算课程总评成绩并指出成绩等级。

(2)输出不及格的学生信息。

(3)按学生的总评成绩进行降序排列。

分析:由于学生信息学号、姓名、考试课程、平时成绩、期中成绩、期末成绩、总评成绩和等级不是同一数据类型,因此用结构体类型来描述学生信息。将学生的平时成绩、期中成绩和期末成绩按比例计算后相加得到总评成绩,根据成绩等级的划分分数确定学生成绩的等级信息。再定义一个结构体数组保存总评成绩不及格的学生。最后用冒泡排序进行总评成绩排序。

```c
/*
  程序名称:ex8-16.c
  程序功能:用结构体实现学生总评成绩处理
*/
#include<stdio.h>
#include<string.h>
#include<stdlib.h>
#define N 30
typedef struct student
{
    int id;                     /*学生学号*/
    char name[20];              /*学生姓名*/
    char subject[20];           /*考试科目*/
    double perf;                /*平时成绩*/
    double mid;                 /*期中成绩*/
    double final;               /*期末成绩*/
    double total;               /*总评成绩*/
    char level[10];             /*成绩等级*/
}STU;
void input(STU [],int );        /*输入学生信息*/
void calc(STU [],int);          /*计算总评和等级*/
int fail(STU [],STU [],int);    /*不及格学生统计*/
void sort(STU [],int);          /*排序*/
void show(STU [],STU [],int,int); /*输出学生信息*/
int main()
{
    STU st[N],fst[N];
    int k;
    input(st,N);
```

```
        calc(st,N);
        k = fail(st,fst,N);
        sort(st,N);
        show(st,fst,N,k);
        system("pause");
        return 0;
}
void input(STU s[],int n)
{
        int i;
        for(i = 0;i < n;i++)
scanf("%d %s %s %lf %lf %lf",&s[i].id,s[i].name,s[i].subject,&s[i].perf,&s[i].mid,&s
[i].final);
}
void calc(STU s[],int n)
{
        int i;
        for(i = 0;i < n;i++)
        {
            s[i].total = s[i].perf * 0.2 + s[i].mid * 0.2 + s[i].final * 0.6;
            if(s[i].total >= 90)
             strcpy(s[i].level,"优");
            else if(s[i].total >= 80&&s[i].total < 90)
             strcpy(s[i].level,"良");
            else if(s[i].total >= 70&&s[i].total < 80)
             strcpy(s[i].level,"中");
            else if(s[i].total >= 60&&s[i].total < 70)
             strcpy(s[i].level,"及格");
            else
             strcpy(s[i].level,"不及格");
        }
}
int fail(STU s[],STU t[],int n)
{
        int i,k = 0;
        for(i = 0;i < n;i++)
          if(s[i].total < 60)
        t[k++] = s[i];
        return k;
}
void sort(STU s[],int n)
{
        int i,j;
        STU temp;
        for(i = 0;i < n - 1;i++)
          for(j = 0;j < n - 1 - i;j++)
            if(s[j].total < s[j + 1].total)
            {
                temp = s[j];
                s[j] = s[j + 1];
                s[j + 1] = temp;
```

```
        }
    }
void show(STU s[],STU t[],int n,int m)
{
    int i;
    printf("学生成绩排名情况:\n");
    printf(" ----------------- \n");
    printf("学号 姓名 考试科目 平时成绩 期中成绩 期末成绩 总评成绩 成绩等级\n");
    for(i = 0;i < n;i++)
printf(" %5d %10s %20s %5.1lf %5.1lf %5.1lf %5.1lf %10s\n",s[i].id,s[i].name,s[i].
subject,s[i].perf,s[i].mid,s[i].final,s[i].total,s[i].level);
    printf("不及格学生情况:\n");
    printf(" ----------------- \n");
    printf("学号 姓名 考试科目 平时成绩 期中成绩 期末成绩 总评成绩 成绩等级\n");
    for(i = 0;i < m;i++)
printf(" %5d %10s %20s %5.1lf %5.1lf %5.1lf %5.1lf %10s\n",t[i].id,t[i].name,s[i].
subject,t[i].perf,t[i].mid,t[i].final,t[i].total,t[i].level);
}
```

本 章 小 结

结构体是具有不同的数据类型的总称,本章主要介绍了以下内容:

(1) 结构体和共用体的概念,其类型和变量的定义方法。

(2) 结构体变量赋值的方法和结构体成员的引用。

(3) 结构体数组的定义和引用方法。

(4) 指向结构体变量的指针及其使用。

(5) 链表的基本概念和链表的基本操作(建立链表、访问链表、插入结点、删除结点)。

(6) 枚举类型和自定义类型的定义方法和使用。

(7) 段位的定义和使用。

习 题 8

1. 单项选择题

(1) 有如下说明语句,则叙述不正确的选项是(　　)。

```
struct stu{
    int a;
    float b;
} stutype;
```

  A. struct 是结构体类型的关键字

  B. struct stu 是用户定义的结构体类型

  C. stutype 是用户定义的结构体类型名

  D. a 和 b 都是结构体成员名

(2) 以下对结构类型变量的定义中不正确的是(　　)。

A. #define STUDENT struct student
   STUDENT {
       int num; double score;
   } std1;

B. struct student {
       int num;
       double score;
   }std1;

C. struct {
       int num;
       double score;
   } std1;

D. struct {
       int num; double score;
   } student;
   struct student std1;

（3）当定义一个结构体变量时，系统分配给它的内存是（　　　）。

A. 各成员所需内存量的总和
B. 结构中第一个成员所需内存量
C. 成员中占内存量最大的容量
D. 结构中最后一个成员所需内存量

（4）C 语言结构体变量在程序执行期间（　　　）。

A. 所有成员一直驻留在内存中
B. 只有一个成员驻留在内存中
C. 部分成员驻留在内存中
D. 没有成员驻留在内存中

（5）下面程序的运行结果是（　　　）。

```
#include<stdio.h>
#include<stdlib.h>
struct complx
{
  int x;
  int y;
} cnum[2] = {1,3,2,7};
int main()
{
    printf("%d\n",cnum[0].y/cnum[0].x*cnum[1].x);
    system("pause");
    return 0;
}
```

A. 0   B. 1   C. 2   D. 6

（6）以下程序段中，对结构体变量成员不正确的引用是（　　　）。

```
struct pupil
{
  char name[20];
  int age;
  int sex;
} pup[5], *p = pup;
```

A. scanf("%s",pup[0].name);
B. scanf("%d",&pup[0].age);
C. scanf("%d",&(p->sex));
D. scanf("%d",p->age);

（7）设有定义：

```
struct TT
{
  char mark[12];
  int num1;
```

```
    double num2;
}t1,t2;
```

若变量均已正确赋初值,则下列语句中错误的是(　　)。

  A. t1=t2;　　　　　　　　　　　B. t2.num1=t1.num1;

  C. t2.mark=t1.mark;　　　　　　D. t2.num2=t1.num1;

(8) 若有以下程序段:

```
int a = 1,b = 2,c = 3;
struct dent
{
    int n;
    int * m;
} s[3] = {{101,&a},{102,&b},{103,&c}};
struct dent * p = s;
```

则以下表达式中值为 2 的是(　　)。

  A. sizeof(int)　　　　　　　　　　B. *(p++)->m

  C. (*p).m　　　　　　　　　　　　D. *(++p) -> m

(9) 下面对 typedef 的叙述中不正确的是(　　)。

  A. 用 typedef 可以定义多种类型名,但不能用来定义变量

  B. 用 typedef 可以增加新类型

  C. 用 typedef 只是将已存在的类型用一个新的标识符来代表

  D. 使用 typedef 有利于程序的通用和移植

(10) 若有定义:

```
typedef int * INTEGER;
INTEGER p, * q;
```

则以下叙述正确的是(　　)

  A. q是基本类型为 int 的指针变量

  B. p是 int 类型变量

  C. p是基本类型为 int 的指针变量

  D. 程序中可用 INTEGER 代替类型名 int

2. 填空题

(1) 结构体变量成员的引用方式是使用_____运算符,结构体指针变量成员的引用方式是使用_____运算符。

(2) 若有定义:

```
struct num{
    int a;
    int b;
    float f;
} n = {1,3,5.0};
struct num * pn = &n;
```

则表达式 pn-> a * ++pn-> b 的值是 _____。表达式 (*pn).a+pn-> f 的值

是_____。

(3) C 语言可以定义枚举类型,其关键字为_____。

(4) C 语言允许用_____声明新的类型名来代替已有的类型名。

(5) 结构数组中存有 3 个人的姓名和年龄,以下程序输出 3 个人中最年长者的姓名和年龄。请在空内填入正确内容。

```
# include < stdio. h >
# include < stdlib. h >
struct man
{
    char name[20];
    int age;
}person[ ] = {"li - ming",18,"wang - hua",19,"zhang - ping",20};
int main()
{
    struct man * p, * q;
    int old = 0
    p = person;
    for( ;p _____;p++)
      if(old < p -> age)
       {q = p;_____; }
    printf(" % s  % d",_____);
    system("pause");
    return 0;
}
```

3. 程序填空题

(1) 以下程序段的功能是统计链表中结点的个数。其中,first 为指向第一个结点的指针(链表不带头结点)。请在空内填入正确内容。

```
struct link
{
    char data;
    struct link * next;
};

...
    struct link * p, * first;
    int c = 0;
    p = first;
    while(_____)
     {_____;
     p = _____;
     }
```

(2) 设链表上结点的数据结构为

```
struct node
{
    int x;
```

```
        struct node * next;
    };
```

若已经建立了一条链表,h 表示链表头指针,函数 delete 的功能是:在链表上找到与 value 相等,则删除该结点(假定各结点的值不同),要求返回链表的首指针。

```
struct node * delete(struct node * h, int value)
{
    struct node * p1, * p2;
    p1 = p2 = h;
    while(p1!= NULL){
        if(p1 -> x == value){
            if(p1 == h){
                h = _____;
                free(p1);
            }
            else{
                p2 -> next = _____;
                free(p1);
            }
        }
        else{
            p2 = p1;
            p1 = _____;
        }
    }
    return h;
}
```

4. 程序阅读题

(1) 下面程序的运行结果是_____。

```
#include< stdio. h>
#include< stdlib. h>
struct ks
{
    int a;
int * b;
} s[4], * p;
int main()
{
    int n = 1, i;
    for (i = 0; i < 4; i++)
    {
        s[i].a = n; s[i].b = &s[i].a; n = n + 2;
    }
    p = &s[0]; p++;
    printf(" % d, % d\n",(++p) -> a,(p++) -> a);
    system("pause");
    return 0;
}
```

（2）下面程序的运行结果是_____。

```c
#include<stdio.h>
#include<stdlib.h>
struct man
{
    char name[20];
    int age;
} person[] = { "liming",18,"wanghua",19,"zhangping",20 };
int main()
{
    int old = 0;
    struct man * p = person, * q;
    for (; p<= &person[2]; p++)
        if (old<p->age) { q = p; old = p->age };
    printf("$s %d\n",q->name,q->age);
    system("pause");
    return 0;
}
```

（3）输入：

```
Li
Zhang
Li
Li
Wang
Zhang
Wang
Zhang
```

下面程序运行的结果是_____。

```c
#include<stdio.h>
#include<string.h>
#include<stdlib.h>
#define N 8 /* 输入数据组数 */
struct person
{
    char name[20];
    int count;
}leader[3] = { "Li",0,"Zhang",0,"Wang",0};
int main()
{
    int i,j; char leader_name[20];
    for(i=1;i<N;i++)
    {
        scanf("%s",leader_name);
        for(j=0;j<3;j++)
        if(strcmp(leader_name,leader[j].name)==0)
        leader[j].count++;
    }
```

结构体与共用体

```
        for(i = 0;i < 3;i++)
            printf("%5s:%d\n",leader[i].name,leader[i].count);
        system("pause");
        return 0;
    }
```

5. 编程题

(1) 编写一个函数 output(),定义一个学生的成绩数组,该数组中有 N 个学生的信息(学号、姓名、3 门课成绩),用主函数输入这些记录,用 output()函数输出这些记录。

(2) 有 10 个学生,每个学生的数据包括学号、姓名、3 门课的成绩,从键盘输入 10 个学生数据,要求编程输出 3 门课平均成绩,以及总分最高分的学生的数据(包括学号、姓名、3 门课的成绩、平均分数)。

(3) 学生的记录由学号和成绩组成,N 名学生的数据在主函数中输入结构体数组 s 中,请编写函数 fun(),其功能是:把分数最低的学生数据放在 h 所指的数组中。注意,分数最低的学生可能不止一个,函数返回分数最低的学生的人数。

(4) 计算机等级考试 C 语言的题目类型包括客观题(选择)和操作题(程序填空、程序改错、编程)组成,学生信息包含准考证号、学生姓名、客观题分数、操作题分数、总得分和等级。其中,客观题占 40%,操作题占 60%。用函数调用方式编写程序,其中函数 fun()的功是计算学生的总得分,并将学生总分在 90～100 的等级确定为"优秀",80～90 分(不包含 90 分)的等级确定为"良好",60～80 分(不包含 80 分)的等级确定为"合格",60 分以下的确定为"不合格"。同时,获得等级证书的学生的信息保存在结构体数组 h 中(考试中心规定:只有总分在 60 分以上(含 60 分)才能获得证书),获得证书的人数由 fun()函数的参数获得。

第9章 文 件 系 统

教学目标

(1) 理解文件的概念以及文件是如何实现信息永久存储的功能的。

(2) 能够使用函数 fopen() 和 fclose() 打开和关闭文件。

(3) 掌握文件的读写以及文件指针的定位操作。

程序处理的数据是如何进入计算机内部的？计算机程序计算的结果又要输出到哪里？在前面的章节中将输入输出的问题都交给了基本输入输出系统来完成,也就是从键盘输入数据,通过显示器输出计算的结果。这种方式可以完成许多程序,但输入和输出大量数据时,特别是有时需要长期保存原始数据和运行的结果,如果仅使用键盘输入和屏幕输出,就显得力不从心了。为此,我们利用磁盘作为信息载体,将其用于数据的输入与输出。这时的输入和输出设备就针对文件系统了。本章将讨论文件的基本概念及 C 语言程序中的文件使用。通过程序设计实例,进一步理解文件输入输出中的相关知识。

9.1 文件和流的概念

9.1.1 文件的定义

在目前的计算机系统里,大量信息的存储都通过操作系统管理下的文件实现。文件封装了数据信息并由操作系统统一管理和维护。因此,文件是一组相关信息的数据集,这个数据集有一个名称,叫作文件名。通常计算机使用文件名来操作文件。从在计算机的角度来理解,程序向外传送信息(输出到磁盘或打印机)的操作是输出,从外部取得信息(输入到计算机内存)的操作是输入。输入输出的操作对象可以是文件,也可以是一些标准设备,如键盘、显示器、打印机或者其他设备。

9.1.2 流的定义

C 语言把每个独立的数据流称作文件,每个文件都存放在相应的文件夹(目录)下,文件用文件名(包括文件的路径)来标识。在 C 语言的标准库中,提供了一套流操作函数,包括流的创建(打开文件)、撤销(关闭文件),对流的读写(实际上是通过流对文件的读和写),以及其他一些与文件操作相关的函数。流通过一种特殊数据结构实现,标准库为此定义了一个结构体类型 FILE,存储与流操作有关的(与打开的文件有关的)所有信息,通过对 FILE 型指针(文件指针)操作实现对文件的操作。打开文件操作是将返回一个指向 FILE 的指针,同样关闭文件就是使文件与文件型指针"脱钩"。因此可以认为文件指针就是流的体现,人们也把文件指针作为流的代名词。

程序要读取文件中的数据,首先打开对应的文件,然后才能从该文件中读取数据,使用结束时,要关闭文件。程序要向文件写入数据(建立文件),也要先打开文件,然后向文件输出数据,最后关闭文件。

C程序启动时自动创建三个流(建立三个文件指针并指定值):标准输入流(stdin)、标准输出流(stdout)和标准错误流(stderr)。stdin通常与操作系统的标准输入连接,stdout与操作系统的标准输出连接,stderr通常直接与显示器连接。前面程序所用的标准输入输出操作都是对这些流进行的。

9.1.3　文件的分类

在C语言中,文件中的数据流的组织形式有两种:数据流由一个个字符组成,这种文件称为文本文件。在文本文件中,每个字符以ASCII代码存储,占一字节;另一种数据流由二进制组成,这种文件称为二进制文件,将数据按其在内存中的存储形式(二进制)存储在文件中。文本文件与二进制文件的主要区别是存储数值型数据的形式不同,如图9-1所示。

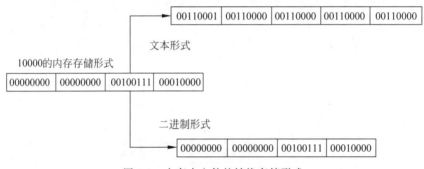

图 9-1　内存中文件的转换存储形式

9.2　文件的使用

在操作文件时,通常都关心文件的属性,如文件的名字、文件的性质、文件的当前状态等。C语言为每个被使用的文件在内存开辟一块用于存放上述信息的空间,用一个FILE结构体类型的成员存放。程序使用一个文件时,系统就为此文件开辟一个FILE类型变量。在标准I/O库中,FILE结构体的定义如下:

```
typedef struct
{
    short          level;              /* fill/empty level of buffer */
    unsigned       flags;              /* 文件状态标志 */
    char           fd;                 /* 文件描述符 */
    unsigned char hold;                /* Ungetc char if no buffer */
    short          bsize;              /* 缓冲区大小 */
    unsigned char * buffer;            /* 数据传输缓冲区 */
    unsigned char * curp;              /* 当前激活指针 */
    unsigned       istemp;             /* 临时文件指示器 */
```

```
    short            token;                  /*用于合法性校合*/
} FILE;
```

在操作文件以前,应先定义文件型指针变量:

```
FILE *fp1,*fp2;
```

按照上面的定义,fp1 和 fp2 均为 FILE 结构体类型的指针变量,分别指向一个可操作的文件。换句话说,一个文件对应一个文件变量指针,对文件的访问,会转化为对文件型指针变量的操作。

9.2.1 文件的打开与关闭

要使用文件,首先必须打开文件。在 C 语言中,打开文件的操作由标准库函数 fopen()完成,函数 fopen()返回一个 FILE 类型的指针值。因此,可以定义一个文件型指针来接收这个指针,在文件打开操作完成后,通过这个指针就可以进行文件操作了。函数 fopen()的原型是:

```
FILE *fopen(const char *filename,const char *mode);
```

其中 filename 的实参是字符串,表示希望打开的文件名;mode 是另一字符串,用于指定文件打开方式。这一字符串中可用的字符包括 r、w、a 和 +,分别表示读、写、添加和更新。字符 b 与上述 4 种字符组合使用,表示对二进制文件进行操作。常用的文件打开方式如表 9-1 所示。

表 9-1 文件打开方式

模　式	含　义
r	打开一个文本文件只读
w	创建一个文本文件只写
a	打开一个文本文件在尾部追加
rb	打开一个只读的二进制文件
wb	创建一个只写的二进制文件
ab	对二进制文件追加
r+	打开一个可读/写的文本文件
w+	创建一个新的可读/写的文本文件
a+	打开一个可读/写的文本文件
rb+	打开一个可读/写的二进制文件
wb+	创建一个新的可读/写的二进制文件
ab+	打开一个可读/写的二进制文件

文件的操作方式有文本文件和二进制文件两种,打开文件的正确方法如下所示:

```
# include<stdio.h>
# include<stdlib.h>
{...
    FILE *fp; /*定义文件指针 */
    /*创建一个只写的新文本文件 */
    if((fp=fopen("test.txt","w"))==NULL)/*判断文件已写方式打开是否成功 */
```

```
        {
            printf( "cannot open file \n" );
            exit(0);
        }
    }
```

说明:

(1) 当文件打开操作不能正常完成时,函数 fopen()返回空指针值。由于文件打开操作是与程序外部打交道,操作能否完成依赖于程序运行的环境。所以,在文件打开操作之后必须检查函数的返回值,以确保后续操作的有效性。显然,对空的文件指针操作不会有任何意义。

(2) 上面例子中的写法都是以文本文件方式打开文件。若需要以二进制方式打开文件,就需要在模式串中加字符 b 说明。例如,rb、wb+、ab+分别表示以二进制读方式、二进制写更新方式、二进制添加并以可读方式打开文件。

(3) 这种方法能发现打开文件时的错误。在开始写文件之前检查诸如文件是否有写保护,磁盘是否已写满等,因为函数会返回一个空指针 NULL,NULL 值在 stdio. h 中定义为 0,当文件操作完成后,我们必须释放文件指针,所以在程序的结尾处一般都有 fclose()函数的调用,用来关闭流指针指向的文件。

(4) 对于以读写方式打开的文件,在读操作和写操作之间切换时,必须做文件重新定位,并需要调用函数 fflush()刷新流的缓冲区。这方面情况在本章有关的函数的使用中进一步介绍。

文件使用完后,要及时关闭文件,在 C 语言中,关闭文件可通过函数 fclose()完成,它的原型是:

```
int fclose(FILE * stream);
```

该函数完成关闭流的所有工作。对于输出流,fclose()将在实际关闭文件前做缓冲区刷新,即把当时缓冲区里所有数据实际输出到文件(无论缓冲区满不满);对输入流,文件关闭将丢掉缓冲区当时的内容。在关闭操作后会释放动态分配的缓冲区。fclose()正常完成时返回 0,出问题时返回值为 EOF。注意,由于一个程序可以同时打开的文件数通常有限,所以,文件使用完毕应及时将它关闭。

由上可知,在 C 程序中使用文件,需要完成以下工作。

(1) 声明一个 FILE 类型的指针变量。

(2) 通过调用 fopen()函数将文件型指针变量和某个具体文件相联系。这一操作称为打开文件。打开一个文件要求指定文件名(必要时还包含文件访问路径),并且指明该文件的使用目的是用于输入还是输出。

(3) 调用 stdio. h 中适当的函数完成必要的 I/O 操作。对输入文件来说,这些函数从文件中将数据读取至程序中;对输出文件来说,函数将程序中的数据转移到文件中。

(4) 通过调用 fclose()函数表明文件操作结束,这一操作称为关闭文件,使它断开了文件指针变量与具体文件间的联系。

例 9.1 文件操作的基本过程。

```
FILE * fp;
```

```
fp = fopen("d:\\myfile.dat","r");          /* 建立文件与流的关系,使用指定的模式 */
if (fp == NULL)                            /* 判断文件打开是否成功 */
{/* 当文件打不开时的处理 */ }
...
/* 对文件的各种操作 */
fclose(fp);
```

9.2.2 文件的读写操作

当文件按指定的工作方式打开以后,就可以实现对文件的读和写。针对文本文件和二进制文件的不同性质可采用不同的读写操作,对文本文件来说,可按字符、字符串和格式化读写;对二进制文件来说,可进行块的读写。

1. 判断文件是否结束

函数 feof()是用于判断文件是否到了结束标志。通常用该函数来检查文件中的数据是否都已访问。其函数原型:

```
int feof( FILE * stream );
```

函数的返回值若是 1,则说明文件指针已指向文件的结尾了,若函数的返回值是 0,则说明文件指针还没有指向文件尾。

2. 读写字符函数 fgetc()和 fputc()的使用

C 语言提供 fgetc()和 fputc()函数对文本文件进行字符的读写,其函数的原型存于 stdio.h 头文件中,其中 fgetc()函数是读取一个字符,并将文件指针指示器移到下一个字符处,如果已到文件尾,函数返回 EOF,此时表示本次操作结束,其调用格式为:

```
int fgetc(FILE * stream);
```

fputc()函数完成将一个字符写入所指定文件的当前位置处,并将文件指针后移一个字符。fputc()函数的返回值是所写入字符的值,出错时返回 EOF,其调用格式为:

```
int fputc(int ch,FILE * stream);
```

将字符 ch 写入文件指针所指向的文件中。

例 9.2   显示文件内容。将存放于磁盘的指定文本文件按读写字符方式逐个地从文件读出,然后再将其显示到屏幕上。采用带参数的 main(),指定的磁盘文件名由命令行方式通过键盘给定。

```
/*
  程序名称:ex9_2.c
  程序功能:显示文本文件内容
*/
#include< stdio.h>
#include< stdlib.h>
int main( int argc,char * argv[])
{
    char ch;
    FILE * fp;
    if ( ( fp = fopen(argv[1],"r" )) == NULL )
```

```
    {
        printf("打开文件不成功!\n");
        exit(0);
    }
    /* 从文件读一字符,显示到屏幕 */
    while (!feof(fp))
    {
        ch = fgetc(fp);
        putchar (ch);
    }
    fclose (fp);
    system("pause");
    return 0;
}
```

程序运行结果:

输入: ex9_2 ex9_2.c
输出:上述源文件

程序是一个带参数的 main() 函数,要求以命令行方式运行,其参数 argc 用于记录输入参数的个数,argv 是指针数组,用于存放输入参数的字符串,串的个数由 argc 描述。假设指定读取的文件名为 ex9_2.c,并且列表文件内容就是源程序。经过编译和连接生成可执行的文件 ex9_2.exe。运行程序 ex9_2.exe,命令行中输入的命令为:

d:\> ex9_2.c

上述程序以命令行方式运行,其输入参数字符串有两个,如图 9-2 所示。

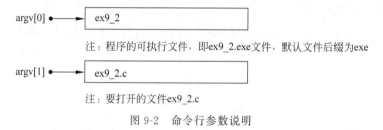

图 9-2   命令行参数说明

程序中对 fgetc() 函数的返回值不断进行测试,若读到文件尾部或读文件出错,都将返回 C 的整型常量 EOF,表示文件结束。

例 9.3   从键盘输入字符,存到文件 test.txt 中。

```
/*
    程序名称:ex9 - 3.c
    程序功能:输入字符存到文件
*/
#include <stdio.h>
#include <stdlib.h>
int main()
{
    FILE *fp;
    char ch;
```

```
    if ( ( fp = fopen( "d:\\test.txt","w" ) ) == NULL )
    {
        printf("不能建立文件!\n");
        exit(0);
    }
    while ((ch = fgetc())!= '\n')                /* 只要输入字符非回车符 */
        fputc(ch,fp);                            /* 将一个字符写入文件 */
    fclose(fp);
    system("pause");
    return 0;
}
```

程序运行结果:

输入:I like C Programming Language

程序通过从键盘输入一字符串并以回车结束,写入到计算机的 D 盘上,文件名为 test. txt,可用文本编辑软件(如记事本、Nodepad++)打开该文件,即可显示上述内容。

3. 读写字符串函数 fgets()和 fputs()的使用

C 语言提供的读写字符串的函数原型在 stdio. h 头文件中,其函数形式为:

```
char * fgets(char * str,int num,FILE * stream);
```

fgets()函数从流文件 stream 中读取最多 num-1 个字符,并把它们放入 str 指向的字符数组中。读取字符直到遇见回车符或 EOF(文件结束符),或读入了所限定的字符数为止。

```
int fputs(char * str,FILE * stream);
```

fputs()函数将 str 指向的字符串写入流文件中。操作成功时,函数返回 0 值;操作失败返回非零值。

例 9.4 向磁盘写入字符串,并写入文本文件 test. txt。

```
/*
    程序名称:ex9-4.c
    程序功能:输入字符存到文件
*/
#include < stdio. h>
#include < stdlib. h>
int main()
{
    FILE * fp;
    char str[128];
    if ((fp = fopen("d:\\test.txt","w")) == NULL)
    {
        printf("不能建立该文件!");
        exit(0);
    }
    while ( scanf(" % s",str) != EOF )  /* 若按 Ctrl + Z 再回车,则结束 */
    {
        fputs( str,fp );                         /* 写入串 */
```

```
        fputs( "\n",fp );                    / * 写入回车符 * /
    }
    fclose(fp);
    system("pause");
    return 0;
}
```

　　运行该程序,从键盘输入字符串,写入文件。如输入 Ctrl＋Z 时,即表示输入结束,程序结束。输入 Hello World!,输入内容保存到文件 test.txt 中。

　　运行结束后,用文本编辑软件(如记事本、Nodepad＋＋)打开该文件,显示如下内容:

```
Hello
World!
```

　　输入结束时我们使用了系统提供的结束操作 Ctrl＋Z,当输入 Ctrl＋Z 时 scanf( )函数返回 EOF,表示读入结束。这种方法在很多实际应用中都有所体现。

　　例 9.5　从一个文本文件 test1.txt 中读出字符串,再写入一个文件 test2.txt。

```
/ *
   程序名称:ex9 - 5.c
   程序功能:文件内容复制
 * /
# include < stdio.h >
# include < stdlib.h >
int main( )
{
    FILE * fp1, * fp2;
    char str[128];
    / * 以只读方式打开文件 1 * /
    if ((fp1 = fopen("d:\\test1.txt","r")) == NULL)
    {
        printf("不能打开该文件!\n");
        exit(0);
    }
    / * 以只写方式打开文件 2 * /
    if ((fp2 = fopen("d:\\test2.txt","w")) == NULL)
    {
        printf("不能建立该文件!\n");
        exit(0);
    }
    / * 从文件中读回的字符串,直到文件结束 * /
    while (!feof(fp1))
    {
        fgets(str,81,fp1);          / * 从文件 1 中读字符串保存在字符数组 str 中 * /
        fputs(str,fp2);             / * 从文件 1 中读字符串并写入文件 2 * /
        printf(" % s",str);         / * 在屏幕显示 * /
    }
    fclose(fp1);
    fclose(fp2);
    system("pause");
    return 0;
}
```

程序共操作两个文件,需定义两个文件变量指针,因此在操作文件以前,应将两个文件以需要的工作方式同时打开(不分先后),读写完成后,再关闭文件。设计过程是在写入文件的同时将内容显示在屏幕上,故程序运行结束后,应看到增加了与原文件相同的文本文件并在屏幕上显示文件内容。

4. 格式化输入输出函数 fscanf() 和 fprintf()

前面的程序设计中,已经介绍过利用 scanf() 和 printf() 函数从键盘格式化输入及在显示器上进行格式化输出。对文件的格式化读写就是在上述函数的前面加一个字母 f 成为 fscanf() 和 fprintf()。其函数调用方式如下:

```
int fscanf(FILE * stream,char * format,arg_list);
int fprintf(FILE * stream,char * format,arg_list);
```

其中,stream 为流文件指针,其余两个参数与 printf() 和 scanf() 的参数用法完全相同。

例 9.6 将包括姓名、学号、两科成绩的数据写入文本文件,再从该文件中以格式化方法读出,显示到屏幕上。

```
/*
程序名称:ex9_6.c
程序功能:按指定格式读写文件
*/
# include < string.h >
# include < stdio.h >
# include < stdlib.h >
struct student                          /* 定义结构体类型 */
{
    long int num;
    char name[15];
    double score[2];
} stu;                                  /* 说明结构体变量 */
int main()
{
    FILE * fp;
    int i;
    if ((fp = fopen("d:\\student.dat","w")) == NULL)  /* 以文本只写方式建立文件 */
    {
        printf("不能建立文件!\n");
        exit(0);
    }
    printf("输入学生信息:\n");
    for( i = 0;i < 2;i++)
    {
        scanf("%ld %s %f %f",&stu.num,stu.name,&stu.score[0],&stu.score[1]);
        fprintf(fp,"%ld %s %7.2lf %7.2lf\n",stu.num,stu.name,stu.score[0],stu.score
[1]);
    }
    fclose(fp);
    if ((fp = fopen("d:\\student.dat","r")) == NULL)  /* 以文本只读方式打开文件 */
    {
        printf("不能打开该文件!\n");
        exit(0);
    }
```

```
        printf("从文件中读取的学生信息:\n");
        /*从文件读入*/
        while(!feof(fp))
        {
            fscanf(fp,"%ld %s %lf %lf\n",&stu.num,stu.name,&stu.score[0],&stu.score[1]);
            printf("%ld %s %7.2lf %7.2lf\n",stu.num,stu.name,stu.score[0],stu.score[1]);
        }
        fclose(fp);
        system("pause");
        return 0;
    }
```

程序设计一个文件变量指针,两次以不同方式打开同一文件,写入和读出格式化数据,特别注意:用什么格式写入文件,就一定要用什么格式从文件读出,否则,读出的数据与格式控制符不一致,将造成数据出错。上述程序运行如下:

程序运行结果:

```
输入学生信息:
1001  张三  90  95
1002  李四  78  87
从文件中读取的学生信息:
1001  张三  90.00  95.00
1002  李四  78.00  87.00
```

当然将文件操作模式改为 rb,其效果完全相同。

5. 块读写函数 fread()和 fwrite()的使用

前面介绍的几种读写文件的方法,在实际的文件工作过程中,都要做数据的内部形式与外部形式之间的转换。例如,要输出一个整型变量的值,这个值的内部形式是固定位数的二进制表示,而在屏幕上显示的是一串数字字符。这种形式转换需要由格式化输出函数完成。

完成数据形式转换要花费一些时间。如果产生的结果直接供人们分析,那么这种转换是必需的。如果输出到文件只是为了在以后的程序中继续操作,就没有必要转换为二进制形式了。此外,有时数据转换还可能会丢失信息,尤其是对实数类型的数据,转换输出可能产生误差,再输入也可能产生误差,这样得到的数据已不是原来的数据了。为了能更好地解决这类问题,标准库提供了二进制流和基于存储块的文件输入输出函数。

若复杂的数据类型无法以整体形式向文件写入或从文件读出,C 语言提供成块的读写方式来操作文件,这样数组或结构体等类型可一次性读写。其函数的原型分别是:

```
size_t fread(void *pointer,size_t size,size_t num,FILE *stream);
size_t fwrite(void *pointer,size_t size,size_t num,FILE *stream);
```

其中,size_t 是 C 语言系统确定的无符号整型。函数 fwrite()向流 stream 输出一批数据(保存在文件中),数据的起始位置由指针 pointer 给定,元素大小是 size,共 num 个。这些数据将顺序存入与流 stream 相关联的文件。

函数 fread()的功能正好与 fwrite()对应,它要求读入 num 个数据元素,每个元素的大小为 size,指针参数 pointer 应指向接收数据的起始存储位置。这里的 pointer 是指定一个存储区域的起始位置(指针),该区域的数据类型应该与读操作文件时所用元素类型一致,存储区域的大小至少应是 num。函数 fwrite()返回实际写出的数据元素个数,如果这个数小于 num,那就说明函数执行中出现了错误。fread()返回实际读入的元素个数。对于 fread()操作,应当用函数 feof()检查是否读到了文件结束(该函数在文件结束时返回非 0 值),再从该文件读出保存到变量或数组元素中。

例 9.7 使用文件存储块操作函数实现对班级学生高考基本成绩信息的存储与输出。学生基本信息包括准考证号、姓名、年龄和高考成绩。

```
/ *
   程序名称:ex9 - 7.c
   程序功能:用文件存储信息并输出
* /
# include < string.h >
# include < stdio.h >
# include < stdlib.h >
# define N 30
void save();
void open();
struct student
{
    int num;
    char name[8];
    int age;
    double score;
}stud[N];
int main()
{
    int i;
    for(i = 0;i < N;i++)
        scanf(" % d % s % d % lf",&stud[i].num,stud[i].name,
        &stud[i].age,&stud[i].score);
    save();
    printf("从文件中读出的信息:\n");
    open();
    system("pause");
    return 0;
}
void save()
{
    FILE  * fp;
    int i;
    if ((fp = fopen("d:\\score.dat","wb")) == NULL)
    {
        printf("不能建立文件!\n");
        exit(0);
    }
    for(i = 0;i < N;i++)
        fwrite(&stud[i],sizeof(struct student),1,fp);
    fclose(fp);
}
void open()
{
```

```
FILE * fp;
int i;
if ((fp = fopen("d:\\score.dat","rb")) == NULL)
{
    printf("不能打开文件!\n");
    exit(0);
}
for (i = 0;i < N;i++)
{
    fread(&stud[i],sizeof(struct student),1,fp);
    printf(" % d % - 10s % 6d % 12.2lf\n",stud[i].num,stud[i].name,
    stud[i].age,stud[i].score);
}
fclose(fp);
}
```

9.2.3 文件指针的定位

在很多应用中,可能需要在文件内部的某一位置进行数据的读写操作,在前面的内容中都是从文件开头顺序地读写文件直到文件结束。下面讲述如何根据需要移动文件指针,来读取文件中的数据。C 语言在标准 I/O 库 stdio.h 中提供了用于一组文件指针定位的函数,它的作用是使文件指针移动到所需要的位置。函数原型及功能如表 9-2 所示。

表 9-2　stdio 标准库中提供的文件指针操作函数

函数名	函数原型	功　　能
fseek	int fseek(FILE * stream,long offset,int origin);	根据 origin 的值移动文件指针
rewind	void rewind(FILE * stream);	重返文件起始位置
ftell	long ftell(FILE * stream);	返回文件指针的当前位置

在 fseek()函数中,参数 origin 的含义如表 9-3 所示。

表 9-3　fseek 函数 origin 参数的含义

符号常量	值	含　　义
SEEK_SET	0	从文件开头计算
SEEK_CUR	1	从文件指针当前位置计算
SEEK_END	2	从文件末尾计算

例如,语句 fseek(fp,5L,0);的含义为:将文件指针从文件头向下移动 5 字节。fseek(fp,−10L,2);表示将文件指针从结尾位置向上移动 10 字节。

例 9.8　向一个二进制文件写入一个字符串,然后从该文件的第 8 字节开始输出后面的字符。

```
/ *
  程序名称:ex9 - 8.c
  程序功能:使用 fseek 定位文件指针
* /
```

```
# include < stdio. h>
# include < stdlib. h>
# define N 80
int main()
{
    FILE * fp;
    char str[N];
    fp = fopen("d:\\mystr.dat","wb");
    if(fp == NULL)
    {
        printf("不能建立文件!\n");
        exit(0);
    }
    printf("请输入一个字符串:\n");
    gets(str);
    fputs(str,fp);
    fclose(fp);
    if((fp = fopen("d:\\mystr.dat","rb")) == NULL)
    {
        printf("不能打开文件!\n");
        exit(0);
    }
    fseek(fp,7L,0);
    fgets(str,sizeof(str),fp);
    printf(" % s\n",str);
    fclose(fp);
    system("pause");
    return 0;
}
```

程序运行结果:

请输入一个字符串:
输入:I like C Programming Language
输出:C Programming Language

值得注意的是指针偏移量的计算,当对数据不是很清楚的情况下,很难把握偏移量的计算。所以,对于文件指针的移动要慎重,否则数据很容易读入错误,为今后的计算埋下隐患。

9.2.4 出错的检测

在调用各种输入输出函数(如 fputc、fgetc、fread、fwrite 等)时,如果出现错误,除了函数返回值有所反映外,还可以用 ferror 函数检查。其函数的原型为:

```
int ferror(FILE * stream);
```

如果 ferror()返回值为 0(假),表示文件操作未出错;如果返回一个非 0 值,则说明文件操作失败。应当注意的是,对同一个文件每一次调用输入输出函数,均产生一个新的 ferror()函数值,因此,应当在调用一个输入输出函数后立即检查 ferror()函数的值,否则信息会丢失。在执行 fopen()函数时,ferror()函数的初始值自动置为 0。

例9.9 ferror()函数的使用方法。

```
/*
   程序名称:ex9-9.c
   程序功能:使用 ferror()函数
*/
#include<stdio.h>
#include<stdlib.h>
int main()
{
    FILE * fp;
    fp = fopen("d:\\test.dat","w");
    fgetc(fp);                 /* 对一个不存在的文件进行读操作 */
    if (ferror(fp))
    {
        printf("读取 test.dat 错误!\n");
        clearerr(fp);          /* 重置错误标记并将文件指针置位 EOF */
    }
    fclose(fp);
    system("pause");
    return 0;
}
```

程序运行结果:

读取 test.dat 错误!

说明:

(1) 每次调用输入输出函数,均产生一个新的 ferror()函数的值,即该值反映最后一次 I/O 操作的状态。

(2) 例9.9中出现了 clearerr()函数,其作用是将文件错误标志和文件结束标志置为 0。 假设在调用一个输入输出函数时出现错误,ferror()函数值为一个非 0 值。在调用 clearerr (fp)后,ferror(fp)的值变成 0。只要出现错误标志,就一直保留,直到对同一文件调用 clearerr()函数或 rewind()函数或任何其他一个输入输出函数。

9.3 文件系统应用举例

文件操作在程序设计中是非常重要的技术,文件的数据格式不同,决定了对文件操作方式的不同。本节通过举例说明文件的使用方法和技巧。

例9.10 根据命令行参数,实现文件操作的功能。当执行程序命令时,其后没有参数, 由于是一个可执行的程序文件,则屏幕上直接输出"是一个可执行的文件!"信息。若有一个 参数时,该参数表示一个数据文件,程序的功能将该文件内容显示在标准输出设备(即屏幕) 上。若有两个参数,则将第一个参数表示的文件复制到第二个参数对应的文件中,并在屏幕 上输出内容。

```
/*
   程序名称:ex9-10.c
```

程序功能：文件显示及复制功能的实现

```c
*/
#include < stdio.h >
#include < stdlib.h >
void fcopy(FILE * ,FILE * );
int main( int argc,char * argv[])
{
    FILE * in, * out;
    char * name = argv[0];
    if(argc == 1)                /* 没有参数 */
    {
        printf("%s 是一个可执行的文件\n",name);
        return 0;
    }
    else if(argc == 2)           /* 有一个参数,从文件中复制到标准输出 */
    {
        if ((in = fopen(argv[1],"r")) == NULL)
        {
            printf("%s 不能打开文件:%s\n",name,argv[1]);
            exit(0);
        }
        else
            fcopy(in,stdout);
    }
    else if(argc == 3)           /* 有两个参数,从文件中复制到指定的文件中 */
    {
        if((in = fopen(argv[1],"r")) == NULL)
        {
            printf("%s 不能打开文件:%s\n",name,argv[1]);
            exit(0);
        }
        if ((out = fopen(argv[2],"w")) == NULL)
        {
            printf("%s 不能创建文件:: %s\n",name,argv[2]);
            exit(0);
        }
        else
        {
            fcopy(in,out);
            printf("已经将文件%s 的内容复制到文件%s 中\n",argv[1],argv[2]);
        }
    }
    fclose(in);
    fclose(out);
    system("pause");
    return 0;
}
void fcopy(FILE * in,FILE * out)
{
    char c;
    while((c = fgetc(in))!= EOF)
```

```
                fputc(c,out);
        }
```

程序在命令行执行结果：

```
D:\devcpptemp > ex9_10
ex9_10 是一个可执行的文件

D:\devcpptemp > ex9_10 d:\student.dat
1001 张三 90.00 95.00
1002 李四 78.00 87.00
D:\devcpptemp > ex9_10 d:\student.dat d:\test.dat
已经将文件 d:\student.dat 的内容复制到文件 d:\test.dat 中
```

例 9.11 要同时处理三个文件。文件 addr.txt 记录了某些人的姓名和地址；文件 tel.txt 记录了顺序不同的上述人的姓名与电话号码。对比两个文件，将同一人的姓名、地址和电话号码记录到第三个文件 addrtel.txt。首先看一下前两个文件的内容：

```
addr.txt 的内容：
张三          nanjing
李四          beijing
王二          tianjin
赵五          shanghai
tel.txt 的内容：
张三          025 - 88223340
李四          010 - 77665516
王二          022 - 66885368
赵五          021 - 99556689
```

这两个文件格式基本一致，姓名字段占 14 个字符，假设每项数据的长度不超过 14 字节，并以回车结束。使用格式化的输入输出函数来读写文件，这样输出的数据可读性很好。希望合并后的文件为：

```
addrtel.txt 的内容
张三          nanjing      025 - 88223340
李四          beijing      010 - 77665516
王二          tianjin      022 - 66885368
赵五          shanghai     021 - 99556689
```

```
/ *
  程序名称:ex9 - 11.c
  程序功能:通讯录合并
* /
# include < string.h >
# include < stdio.h >
# include < stdlib.h >
int main()
{
    FILE * fp1, * fp2, * fp3;              / * 定义文件指针 * /
    char temp[15],temp1[15],temp2[15];
    / * 打开文件 * /
    if ((fp1 = fopen("d:\\addr.txt","r")) == NULL||
        (fp2 = fopen("d:\\tel.txt","r")) == NULL||
```

```
    (fp3 = fopen("d:\\addrtel.txt","w")) == NULL)
{
    printf("不能打开文件!\n");
    exit(0);
}
while(!feof(fp1))
{
    fscanf(fp1,"%s",temp1);              /* 读姓名 */
    fscanf(fp1,"%s",temp2);              /* 读地址 */
    fprintf(fp3,"%20s",temp1);           /* 写入姓名到合并文件 */
    fprintf(fp3,"%20s",temp2);           /* 写入地址到合并文件 */
    strcpy( temp,temp1 );                /* 保存姓名字段 */
    /* 查找姓名相同的记录 */
    do
    {
        fscanf(fp2,"%s",temp1);
        fscanf(fp2,"%s",temp2);
    } while (strcmp(temp,temp1)!= 0);
    rewind(fp2);                         /* 将文件指针移到文件头,以备下次查找 */
    fprintf(fp3,"%20s\n",temp2);         /* 将电话号码写入合并文件 */
}
fclose(fp1);                             /* 关闭文件 */
fclose(fp2);
fclose(fp3);
system("pause");
return 0;
}
```

本 章 小 结

本章主要讲述了以下内容。

(1) 文件的概念、文件模式和文件的使用。

(2) 文件打开和关闭的方法。

(3) 文本文件读写函数：fgetc()和 fputc()、fgets()和 fputs()、fscanf()和 fprintf()。

(4) 二进制文件读写函数：fread()和 fwrite()。

(5) 文件定位操作函数：fseek()、rewind()、ftell()。

(6) 通过实例进一步讲解了上述函数的应用。

习 题 9

1. 单项选择题

(1) 系统的标准输入设备是指（   ）。

    A. 键盘　　　　　　B. 显示器　　　　　　C. 软盘　　　　　　D. 硬盘

(2) 能作为输入文件名字符串常量的是（   ）。

    A. c:user\text. txt　　　　　　　　　　B. c:\user\text. txt

    C. "c:\user\text. txt"　　　　　　　　D. "c:\\user\\text. txt"

(3) 若执行 fopen()函数时发生错误,则函数的返回值是(   )。

    A. 地址值　　　　　　B. 0　　　　　　　　C. 1　　　　　　　　D. EOF

(4) 若要用 fopen()函数打开一个新的二进制文件,该文件既要能读也要能写,则文件打开方式字符串应是(   )。

    A. "ab+"　　　　　　B. "wb+"　　　　　　C. "rb+"　　　　　　D. "ab"

(5) 若以 a+方式打开一个已存在的文件,则以下叙述正确的是(   )。

    A. 文件打开时,原有文件内容不被删除,位置指针移到文件末尾,可作添加和读操作

    B. 文件打开时,原有文件内容不被删除,位置指针移到文件开头,可作重写和读操作

    C. 文件打开时,原有文件内容被删除,只可作写操作

    D. 以上说法都不正确

(6) fgetc()函数的作用是从指定文件读入一个字符,该文件的打开方式必须是(   )。

    A. 只写　　　　　　B. 追加　　　　　　C. 读或读写　　　　　D. B 和 C 都正确

(7) C 语言中,标准库函数 fputs(str,fp)的功能是(   )。

    A. 从 str 指向的文件中读一个字符串存入 fp 所在的内存

    B. 把 str 中存放的字符串输出到 fp 所指的文件中

    C. 从 fp 指向的文件中读入一个字符串,存入 str 所在的内存

    D. 把 fp 指向的内存中的一个字符串输出到 str 指向的文件

(8) 有以下程序:

```c
#include<stdio.h>
#include<stdlib.h>
int main()
{
    FILE * fp;
    int a[10]={1,2,3},i,n;
    fp=fopen("test.dat","w");
    for(i=0;i<3;i++)
        fprintf(fp,"%d",a[i]);
    fprintf(fp,"\n");
    fclose(fp);
    fp=fopen("test.dat","r");
    fscanf(fp,"%d",&n);
    fclose(fp);
    printf("%d\n",n);
    system("pause");
    return 0;
}
```

则程序的运行结果是(   )。

    A. 321　　　　　　B. 123000　　　　　C. 1　　　　　　　D. 123

(9) 函数 rewind 的作用是(   )。

    A. 使位置指针重新返回文件的开头

B. 将位置指针指向文件中所要求的特定位置

C. 使位置指针指向文件的末尾

D. 使位置指针自动移至下一个字符位置

(10) 有以下程序：

```
#include<stdio.h>
#include<stdlib.h>
int main()
{
    FILE * fp;
    char s1[] = "China",s2[] = "Beijing";
    fp = fopen("test.dat","wb+");
    fwrite(s2,7,1,fp);
    rewind(fp);
    fwrite(s1,5,1,fp);
    fclose(fp);
    system("pause");
    return 0;
}
```

则程序的运行后,文件 test. dat 的内容是(　　　)。

    A. China　　　　　　B. Chinang　　　　　C. ChinaBeijing　　D. BeijingChina

(11) 利用 fseek()函数可实现的操作是(　　　)。

    A. 改变文件的位置指针　　　　　　　　B. 文件的顺序读写

    C. 文件的随机读写　　　　　　　　　　D. 以上答案均正确

(12) 函数调用语句：fseek(fp,-20L,2)的含义是(　　　)。

    A. 将文件位置指针移到距离文件头 20 字节处

    B. 将文件位置指针从当前位置向后移动 20 字节

    C. 将文件位置指针从文件末尾向后退 20 字节

    D. 将文件位置指针移到当前位置 20 字节处

(13) 函数 ftell(fp)的作用是(　　　)。

    A. 得到流式文件中的当前位置　　　　B. 移动流式文件的位置指针

    C. 初始化流式文件的位置　　　　　　D. 以上答案均正确

2. 填空题

(1) C 语言文件的两种形式是_____和_____。

(2) C 语言打开文件的函数是_____,关闭文件的函数是_____。

(3) 按指定格式输出数据到文件中的函数是_____,按指定格式从文件输入数据的函数是_____,判断文件指针到文件末尾的函数是_____。

(4) 输出一个数据块到文件中的函数是_____,从文件中输入一个数据块的函数是_____;输出一个字符串到文件中的函数是_____,从文件中输入一个字符串的函数是_____。

(5) 在 C 程序中,数据可用_____和_____两种代码形式存放。

(6) feof(fp)函数用来判断文件是否结束,如果遇到文件结束,函数值为_____,否则为_____。

(7) 在 C 语言中,文件的存取是以_____为单位的,这种文件称作_____文件。

3. 程序填空题

(1) 以下程序的功能是将文件 file1.c 的内容输出到屏幕上并复制到文件 file2.c 中,请填空使程序完整。

```c
#include<stdio.h>
#include<stdlib.h>
int main()
{
    FILE _____;
    fp1 = fopen("d:\\file1.c","r");
    fp2 = fopen("d:\\file2.c","w");
    while (!feof(fp1)) putchar(getc(fp1));
    _____
    while (!feof(fp1)) putc(_____);
    fclose(fp1);
    fclose(fp2);
    system("pause");
    return 0;
}
```

(2) 以下程序的功能是将文件 stud_dat 中第 i 个学生的姓名、学号、年龄、性别输出,请填空使程序完整。

```c
#include<stdio.h>
#include<stdlib.h>
struct student
{
    char name[10];
    int num;
    int age;
    char sex;
} stud[10];
int main()
{
    int i;
    FILE _____;
    if ((fp1 = fopen("d:\\stud_data.dat","rb")) == NULL
    {
        printf("error!\n");
        exit(0);
    }
    scanf("%d",&i);
    fseek(_____);
    fread(_____, sizeof(struct student),1,fp);
    printf("%s%d%d%c\n",stud[i].name,stud[i].num,stud[i].age, stud[i].sex);
    fclose(fp);
    system("pause");
    return 0;
}
```

（3）以下程序的功能是用变量 count 统计文件中的字符个数，请填空使程序完整。

```
# include < stdio. h >
# include < stdlib. h >
int main()
{
    FILE * fp;
    long count = 0;
    if ((fp = fopen("d:\\letter. dat", _____)) = = NULL)
    {
        printf("error!\n");
        exit(0);
    }
    while (!feof(fp)){
        _____;
        _____;
    }
    printf("count = % ld\n", count);
    fclose(fp);
    system("pause");
    return 0;
}
```

（4）以下程序从一个二进制文件中读入结构体数据，并把结构体数据显示在屏幕上，请填空使程序完整。

```
# include < stdio. h >
# include < stdlib. h >
struct rec
{
    int num;
    double total;
}
recout (_____)
{
    struct rec r;
    while (!feof(f))
    {
        fread(&r, _____, l, f);
        printf(" % d, % lf\n", _____);
    }
}
int main()
{
    FILE * fp;
    long count = 0;
    fp = fopen("d:\\bin. dat", "rb");
    recout(f);
    fclose(f);
    system("pause");
    return 0;
}
```

4. 编程题

有 N 个学生,每个学生有 M 门课的成绩,从键盘输入数据(包括学号、姓名、M 门课成绩),分别写出满足如下要求的成绩。

(1) 计算出平均成绩,将原有数据和计算出的平均分数存放在磁盘文件 student. txt 中。

(2) 对学生成绩按平均成绩排序后,将原有数据和计算出的平均分数存放在磁盘文件 sort. txt 中。

(3) 对排序后的数据再插入一个学生的成绩,将原有数据和计算出的平均分数存放在磁盘文件 sort2. txt 中。

实 验 项 目

实验一　C 语言开发环境使用

1. 实验目的

(1) 熟悉 C 语言集成开发环境(VC++2019、Dev-C++、CodeBlocks)。

(2) 掌握 C 语言程序的书写格式和 C 语言程序的结构。

(3) 掌握 C 语言上机步骤,了解 C 程序的运行方法。

(4) 能够熟练地掌握 C 语言程序的调试方法和步骤。

2. 实验内容

输入如下程序,实现两个数的乘积。

```
# include < stdio. h>;
int main( )
{
    x = 10, y = 20
    p = prodct(x, t)
    printf("The product is : ", p)
    int prodct( int a, int b )
    int c
    c = a * b
    return c
}
```

(1) 在编辑状态下照原样输入上述程序。

(2) 编译并运行上述程序,记下所有的出错信息。

(3) 再编译执行纠错后的程序。如还有错误,再编辑改正,直到不出现语法错误为止。

3. 分析与讨论

(1) 记下在调试过程中所发现的错误、系统给出的出错信息和对策。分析讨论成功或失败的原因。

(2) 总结 C 程序的结构和书写规则。

实验二　数据类型、运算符和表达式

1. 实验目的

(1) 理解常用运行符的功能、优先级和结合性。

（2）熟练掌握算术表达式的求值规则。

（3）熟练使用赋值表达式。

（4）理解自加、自减运算符和逗号运算符。

（5）掌握关系表达式和逻辑表达式的求值。

2. 实验内容

（1）整数相除

```c
#include<stdio.h>
#include<stdlib.h>
int main()
{
    int a=5,b=7,c=100,d,e,f;
    d=a/b*c;
    e=a*c/b;
    f=c/b*a;
    printf("d=%d,e=%d,f=%d\n",d,e,f);
    system("pause");
    return 0;
}
```

（2）自加、自减运算

```c
#include<stdio.h>
#include<stdlib.h>
int main()
{
    int a=5,b=8;
    printf("a++=%d\n",a++);
    printf("a=%d\n",a);
    printf("++b=%d\n",++b);
    printf("b=%d\n",b);
    system("pause");
    return 0;
}
```

（3）关系运算和逻辑运算

```c
#include<stdio.h>
#include<stdlib.h>
int main()
{
    int a=5,b=8,c=8;
    printf("%d,%d,%d,%d\n",a==b&&a==c,a!=b&&a!=c,a>=b&&a>=c,a<=b&&a<=c);
    printf("%d,%d\n",a<=b||a>=c,a==b||b==c);
    printf("%d,%d,%d,%d\n",!(a==b),!(a>=b),!(a>=c),!(a<=b));
    system("pause");
    return 0;
}
```

① 在编辑状态下输入上述程序。

② 编译并运行上述程序。

3. 分析与讨论

（1）整数相除有什么危险？应如何避免这种危险？

（2）分析 a++和++a 的区别。

（3）条件表达式和逻辑表达式的意义是什么？它们的取值如何？

（4）如何比较两个浮点数相等？为什么？

实验三 格式化输入输出函数的使用

1. 实验目的

（1）掌握格式字符使用的方法。

（2）掌握 printf() 进行格式化输出的方法。

（3）掌握 scanf() 进行格式化输入的方法。

2. 实验内容

（1）输入如下程序，观察其运行结果。

```
#include<stdio.h>
#include<stdlib.h>
int main()
{
    int x=1234;
    float f=123.456;
    double m=123.456;
    char ch='a';
    char a[]="Hello,world!";
    int y=3,z=4;
    printf("%d %d\n",y,z);
    printf("y=%d,z=%d\n",y,z);
    printf("%8d,%2d\n",x,x);
    printf("%f,%8f,%8.1f,%.2f,%.2e\n",f,f,f,f,f);
    printf("%lf\n",m);
    printf("%3c\n",ch);
    printf("%s\n%15s\n%10.5s\n%2.5s\n%.3s\n",a,a,a,a,a);
    system("pause");
    return 0;
}
```

（2）输入下面程序，观察其调试信息。

```
#include<stdio.h>
#include<stdlib.h>
int main()
{
    double x,y;
    char c1,c2,c3;
    int a1,a2,a3;
    scanf("%d%d%d",a1,a2,a3);
    printf("%d,%d,%d\n",a1,a2,a3);
    scanf("%c%c%c",&c1,&c2,&c3);
```

```
        printf("%c%c%c\n",c1,c2,c3);
        scanf("%f,%lf",&x,&y);
        printf("%f,%lf\n",x,y);
        system("pause");
        return 0;
    }
```

① 在 Visual Studio 2019/Dev-C++/CodeBlocks 集成开发环境中,输入上述程序并观察调试结果。

② 如果有错误,请修改程序中的错误。

3. 分析与讨论

(1) 分析程序错误及运行结果错误的原因。

(2) 总结 printf()中可使用的各种格式字符。

(3) 总结转义字符的使用和功能。

实验四　分支结构程序设计

1. 实验目的

(1) 了解条件与程序流程的关系。

(2) 了解用不同的数据使程序的流程覆盖不同的语句、分支和路径。

(3) 掌握 if 语句和 if else 语句的用法。

(4) 掌握 switch 语句的用法。

2. 实验内容

(1) 从键盘上输入 3 个数,分别代表三条线段的长度。要求编写一个 C 程序判断这三条线段所组成的三角形属于什么类型(不等边、等腰、等边或不构成三角形)。请分别设计下列数据对自己编写的程序进行测试。

① 找出各条语句中的错误。

② 找出各分支中的错误。

③ 找出各条件中的错误。

④ 找出各种条件组合中的错误。

⑤ 找出各条路径中的错误。

(2) 用 scanf()函数输入一个百分制成绩(整型量),要求输出成绩等级 A,B,C,D,E。其中 90～100 分为 A,80～89 分为 B,70～79 分为 C,60～69 分为 D,60 分以下为 E。具体要求如下。

① 用 if 语句实现分支或 switch 分支。

② 在输入百分制成绩前要有提示。

③ 在输入百分制成绩后,要判断该成绩的合理性,对于不合理的成绩(即大于 100 分或小于 0 分)应输出出错信息。

④ 在输出结果中应包括百分制成绩与成绩等级,并要有文字说明。

⑤ 分别输入百分制成绩:−90,100,90,85,70,60,45,101,运行该程序。

(3) 编程找出 5 个整数中的最大数和最小数,并输出找到的最大数和最小数。

3．分析与讨论

（1）总结分支程序设计的方法。

（2）复合语句的使用。

（3）switch 语句的注意事项。

实验五　循环结构程序设计

1．实验目的

（1）掌握在程序设计条件型循环结构时，如何正确地设定循环条件，以及如何控制循环的次数。

（2）了解条件型循环结构的基本测试方法。

（3）掌握如何正确地控制计数型循环结构的次数。

（4）了解对计数型循环结构进行测试的基本方法。

（5）了解在嵌套循环结构中，提高程序效率的方法。

2．实验内容

（1）输入一个正整数，并将其颠倒过来。例如，12345 对应为 54321。

（2）将一个长整型数 s 的每一位数位上的偶数依次取出来，构成一个新的数 t，其高位仍在高位，低位仍在低位。例如，s=87653142 时，t 中的数为 8642。

（3）判断 101～200 有多少个素数。

（4）编写程序，输出杨辉三角形。

3．分析与讨论

（1）总结条件循环结构的一般方法。

（2）如何测试计数型循环结构的控制表达式中的错误？

（3）从实验中你得到了哪些提高嵌套循环程序效率的启示？

实验六　函数

1．实验目的

（1）掌握 C 语言函数定义及调用的规则。

（2）理解参数传递的过程。

（3）掌握函数返回值的大小和类型确定的方法。

（4）理解变量的作用范围。

2．实验内容

（1）上机调试下面的程序，记录系统给出的出错信息，并指出出错原因。

```
# include < stdio. h >
# include < stdlib. h >
int main()
{
    int, y;
    printf(" % d\n", sum(x + y));
```

```
    int sum(a,b)
    {
        int a,b;
        return(a + b);
    }
    system("pause");
    return 0;
}
```

(2) 编写一个程序,输入系数 a,b,c,求一元二次方程 $ax^2 + bx + c = 0$ 的根,包括主函数和如下子函数。

① 判断 a 是否为零。

② 计算判别式 $b^2 - 4ac$。

③ 计算根的情况。

④ 输出根。

(3) 输入下面程序并分析运行结果。

```
# include < stdio. h >
# include < stdlib. h >
int func (int,int);
int main()
{   int k = 4,m = 1,p1,p2;
    p1 = func(k,m);
    p2 = func(k,m);
    printf(" % d, % d\n",p1,p2);
    system("pause");
    return 0;
}
int func (int a,int b)
{   static int m = 0,i = 2;
    i += m + 1;
    m = i + a + b;
    return (m);
}
```

3. 分析与讨论

(1) 针对以上实验内容写出相应的参数传递过程并分析结果。

(2) 函数在定义时要注意什么?

(3) 讨论静态局部变量的继承性。

实验七 数组及其应用

1. 实验目的

(1) 掌握数组定义的规则。

(2) 掌握 C 语言数组的基本用法。

(3) 掌握数组名作为函数参数传递的方法。

2．实验内容

（1）运行下面的 C 程序，根据运行结果，可以说明什么？

```c
#include<stdio.h>
#include<stdlib.h>
int main()
{
    int num[5]={1,2,3,4,5};
    int i;
    for(i=0;i<=5;i++)
        printf("%d",num[i]);
    system("pause");
    return 0;
}
```

（2）为一个冒泡排序程序设计测试用例，并测试之。

（3）操作符 & 用以求一个变量的地址，这在函数 scanf() 中已经使用过。现在要设计一个程序，返回一个 3×5 的二维数组各元素的地址，并由此说明二维数组中各元素是按什么顺序存储的。

3．分析与讨论

（1）通过实验，分析定义与引用数组的区别。

（2）数组的作用是什么？

（3）数组名作为参数有什么特点？

实验八　指针及其应用

1．实验目的

（1）掌握变量的指针及其基本用法。

（2）掌握一维数组的指针及其基本用法。

（3）掌握指针变量作为函数的参数时，参数的传递过程及其用法。

2．实验内容

（1）运行以下程序，并从中了解变量的指针和指针变量的概念。

```c
#include<stdio.h>
#include<stdlib.h>
    int main()
    {
        int a=5,b=5,*p;
        p=&a;
        printf("%d,%ud\n",a,p);
        *p=8;
        printf("%d,%ud\n",a,p);
        p=&b;
        printf("%d,%ud\n",a,p);
        b=10;
        printf("%d,%ud\n",a,p);
```

```
        system("pause");
        return 0;
}
```

（2）运行以下程序，观察 &a[0]、&a[i] 和 p 的变化，然后回答以下问题。

① 程序的功能是什么？

② 在开始进入循环体之前，p 指向谁？

③ 循环每增加一次，p 的值（地址）增加多少？它指向谁？

④ 退出循环后，p 指向谁？

⑤ 你是否初步掌握了通过指针变量引用数组元素的方法？

```
# include < stdio. h >
# include < stdlib. h >
int main()
{
    int i, * p,s = 0,a[5] = {5,6,7,8,9};
    p = a;
    for(i = 0;i < 5;i++,p++)
    s += * p;
    printf("\n s = % d",s);
    system("pause");
    return 0;
}
```

（3）先分析以下程序的运行结果，然后上机验证，并通过此例掌握指针变量引用数组元素的各种方法。

```
# include < stdio. h >
# include < stdlib. h >
int main()
{
    int i,s1 = 0,s2 = 0,s3 = 0,s4 = 0, * p,a[5] = {1,2,3,4,5};
    p = a;
    for(i = 0;i < 5;i++)
        s1 += p[i];
    for(i = 0;i < 5;i++)
        s2 += * (p + i);
    for(p = a;p < a + 5;p++)
        s3 += * p;
    p = a;
        for(i = 0;i < 5;i++)
            s4 += * p++;
        printf("\n s1 = % d,s2 = % d,s3 = % d,s4 = % d"s1,s2,s3,s4);
        system("pause");
        return 0;
}
```

（4）编写函数，将 n 个数按原来顺序的逆序排列（要求用指针实现），然后编写主函数完成：

① 输入 10 个数。

② 调用此函数进行重排。

③ 输出重排后的结果。

3. 分析与讨论

(1) 指针的定义方法,指针和变量的关系。

(2) 数组和指针的关系。

实验九　结构体及其应用

1. 实验目的

(1) 掌握结构体变量与结构体数组的定义和使用。

(2) 学会使用结构体指针变量和结构体指针数组。

(3) 掌握链表的概念,初步学会对链表进行操作。

2. 实验内容

(1) 输入 10 个学生的学号、姓名和成绩,求出其中的高分者和低分者。

```c
#include<stdio.h>
#include<stdlib.h>
struct student
{
    int num;
    char name[20];
    int score;
};
int main()
{
    int i;
    struct student st,stmax,stmin;
    stmax.score = 0; stmin.score = 100;
    printf("\n input data");
    for(i = 0;i<10;i++)
    {
        scanf("%d%s%d",&st.num,st.name,&st.score);
        if(st.score>stmax.score)
            stmax = st;
        if(st.score<stmin.score)
            stmin = st;
    }
    printf("\n hight:%5d%15s%5d",stmax.num,stmax.name,stmax.score);
    printf("\n low:%5d%15s%5d",stmin.num,stmin.name,stmin.score);
    system("pause");
    return 0;
}
```

① 分析程序,上机运行程序。

② 程序中,哪些是对结构体变量成员的引用? 哪些是整体引用?

③ 对于此例来说,用结构体变量作为数据结构有哪些优越性?

325

附录
A

实验项目

（2）有一学生情况如下表所示。编制一个 C 程序,用冒泡法对该学生情况表按成绩(grade)从低到高进行排序。

学　　号	姓　　名	性　　别	年　　龄	成　　绩
101	Zhang	M	19	95.6
102	Wang	F	18	92.2
103	Zhao	M	19	85.7
104	Li	M	20	96.3
105	Gao	M	19	90.2
106	Lin	M	18	91.2
107	Ma	F	18	98.7
108	Zhen	M	21	88.7
109	Xu	M	19	90.1
110	Mao	F	22	94.7

具体要求如下。

① 结构体类型为

```
struct student
{
    int num;
    char name[8];
        char sex;
        int age;
    double grade;
}
```

② 在程序中用一个结构体指针数组,其中每一个指针元素指向结构体类型的各元素。

③ 在程序中,首先输出排序前的学生情况,然后输出排序后的结果,其格式如上表所示。

（3）链表基本操作,具体要求如下。

① 初始时链表为空,即链表的头指针为空。

② 对于上表所示的学生情况,依次将每个学生的情况作为一个结点插入单链表的链头(即当前插入的结点将成为第一个结点)。

③ 所有学生情况都插入链表中后,从链头开始,依次输出链表中的各结点值(即每个学生的情况),输出格式如同上表。

3. 分析与讨论

（1）结构体的作用是什么？如何进行初始化？

（2）如何访问结构体中的成员？

（3）链表有什么优点？

实验十　文件

1. 实验目的

（1）掌握文件与文件指针的概念。

（2）学会使用文件打开、文件关闭、读与写文件等基本的文件操作函数。

（3）运用文件操作函数进行程序设计。

2. 实验内容

（1）以文本方式建立初始数据文件，请输入 10 个学生的学号、姓名及考试成绩，形式如下：

```
1001    LiLi      80
1002    HuWei     90
1003    LiMing    75
     ⋮
```

读入 file1. dat 中的数据，找出最高分和最低分的学生。

```c
#include<stdio.h>
#include<stdlib.h>
struct student
{
    int num;
    char name[20];
    int score;
};
int main()
{
    int i;
    student st,stmax,stmin;
    FILE * fp;
    stmax. score = 0; stmin. score = 100;
    fp = fopen("file1.dat","r");
    if(!fp) return 1;
    for(i = 0;i<10;i++)
    {
        fscanf(fp,"%d%s%d",&st.num,st.name,&st.score);
        if(st.score>stmax.score)
            stmax = st;
        if(st.score<stmin.score)
            stmin = st;
    }
    fclose(fp);
    printf(" hight:%5d%15s%5d",stmax.num,stmax.name,stmax.score);
    printf("\n low:%5d%15s%5d",stmin.num,stmin.name,stmin.score);
    system("pause");
    return 0;
}
```

① 分析程序，上机运行程序并分析运行结果。

② 如果事先不知道学生人数，则程序应该如何修改？请将以上程序中的循环语句 for(i=0；i<10；i++)改为(while(!feof(fp))，再运行程序，看结果是否正确？

（2）读入 file2. dat 中的数据，然后按成绩从高到低的顺序进行排序，并将排序结果分别以文本方式存入文件 file3. dat，以二进制形式存入文件 file4. dat。

```
# include < stdio. h >
# include < stdlib. h >
struct student
{
    int num;
    char name[ 20];
    int score;
};
void sort(struct student * , int);
int main()
{
    int i,n = 10;
    struct student st[10];
    FILE * fp, * fp1, * fp2;
    fp = fopen("file2. dat","r");
    if(! fp) return 1;
    for(i = 0;i < 10;i++)
    fscanf(fp," % 4d % 10s % 3d",&st[ i]. num, st[ i]. name, &st[ i]. score);
    fclose(fp);
    sort(st,n);
    fp1 = fopen("file3. dat","w");
    for(i = 0;i < n;i++)
    fprintf(fp1," % 4d % 10s % 3d",st[ i]. num, st[ i]. name, st[ i]. score);
    fclose(fp1);
    fp2 = fopen("file4. dat","wb");
    fwrite(st,sizeof(struct student),n,fp2);
    fclose(fp2);
    system("pause");
    return 0;
}
void sort(struct student * st, int n)
{
    struct student * i, * j,t;
    for(i = st;i < st + n - 1;i++)
        for(j = i + 1;j < st + n;j++)
            if(i -> score < j -> score)
            {
                t = * i;
                * i = * j;
                * j = t;
            }
}
```

请分析程序,上机运行程序,运行结果在哪里? 与上一例相比,此例中对读取文件的格式有什么不同?

(3) 某班有学生 145 人,每人的信息包括学号、姓名、性别和成绩。编制一个 C 程序,完成以下操作。

① 定义一个结构体类型数组。

② 打开可读写的新文件 student. dat。

③ 使用函数 fwrite 将结构体数组内容写入文件 student. dat 中。

④ 关闭文件 student. dat。

⑤ 打开可读写文件 student. dat。

⑥ 从文件中依次读出各学生情况并按学生成绩进行排序,输出排好序后的数据。

⑦ 关闭文件 student. dat。

3. 分析与讨论

(1) 文件有哪些优点?

(2) 文件常用的读写操作函数有什么不同?

(3) 调试有关文件的程序要注意什么?

常用字符与 ASCII 码对应表

十六进制	十进制	字符	十六进制	十进制	字符	十六进制	十进制	字符	十六进制	十进制	字符
00	0	nul	20	32	sp	40	64	@	60	96	`
01	1	soh	21	33	!	41	65	A	61	97	a
02	2	stx	22	34	"	42	66	B	62	98	b
03	3	etx	23	35	#	43	67	C	63	99	c
04	4	eot	24	36	$	44	68	D	64	100	d
05	5	enq	25	37	%	45	69	E	65	101	e
06	6	ack	26	38	&.	46	70	F	66	102	f
07	7	bel	27	39	`	47	71	G	67	103	g
08	8	bs	28	40	(	48	72	H	68	104	h
09	9	ht	29	41	)	49	73	I	69	105	i
0a	10	nl	2a	42	*	4a	74	J	6a	106	j
0b	11	vt	2b	43	+	4b	75	K	6b	107	k
0c	12	ff	2c	44	,	4c	76	L	6c	108	l
0d	13	er	2d	45	—	4d	77	M	6d	109	m
0e	14	so	2e	46	.	4e	78	N	6e	110	n
0f	15	si	2f	47	/	4f	79	O	6f	111	o
10	16	dle	30	48	0	50	80	P	70	112	p
11	17	dc1	31	49	1	51	81	Q	71	113	q
12	18	dc2	32	50	2	52	82	R	72	114	r
13	19	dc3	33	51	3	53	83	S	73	115	s
14	20	dc4	34	52	4	54	84	T	74	116	t
15	21	nak	35	53	5	55	85	U	75	117	u
16	22	syn	36	54	6	56	86	V	76	118	v
17	23	etb	37	55	7	57	87	W	77	119	w
18	24	can	38	56	8	58	88	X	78	120	x
19	25	em	39	57	9	59	89	Y	79	121	y
1a	26	sub	3a	58	:	5a	90	Z	7a	122	z
1b	27	esc	3b	59	;	5b	91	[	7b	123	{
1c	28	fs	3c	60	<	5c	92	\	7c	124	|
1d	29	gs	3d	61	=	5d	93	]	7d	125	}
1e	30	re	3e	62	>	5e	94	^	7e	126	~
1f	31	us	3f	63	?	5f	95	_	7f	127	del

附录C 运算符优先级和结合性

优先级	运算符	名称或含义	使用形式	结合方向	说 明
1	[]	数组下标	数组名[常量表达式]	从左到右	
	()	圆括号	(表达式)/函数名(形参表)	从左到右	
	.	成员选择(对象)	对象.成员名	从左到右	
	->	成员选择(指针)	对象指针->成员名	从左到右	
2	-	负号运算符	-表达式	从右到左	单目运算符
	(类型)	强制类型转换	(数据类型)表达式		
	++	自增运算符	++变量名/变量名++	从右到左	单目运算符
	--	自减运算符	--变量名/变量名--	从右到左	单目运算符
	*	取值运算符	*指针变量	从右到左	单目运算符
	&	取地址运算符	& 变量名	从右到左	单目运算符
	!	逻辑非运算符	!表达式	从右到左	单目运算符
	~	按位取反运算符	~表达式	从右到左	单目运算符
	sizeof	长度运算符	sizeof(表达式)	从右到左	单目运算符
3	/	除	表达式/表达式	从左到右	双目运算符
	*	乘	表达式*表达式	从左到右	双目运算符
	%	余数(取模)	整型表达式/整型表达式	从左到右	双目运算符
4	+	加	表达式+表达式	从左到右	双目运算符
	-	减	表达式-表达式	从左到右	双目运算符
5	<<	左移	变量<<表达式	从左到右	双目运算符
	>>	右移	变量>>表达式	从右到左	双目运算符
6	>	大于	表达式>表达式	从左到右	双目运算符
	>=	大于等于	表达式>=表达式	从左到右	双目运算符
	<	小于	表达式<表达式	从左到右	双目运算符
	<=	小于等于	表达式<=表达式	从左到右	双目运算符
7	==	等于	表达式==表达式	从左到右	双目运算符
	!=	不等于	表达式!=表达式	从右到左	双目运算符
8	&	按位与	表达式&表达式	从左到右	双目运算符
9	^	按位异或	表达式^表达式	从左到右	双目运算符
10	|	按位或	表达式|表达式	从左到右	双目运算符
11	&&	逻辑与	表达式&&表达式	从左到右	双目运算符
12	||	逻辑或	表达式||表达式	从左到右	双目运算符
13	?:	条件运算符	表达式1?表达式2:表达式3	从右到左	三目运算符

续表

优先级	运算符	名称或含义	使用形式	结合方向	说　明
14	=	赋值运算符	变量=表达式	从右到左	双目运算符
	/=	除后赋值	变量/=表达式	从右到左	双目运算符
	*=	乘后赋值	变量*=表达式	从右到左	双目运算符
	%=	取模后赋值	变量%=表达式	从右到左	双目运算符
	+=	加后赋值	变量+=表达式	从右到左	双目运算符
	-=	减后赋值	变量-=表达式	从右到左	双目运算符
	≪=	左移后赋值	变量≪=表达式	从右到左	双目运算符
	≫=	右移后赋值	变量≫=表达式	从右到左	双目运算符
	&=	按位与后赋值	变量&=表达式	从右到左	双目运算符
	^=	按位异或后赋值	变量^=表达式	从右到左	双目运算符
	|=	按位或后赋值	变量|=表达式	从右到左	双目运算符
15	,	逗号运算符	表达式,表达式,…	从左到右	

附录 D C 语言关键字

auto	double	int	struct
break	else	long	switch
case	enum	register	typedef
char	extern	return	union
const	float	short	unsigned
continue	for	signed	void
default	goto	sizeof	volatile
do	if	static	while

附录 E   C 语言常用函数表

1. 数学库函数（头文件：math.h）

函数原型	功能及返回值
int abs(int i)	返回整型参数 i 的绝对值
double cabs(struct complex z)	返回复数 z 的绝对值
doublefabs(double x)	返回双精度参数 x 的绝对值
long labs(long n)	返回长整型参数 n 的绝对值
doubleexp(double x)	返回指数函数 e^x 的值
doublefrexp(double x,int * eptr)	返回浮点数 x 的尾数,指数存储在 eptr 中
doubleldexp(double value,int exp)	返回 value $* 2^{\exp}$ 的值
double log(double x)	返回 $\log_e^x$ 的值
double log10(double x)	返回 $\log_{10}^x$ 的值
double pow(doublex,double y)	返回 x^y 的值
double pow10(int p)	返回 10^p 的值
doublesqrt(double x)	返回 x 的开平方
doubleacos(double x)	返回 x 的反余弦 $\cos^{-1}(x)$ 值,x 为弧度
doubleasin(double x)	返回 x 的反正弦 $\sin^{-1}(x)$ 值,x 为弧度
doubleatan(double x)	返回 x 的反正切 $\tan^{-1}(x)$ 值,x 为弧度
double atan2(doubley,double x)	返回 y/x 的反正切 $\tan^{-1}(x/y)$ 值,y 与 x 为弧度
double cos(double x)	返回 x 的余弦 $\cos(x)$ 值,x 为弧度
double sin(double x)	返回 x 的正弦 $\sin(x)$ 值,x 为弧度
double tan(double x)	返回 x 的正切 $\tan(x)$ 值,x 为弧度
doublecosh(double x)	返回 x 的双曲余弦 $\cosh(x)$ 值,x 为弧度
doublesinh(double x)	返回 x 的双曲正弦 $\sinh(x)$ 值,x 为弧度
doubletanh(double x)	返回 x 的双曲正切 $\tanh(x)$ 值,x 为弧度
double ceil(double x)	返回不小于 x 的最小整数
double floor(double x)	返回不大于 x 的最大整数
voidsrand(unsigned seed)	初始化随机数发生器
int rand()	产生一个随机数并返回这个数

2. 字符函数（头文件：ctype.h）

函数原型	功能及返回值
int isalpha(int c)	若 c 是字母则返回 1(true),否则返回 0(false)
int isdigit(int c)	若 c 是数字则返回 1(true),否则返回 0(false)

函数原型	功能及返回值
int isspace(int c)	若 c 是空格符则返回 1(true),否则返回 0(false)
int isalnum(int c)	若 c 是字母或数字则返回 1(true),否则返回 0(false)
int iscntrl(int c)	若 c 是控制字符则返回 1(true),否则返回 0(false)
int isprint(int c)	若 c 是一个打印的字符则返回 1(true),否则返回 0(false)
int isgraph(int c)	若 c 不是空白的可打印字符则返回 1(true),否则返回 0(false)
int ispunct(int c)	若 c 是空格、字母或数字以外的可打印字符则返回 1(true),否则返回 0(false)
int islower(int c)	若 c 是一个小写的字母则返回 1(true),否则返回 0(false)
int isupper(int c)	若 c 是一个大写的字母则返回 1(true),否则返回 0(false)
int isxdigit(int c)	若 c 是一个十六进制数字则返回 1(true),否则返回 0(false)
int tolower(int c)	若 c 是一个大写的字母则返回小写字母,否则直接返回 c
int toupper(int c)	若 c 是一个小写的字母则返回大写字母,否则直接返回 c

3. 字符串函数(头文件:string. h)

函数原型	功能及返回值
size_t strlen(char * str)	返回字符串 str 的长度
char * strcpy(char * str1,char * str2)	将 str2 字符串复制到 str1 字符串,并返回 str1 地址
char * strncpy(char * d,char * s,int n)	复制 str2 字符串的前 n 个字符到 str1 字符串,并返回 str1 地址
char * strcat(char * str1,char * str2)	将 str2 字符串链接到字符串 str1,并返回 str1 地址
char * strncat(char * str1,char * str2,int n)	链接 str2 字符串的前 n 个字符到 str1 字符串,并返回 str1 地址
int strcmp(char * str1,char * str2)	比较 str1 字符串与 str2 字符串。若 str1 > str2,返回正值;str1 == str2,返回 0;str1 < str2,返回负值
int strncmp(char * str1,char * str2,int n)	比较 str1 字符串与 str2 字符串的前 n 个字符。若 str1 > str2,返回正值;str1 == str2,返回 0;str1 < str2,返回负值
char * strchr(char * str,char c)	查找字符 c 在 str 字符串中第一次出现的位置。若找到,则返回该位置的地址;没有找到,则返回 NULL
char * strrchr(char * str,char c)	查找字符 c 在 str 字符串中最后一次出现的位置。若找到,则返回该位置的地址;没有找到,则返回 NULL
char * strstr(char * str1,char * str2)	查找 str2 字符串在 str1 字符串中第一次出现的位置。若找到,则返回该位置的地址;没有找到,则返回 NULL

4. 输入输出函数(头文件:stdio. h)

函数原型	功能及返回值
voidclearerr(FILE * fp);	使 fp 所指文件的错误标志和文件结束标志置 0
int fclose(FILE * fp);	关闭 fp 所指的文件。有错则返回非 0;否则返回 0

335

附录 E

C 语言常用函数表

函数原型	功能及返回值
int feof(FILE * fp);	检查文件是否结束。文件结束返回非零值;否则返回 0
int fgetc(FILE * fp);	从 fp 所指定的文件中取得下一个字符返回所得到的字符;若读入出错,返回 EOF
char * fgets(char * buf,int n,FILE * fp);	从 fp 指向的文件读取一个长度为($n-1$)的字符串,存入起始地址为 buf 的空间,返回地址 buf;若文件结束或出错,返回 NULL
FILE * fopen(char * filename,char * mode);	以 mode 指定的方式打开名为 filename 的文件。若成功,返回一个文件指针;否则返回 0
int fprintf (FILE * fp, char * format,args,…);	把 args 的值以 format 指定的格式输出到 fp 所指定的文件中
int fputc(char ch,FILE * fp);	将字符 ch 输出到 fp 指向的文件中。若成功,则返回该字符;否则返回非 0
int fputs(char * str,FILE * fp);	将 str 指向的字符串输出到 fp 所指定的文件。若成功返回 0;若出错返回非 0
int fread(char * pt, unsigned size, unsigned n,FILE * fp);	从 fp 所指定的文件中读取长度为 size 的 n 个数据项,存到 pt 所指向的内存区,返回所读的数据项个数;如遇文件结束或出错则返回-1
int fscanf(FILE * fp,char format,args);	从 fp 指定的文件中按 format 给定的格式将输入数据送到 args 所指向的内存单元(args 是指针),返回已输入的数据个数
int fseek(FILE * fp,longoffset,int base);	将 fp 所指向的文件的位置指针移到以 base 所给出的位置为基准、以 offset 为位移量的位置,返回当前位置;否则,返回-1
longftell(FILE * fp);	返回 fp 所指向的文件中的读写位置
int fwrite(char * ptr,unsigned size, unsigned n,FILE * fp);	把 ptr 所指向的 n * size 个字节输出到 fp 所指向的文件中,返回写到 fp 文件中的数据项的个数
int getchar();	从标准输入设备读取下一个字符
int printf(char * format,args);	按 format 指向的格式字符串所规定的格式,将输出表列 args 的值输出到标准输出设备,返回输出字符的个数;若出错,返回负数
int putchar(char ch);	把字符 ch 输出到标准输出设备;若出错,返回 EOF
int puts(char * str);	把 str 指向的字符串输出到标准输出设备,将'\0'转换为回车换行,返回换行符;若失败,则返回 EOF
void rewind(FILE * fp);	将 fp 指示的文件中的位置指针置于文件开头位置,并清除文件结束标志和错误标志
int scanf(char * format,args,…);	从标准输入设备按 format 指向的格式字符串所规定的格式,输入数据给 args 所指向的单元,返回读入并赋给 args 的数据个数,遇文件结束返回 EOF;若出错,则返回 0

5. 动态存储分配函数(malloc. h)

函数原型	功能及返回值
void * calloc(unsigned n, unsigned size);	分配 n 个数据项的内存连续空间,每个数据项的大小为 size,返回分配内存单元的起始地址;如不成功,返回 0
void free(void * fp);	释放 p 所指的内存区
void * malloc(unsigned size);	分配 size 字节的存储区,返回所分配的内存区起始地址;如内存不够,返回 0

参 考 文 献

[1] 李含光,郑关胜.C语言程序设计教程[M].2版.北京:清华大学出版社,2015.10.

[2] 李含光,郑关胜.C语言程序设计教程学习指导[M].北京:清华大学出版社,2018.6.

[3] 百度文库,2015江苏省计算机等级考试C语言部分,https://wenku.baidu.com/view/ddd8ca4d32687e21af45b307e87 101f69e31fbf0.html.

[4] 姜恒远.C语言程序设计教程学习指导[M].北京:高等教育出版社,2010.7.

[5] 江苏省高等学校计算机等级考试委员会.江苏省高等学校计算机等级考试试卷汇编,北京:高等教育出版社,2019.1

[6] 策未来.全国计算机等级考试上机考试题库——二级C语言[M].北京:人民邮电出版社,2021.1.

[7] 苏小红,等.C语言程序设计学习指导[M].4版.北京:高等教育出版社,2019.8.

[8] 滕国文,李昊.ACM-ICPC基本算法[M].北京:清华大学出版社,2018.8.

[9] 俞勇.ACM国际大学生程序设计竞赛:知识入门[M].北京:清华大学出版社,2012.12.

[10] 张新华.算法竞赛宝典:语言及算法入门(第一部)[M].北京:清华大学出版社,2016.4.

[11] 明日科技.C语言常用算法分析[M].北京:清华大学出版社,2012.2.

图书资源支持

感谢您一直以来对清华版图书的支持和爱护。为了配合本书的使用，本书提供配套的资源，有需求的读者请扫描下方的"书圈"微信公众号二维码，在图书专区下载，也可以拨打电话或发送电子邮件咨询。

如果您在使用本书的过程中遇到了什么问题，或者有相关图书出版计划，也请您发邮件告诉我们，以便我们更好地为您服务。

我们的联系方式：

地　　址：北京市海淀区双清路学研大厦 A 座 714

邮　　编：100084

电　　话：010-83470236　010-83470237

客服邮箱：2301891038@qq.com

QQ：2301891038（请写明您的单位和姓名）

资源下载：关注公众号"书圈"下载配套资源。

资源下载、样书申请

书圈

获取最新书目

观看课程直播